面向新工科
普通高等教育系列教材

计算机控制技术

王直杰　任正云　等编著

U0222861

化学工业出版社

·北京·

内容简介

本书系统地讲述了计算机控制系统基本原理与实现技术。全书共 9 章，分为四部分：①计算机控制的理论基础，包括计算机控制的基本概念、系统信号分析、计算机控制系统的分析方法；②计算机控制系统设计，包括间接设计法（PID 控制、史密斯预估法）、直接设计法（最少拍无波纹设计、大林算法）和离散系统状态空间分析与设计方法；③计算机控制系统工程实现技术，包括预测 PI 控制的性能及使用方法，集散控制系统、现场总线等典型的计算机控制系统以及人工智能、工业大数据、工业互联网在计算机控制系统中的应用；④介绍三组实验，包括以单片机为核心构建的简单的计算机控制系统、以 CODESYS 为核心构建的集散控制系统和预测 PI 控制实验。

本书可作为高等学校自动化、计算机应用、信息工程等专业高年级本科生和研究生的教材，也可作为相关专业领域科研和工程技术人员的参考书。

图书在版编目（CIP）数据

计算机控制技术/王直杰等编著 . —北京：化学工业出版社，2024.6

面向新工科普通高等教育系列教材

ISBN 978-7-122-45462-1

Ⅰ.①计…　Ⅱ.①王…　Ⅲ.①计算机控制-高等学校-教材　Ⅳ.①TP273

中国国家版本馆 CIP 数据核字(2024)第 078982 号

责任编辑：廉　静　　　　　　　　文字编辑：蔡晓雅
责任校对：宋　玮　　　　　　　　装帧设计：王晓宇

出版发行：化学工业出版社
　　　　　（北京市东城区青年湖南街 13 号　邮政编码 100011）
印　　装：河北延风印务有限公司
787mm×1092mm　1/16　印张 15¼　字数 319 千字
2024 年 7 月北京第 1 版第 1 次印刷

购书咨询：010-64518888　　　　　售后服务：010-64518899
网　　址：http://www.cip.com.cn
凡购买本书，如有缺损质量问题，本社销售中心负责调换。

定　　价：58.00 元　　　　　　　　　版权所有　违者必究

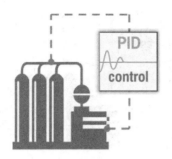

计算机控制技术课程涉及自动控制技术、计算机技术及通信技术，需讲授的知识点非常多，同时该课程不仅理论性强，工程性也很强。 因此讲授该课程需要较多的课时。 为了在有限的时间内让学生既有重点又能较全面地掌握该门课程，本书力求深入浅出地讲述计算机控制技术的核心知识，结合案例就工程应用非常广泛的计算机控制技术展开讨论，将该课程的实验有机地融入教材。

本书第 2、3 章讲述计算机控制系统的分析方法；第 4 章和第 5 章讲述计算机控制系统的设计方法；第 9 章是相应的实验，通过实验读者可以了解计算机控制系统的软硬件构成及控制算法的具体实现。 在课时有限的情况下，可以着重讲授这些章节。 第 6 章讲述离散系统状态空间分析和设计方法；第 7 章将新型实用的控制算法（预测 PI 控制）和案例相结合，便于读者理解如何将新型控制算法应用于实际工程以解决复杂系统的控制问题；第 8 章讲述常见的计算机集散控制系统，并在此基础上加入了相关的工业人工智能、工业大数据、工业互联网等信息前沿技术。 可在课时允许的情况下选用以上各个章节。

本书第 1~3 章由王直杰编写，第 4、5、7 章由任正云编写，第 6 章由索靖慧编写，第 8、9 章由左锋编写。

本书是编者在多年教学实践的基础上，参考了众多参考资料编写而成的。 由于编者水平有限，书中难免会有疏漏之处，恳请读者批评指正。

编著者
2024 年 3 月

目录 **Contents**

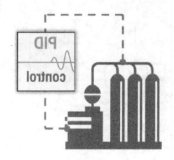

参考文献

第 **1** 章 概论

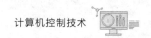

　　计算机控制系统的核心是利用控制技术、计算机技术及通信技术对被控对象进行自动控制的系统。本章介绍计算机控制系统的简单案例、基本组成及典型应用形式，进一步阐述计算机控制系统的主要内容及本书的章节安排。

1.1
计算机控制系统的基本概念

　　温度控制是日常生活和工业生产中常见的场景，如我们经常需要将某一容器中的温度控制在某一恒定的值上。容器中的温度可由电阻丝控制。假设我们采用计算机控制该容器内的温度，使得容器内的温度很快上升到需要的温度值然后稳定在该值上。首先我们需要一个温度传感器去测量容器内的温度，传感器测量得到的值为微弱的带有噪声的电信号，该微弱电信号通过变送器处理成为 $0\sim5\text{V}$ 的代表温度值的电信号，这个温度检测过程由图 1-1 中的检测仪表来完成。需要注意的是此代表温度的电信号（简称温度信号）为随时间连续变化的模拟信号，为了将当前温度信号输入计算机，需要将此温度信号转化为计算机内能存放的二进制的数字信号，这个任务由 A/D 转换器完成。A/D 转换器输入的是连续的模拟信号，输出的是数字信号。该数字信号通过计算机接口输入计算机中。计算机根据测量得到并输入计算机中的温度值以及温度设定值，调用控制算法（该控制算法是我们预先设计的存放在计算机存储器中的程序）计算得到一个控制量。该控制量是一个二进制数，它通过一个 D/A 转换器转换成模拟量，该模拟量控制晶闸管的导通比，从而起到控制电阻丝两端电压的作用，进而达到控制被控对象的温度（容器中的温度）的目的。

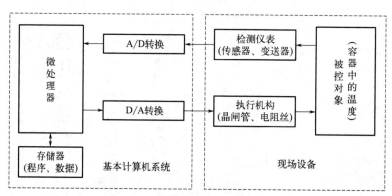

图 1-1　一个简单的计算机控制系统

　　从反馈控制的角度看，图 1-1 的计算机控制系统可用图 1-2 表示。计算机控制系统和经典的连续控制系统（见图 1-3）最大的区别是计算机控制系统的控制算法是由计算机内的程序实现的，而连续控制系统的控制器一般由连续的电路器件搭建而成，由于计算机的介入，计算机控制系统需要由 A/D 转换器和 D/A 转换器实现连续信号和离散信号的相互转换。

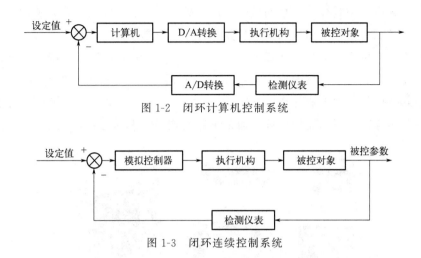

图 1-2　闭环计算机控制系统

图 1-3　闭环连续控制系统

1.2

计算机控制系统的硬件组成

图 1-1 给出了最简单的计算机控制系统的结构，计算机控制系统可以根据需求很方便地扩展出各种形式的人机界面，可以扩展出键盘、外存等输入输出设备，也可以通过通信网络将多个计算机控制系统连接在一起，甚至通过通信网络将计算机控制系统和其他的计算机系统（信息管理系统）连接在一起。图 1-4 是常见的计算机控制系统的组成。根据图 1-4，计算机控制系统的硬件由以下 6 部分组成。

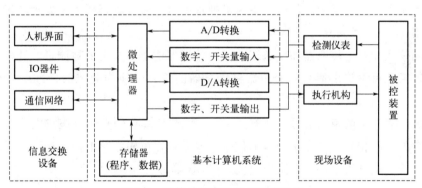

图 1-4　计算机控制系统的基本组成

1.2.1　计算机系统

控制主机由微处理器、存储器和接口电路等组成，是计算机控制系统的核心。控制主机根据输入设备采集到的反映生产过程工作状况的信息，按存储器中预先存储的程序，选择相应的控制算法，自动地进行信息处理和运算，实时地通过输出设备向生产过程发送控制命令，从而达到预定的控制目标。根据承担的工作，计算机系统分为控制计算机（下位机）和管理计算机（上位机），下位机负责过程控制，具体的形式较为多样化、仪表化。常见的形式有可编程控制器（PLC）、带有微处理器的智能仪表、插板式或机架式的工业计算机（IPC）等，如图 1-5 所示。上位机负责计算机控制系统的整体运行状态的监控管理，通常采用台式 IPC 和服务器承担这方面的工作。

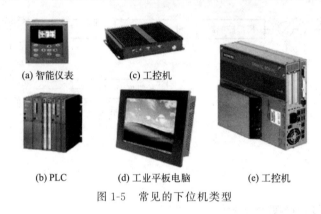

图 1-5　常见的下位机类型

1.2.2　检测仪表

用来检测工业生产过程各个被控参数的仪表装置称为检测仪表。其作用是正确感受和反映被测量的大小，确定被测变量的量值变化或量值特性、状态。主要的被控物理量类型有压力、流量、温度、液位、转速、位移、形变、物质的含量和组分等，检测仪表承担着将这些类型的信号转换为可处理的电信号并进行标准化处理和远距离传送的作用。

检测仪表一般由传感器和变送器组成，传感器能感受规定的被测量，并按照一定的规律转换成可用输出信号；变送器将传感器的信号转换为规定的标准信号输出或显示。

检测仪表输出的模拟信号形式有 4～20mA 或 1～5V 的直流电流或电压，信号与检测仪表的量程相对应。常用的检测仪表主要有：热电阻、热电偶、压力变送器、超声波物位计、电磁流量计、电阻应变仪、pH 计等。

1.2.3　执行机构

执行机构使用电机、气缸、阀门等设备将电力、气体、液体或其他能源转化成驱动作用，对工业设备的供能或供料进行调节，使被控量量值符合生产要求。基本的执行机构用于把阀门驱动至全开或全关的位置，用于控制阀的执行机构能够精确地使阀门处于任何位置。尽管大部分执行机构都是用于开关阀门，但是如今执行机构的设计远远超出了简单的开关功能，它们包含了位置感应装置、力矩感应装置、电极保护装置、逻辑控制装置、数字通信模块及 PID 控制模块等，而这些装置全部安装在一个紧凑的外壳内。执行机构通常由执行装置和控制器组成，根据给定的模拟量信号（如 4～20mA）的大小来调节工作状态（如阀门的开度、变频电机转速等）。执行机构主要有电动、气动、液动三种类型，分别以电力、压缩气体、液压为动力源。常用的执行机构主要有：电动执行器、电动调节阀、气动执行器、气动调节阀、液动执行器、液动调节阀等。

1.2.4　通信网络

现代化工业生产过程的规模一般都比较大，其控制和管理也很复杂，往往需要几台或几十台计算机才能分级完成。这样，在不同地理位置、不同功能的计算机或设备之间就需要通过通信网络进行信息交换。不同厂家的计算机控制系统可能会采用不同的通信设备和通信协议，以太网通信网卡及交换机是常用的网络通信设备。

1.2.5　IO 器件

IO 器件是操作员与系统之间进行人机对话的信息交换工具，一般由按钮、开关、键盘、数字化显示装置、声光报警设备等构成。操作员通过操作器件可以了解与控制整个系统的运行状态，例如，对于某些重要设备进行启动/停止操作控制，对控制设备的工作参数进行设计和调整，在设备故障情况下实施人工紧急干预等。

1.2.6　人机界面

人机界面是指人和机器在信息交换和功能上接触的结合面，它实现信息的内部形式与人类可以接收形式之间的转换。一般来说，凡是人-机信息交流的领域都存在着人机界面。目前，人机界面主要指以图形化方式提供系统信息的显示系统。如大屏幕液晶显示屏、大型 LED 显示屏、带触摸屏的计算机或工业计算机，这些设备可以全面反映整个生产流程中的设备状态，使操作员清楚地了解被控参数的变化趋势和规律。除了提供信息输出的功能外，有些人机界面设备（如触摸屏）也包含操作输入功能，为计算机控制系统提供更为丰富的显示和操作手段。

1.3

计算机控制系统的软件组成

计算机控制系统的硬件只能为实现系统功能提供硬件基础，作为系统的躯干和四肢必须要在大脑的指挥下才能发挥作用。要实现计算机控制系统正常运行，还必须为系统提供相应的软件平台。软件是各种程序、控制算法和数据管理方法的统称，软件的优劣不仅关系到硬件功能的发挥，也关系到系统的控制质量和对生产管理的控制水平。计算机控制系统的软件包括系统软件和应用软件。

1.3.1 系统软件

系统软件是支持控制系统应用程序运行的平台，主要包含操作系统、数据库系统、通信软件、工控应用软件开发系统、测试诊断软件等。

（1）操作系统

操作系统软件是所有应用系统运行的基础平台，其主要作用是为平台提供硬件系统的驱动程序及编程接口。根据工控机微处理器配置的不同，选择的操作系统也会略有差别。使用 Intel 公司或 AMD 公司 CPU 的工控机，由于其速度快，需要管理的硬件设备多，支持操作系统运行的资源多，通常选择 Windows 系列的操作系统（如 Windows 10）。Windows 10 是一个支持全平台模式的桌面操作系统，这也意味着系统中有台式机、工业平板电脑或手机等其他设备的时候，可使用 Windows 10 作为它们的操作系统。

而当计算机控制系统选用的是 ARM、DSP 或者单片机等集成度高、硬件资源量有限的微处理器芯片时，比较适合的操作系统是 μC/OS-II、VxWorks、Linux 系列（Android、Ubuntu 等）或 Windows CE。这类操作系统占用资源少、稳定性好、效率高，适用于小型或微型化的专用计算机工业控制设备。当然还有一种更简单的模式，就是直接编写代码控制硬件芯片的数据处理和传送功能，将程序编译后存入 ROM、EPROM 或 E^2PROM 等存储芯片中，启动直接运行，这样的系统可以不需要操作系统的支持，主要用于智能仪表系统。

（2）数据库系统

数据库是计算机控制系统存储和管理工业生产过程中产生的大量数据的重要工具。特别是在流程工业类型的企业（石油化工、电力、冶金、制药、轻纺化工等）中，每个企业有成千上万的监测控制点，每天 24 小时连续不停地工作，一年 365 天的长期运行产生出的变化数据是海量的。近几年出现的工业大数据和智能工厂技术，要求计算机控制系统要管理的数据，除了生产过程中的数据外，还要包含原料的采购、储存，产品的销售、仓储等企业管理、经济核算范畴的内容。所以计算机控制系统所配套的数据库系统也在不断地升级和发展。目前比较常用的有 MSSQLServer、MySQL、DB2、Oracle、Access 等大型或小型的关系型数据库系统，而随着大数据技术的兴起，MongoDB、NOSQL 等一些非关系型数据库也加入了这一行列。

（3）工控应用软件开发系统

工控应用软件开发系统是指开发某项具体工业控制工程应用系统的工具类软件，它可能是通用的高级语言编程环境，例如 MSVisualC＋＋、Python，也可能是最基础的汇编语言编程工具，如 MDK，也可能是专门为工业控制系统开发设计的图形化编程开发平台，如 PCS 7、CODESYS、组态王等。这些软件担负着设计计算机控制系统的人机界面、数据采集和转换程序、控制算法程序、数据管理程序、数据输出程序的功能。这类专用的开发系统软件也被称为"组态软件"。

组态的含义是，将输入信号抽象成输入功能块，在设计系统时，连接相应的功能块输出输入端，设置功能块参数，构成控制回路。这种操作方式就称为"组态"。所有组态软件为开发计算机控制应用系统提供可视化开发平台。

（4）通信软件

通信软件负责在计算机控制系统的智能化设备间进行数据传递，实现数据交流和数据共享。有时这类软件由操作系统提供，开发应用软件时，通过调用操作系统提供的通信程序实现功能。

（5）测试诊断软件

测试诊断软件主要有两方面任务，其一是在计算机控制系统投入运行前，对软件和硬件的工作情况进行测试，判定其工作的稳定性和可靠性。其二是在系统实际投运的过程中，如果发现异常状态可及时报警提示，并给出故障判定的参考信息。

1.3.2　应用软件

当某个具体工业过程的计算机控制系统软件开发并测试完毕后，一个具体项目的应用软件就完成了。虽然每个应用软件对应的工业项目各有不同，但按照功能可分为输入输出软件、控制运算软件、人机接口软件、通信接口软件。

输入输出软件的功能：①采集来自输入单元（AI、DI）的原始数据，再进行数据处理，然后将数据转换成实时数据库所需要的数据格式或数据类型；②接收来自实时数据库的数据，再进行数据格式转换，然后送到输出单元（AO、DO）输出。

控制运算软件：实现各控制回路所需的连续控制、逻辑控制、顺序控制的控制运算功能。

人机接口软件：①提供形象直观、图文并茂、友好简便的操作监视画面；②提供打印报表；③将系统运行的各种状态、数据以可视化的数据或图形方式呈现在用户面前。

通信接口软件：①与 I/O 设备或网络通信；②与第三方软件通信。

1.4

几种典型计算机控制系统

1.4.1　数据采集与操作指导系统

　　如图 1-6 所示，在数据采集与操作指导系统中，计算机不直接参与过程控制，即计算机中没有控制算法，它的输出不直接控制被控对象，而是将采集到的被控对象的现场状态进行必要的处理，然后将其进行记录、显示、报警或打印输出，即计算机对现场状况进行集中监视，并为操作人员提供操作指导信息。操作人员根据这些结果去改变调节器的给定值或直接操作执行机构，以达到控制的目的。

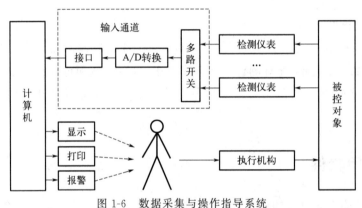

图 1-6　数据采集与操作指导系统

　　图 1-6 的输入和图 1-1 的输入不同的是它有多路的输入，同时为了反映多数实际情况，在 A/D 转换和计算机之间放入了接口环节，同时将这些输入相关的设备组成的电路称为输入通道，类似地，下文中的输出通道也由相关的接口、D/A 转换等设备组成。

1.4.2　直接数字控制系统

　　直接数字控制（direct digital control，DDC）系统是计算机用于工业过程最基础的一种方式，属于闭环控制型结构，其结构如图 1-7 所示。在直接数字控制（DDC）系统中，每台计算机作为若干个控制回路的控制器完成实时控制。测量设备对一个或多个生产过程的参数进行检测，经过过程输入通道输入计算机，并根据规定的控制规律和给定值进行运算，然后发出控制信号，通过过程输出通道直接去控制执行机构，使各个被控量达到预定的要求。在 DDC 系统中使用智能化设备作为数字控制器，实现多回路的各种控制算法，对各控制回路进行实时、高可靠性和高适应性的控制操作。

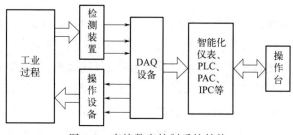

图 1-7　直接数字控制系统结构

1.4.3　监督计算机控制系统

DDC 系统的计算机设备通常采用高集成度的专用设备，将模块化、插件化、仪表化的微型计算机系统与模块化的过程数据传送设备组合为一个整体。由于这类计算机系统大多数提供的人机接口功能简单，所以通常要配接一些用于编程开发的专用编程器。即使如此，开发编程的操作也不方便，不便于设计调试复杂的控制算法和提供功能丰富的操作界面。因此往往为这类智能控制器配套一台或数台具有图形显示界面和多功能键盘的工控机，作为系统运行状态显示、控制功能开发、过程数据存储的支持设备，通过串行总线、工业以太网完成两者之间的连接通信。而这种结构就被称为监督计算机控制（SCC）系统（图 1-8）。

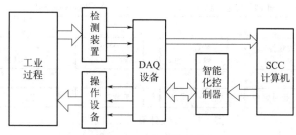

图 1-8　SCC 系统结构

监督计算机控制（supervisory computer control，SCC）系统属于两级计算机控制，第一级计算机是 DDC 控制。这一级的计算机设备通常采用高集成度的专用设备，如模块化、插件化、仪表化的微型计算机系统，并提供简单的操作界面，甚至采用"黑箱"方式上电运行。第二级 SCC 计算机实现最优控制或高级控制算法，为第一级计算机提供各种控制信息，同时显示和保存第一级计算机系统提供的工业过程和控制参数数据，还承担了为 DDC 系统提供开发设计环境的功能。由于两部分功能衔接密切，又各有侧重，目前基本上把 SCC 系统也归属于 DDC 系统的一种类型。

1.4.4　分级计算机控制系统

生产过程中既存在控制问题，也存在大量的管理问题。同时，复杂的生产过程中的设备一般分布在不同的车间，每个车间有不同的工序及多个装置。以上的数据采集与操作指导系统、直接数字控制与监督计算机控制系统均采用集中型结构，即一台计算机控制（检测）尽可能多的控制回路，实现集中检测、集中控制、集中管理。这种控制方式任务过于集中，一旦计算机出现故障，将会影响全局。分级计算机控制系统将生产过程中的每个工业对象（如每个装置中的温度参数、压力参数等）使用一个计算机进行控制，然后使用通信网络将这些计算机和车间级的计算机、工厂级的计算机及企业级的计算机连接起来。这种分级（或分布式）计算机控制系统的特点是将控制任务分散，用多台计算机分别执行不同的任务，同时监视及管理的任务是集中的，如监视的任务可在工厂级计算机中进行，管理的任务可以在企业级的计算机中完成，形成分散控制、集中监视和管理的架构。图 1-9 所示的分级计算机控制系统是一个四级系统。各级计算机的任务如下。

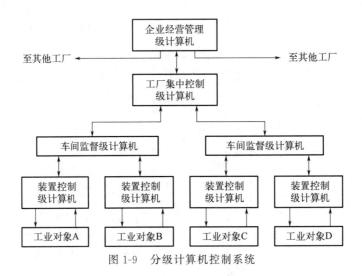

图 1-9　分级计算机控制系统

装置控制级（DDC 级），对生产过程或单机直接进行控制，如进行 PID 控制（见本书第 4 章）等，使所控制的生产过程在最优工况下工作。

车间监督级（SCC 级），根据厂级下达的任务或通过装置控制级获得的生产过程数据，进行最优化决策，它还担负着车间内各个工段的协调控制及对 DDC 级的监督。

工厂集中控制级，根据企业总部下达的任务和本厂情况，制定生产计划，安排本厂各个车间的生产任务，进行人员及各车间的协调，并及时将 SCC 级和 DDC 级的情况向上级反映。装置控制级、车间监督级及工厂集中控制级构成了一个分散控制、集中监视的计算机集散控制系统（DCS 系统）。

企业经营管理级，制定长期发展规划、生产计划、销售计划，下发命令到各厂，并接收各工厂各部门发回来的信息，实现全企业的决策与调度。

1.5
本书的主要内容

本书主要讲述计算机控制系统的设计问题。一般的计算机控制系统除了需对被控对象的控制目标进行有效控制外，它还有数据采集、集中监视等功能，是一个复杂的包含软硬件的计算机应用系统，因此除控制算法的设计外，也需设计它的软硬件系统。

本书首先重点讨论计算机控制系统中的控制算法的分析设计问题。计算机控制系统的控制算法是离散的算法，由计算机实现，是一个数字控制器，因此本书首先介绍离散系统分析与设计所涉及的数学工具，然后讨论如何利用这些数学工具分析计算机控制系统的性能，在分析的基础上进一步讨论控制算法的设计方法，最后讨论最常见的计算机集散控制系统软硬件技术问题。本书的第 2、第 3 章主要讲述计算机控制系统的分析方法，包括信号的采样与重构，离散系统的 z 变换理论，离散控制系统的传递函数、动态特性、输出响应、稳定性及稳态误差等问题。第 4 章讲述控制算法的间接设计法，即先设计连续系统的模拟控制器，然后再将模拟控制器转换为数字控制器。第 5 章讨论控制算法的直接设计法。第 6 章讨论基于状态空间模型的离散系统的分析与设计。第 7 章讨论基于最常用的 PID 控制算法的工程设计案例。第 8 章讨论最常见的计算机控制系统——集散控制系统，并讨论其中的硬件技术、软件技术、通信技术以及与其相关的信息前沿技术。第 9 章给出计算机控制的几个教学实验。

练习题

1. 计算机控制系统有哪些典型的类型？各有什么功能和特点？
2. 从反馈控制的角度看，计算机控制系统由哪些部分组成？试画出系统方框图。
3. 计算机控制系统的硬件通常由哪些部分组成？
4. 计算机控制系统的软件通常由哪些部分组成？
5. 在计算机控制系统中，A/D 和 D/A 转化器的输入和输出各是什么？
6. 从分级计算机控制系统的角度阐述什么是计算机集散控制系统。

第 2 章 离散系统分析与设计的数学基础

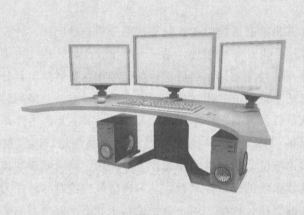

计算机控制系统采用离散的数字控制器。本章讨论离散控制系统分析与设计的数学基础。首先讨论模拟信号和数字信号的相互转换，然后讨论输入和输出都为离散信号的离散系统的差分方程描述法，最后讨论离散信号和系统的 z 变换分析法。

2.1

模拟信号和数字信号的相互转换

通过传感器及变送器检测回来的被控对象的状态一般是模拟信号，这个信号是时间连续的，同时它的取值也是连续的（如可取 $0\sim5\mathrm{V}$ 之间的任何一个值）。而计算机只能接收和处理数字信号，这个数字信号在时间上是离散的，即它是某一时刻的值；同时它的取值也是离散的，如对一个只有一个字节长度的数字量，它只能取 0，1，2，$\cdots$，255 中的一个值。另外计算机输出的数字信号，也需转换成时间连续的模拟信号才能施加到被控对象或执行机构。这个转换过程需用数学工具进行准确描述才能为后续的系统分析提供便利。

2.1.1　模拟信号

模拟量在时间上和取值上都是连续的，图 2-1 所示的 $x(t)$ 就是一个模拟信号，模拟信号经常被称为连续信号。连续信号指的是在整个时间范围内均有定义的信号，但它的幅值可以是连续的，也可以是断续的。因此严格来说，模拟信号是连续信号的一个子集，但在大多数场合，二者是可以等同的。

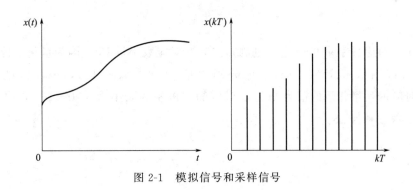

图 2-1　模拟信号和采样信号

2.1.2　采样信号

采样信号是取模拟信号在离散时间瞬时上的值构成的信号序列，因此其幅值可以是模拟信号的连续幅值范围内的任意值，即其在时间上是离散的，而幅值上是连续的。$x(t)$ 在离散时刻 kT 的值通过采样得到采样信号，记作 $x(kT)$，其中 $k=0,1$，$2,\cdots,T$ 为采样周期。采样信号经常被称为离散信号（或称为时域离散信号），离散信号是仅在各个离散时间瞬时上有定义的信号，因此，严格上，采样信号是离散信号的一个子集，但在多数场合，我们提及的离散信号即为采样信号。

采样信号也经常被记作 $x^*(t)$，可数学表示为：

$$x^*(t)=\begin{cases}0, & t\neq kT \\ x(t), & t=kT\end{cases},k=0,1,2,\cdots \tag{2-1}$$

2.1.3 数字信号

如前所述，数字信号是幅值整量化的离散信号，它在时间上和幅值上均是离散的。即 $x(kT)$ 经过量化以后转换成 2 进制数字量，记作 $x_q(kT)$，称为数字信号。

将采样信号 $x(kT)$ 转换成数字信号 $x_q(kT)$ 涉及精度的问题，假设 $x(kT)$ 的最大值为 $x_{\max}$，最小值为 $x_{\min}$，$x_q(kT)$ 的位长为 n，则最大二进制数为 2^n-1，最小二进制数为 0；最大二进制数对应 $x_{\max}$，最小二进制数对应 $x_{\min}$，二进制 1 代表的量的大小，即量化单位 q 为：

$$q=\frac{x_{\max}-x_{\min}}{2^n-1} \tag{2-2}$$

量化误差 $\varepsilon=q/2$。

如 $x_{\max}=450℃$，最小值 $x_{\min}=-60℃$，$n=8$，则量化单位为：

$$q=\frac{450-(-60)}{2^8-1}=2℃$$

量化误差为：

$$\varepsilon=\frac{q}{2}=1 \tag{2-3}$$

$-60℃$ 对应数字量 00（十六进制），$450℃$ 对应数字量 FF，因为量化单位为 2℃，因此十六进制数 01，02，$\cdots$，FF 分别对应 $-58℃$，$-56℃$，$\cdots$，$450℃$。因此 $19.1℃$ 对应的整量化后的值为 20℃，对应的二进制的大小为 $[20-(-60)]/q=40$，转换为十六进制为 28。

2.2
采样过程的数学描述

上文描述了采样的效果是将一个模拟信号转变为一个离散信号，其过程可以用一个如图 2-2 所示的采样开关来描述，采样开关平时处于断开的状态，其输入为模拟信号 $x(t)$，假设模拟信号在零时刻以前为零，即 $x(t)=0$，$t<0$。在采样时刻即离散

时刻 $t_k = kT$ 进行由断开到闭合然后再断开的动作，这样就在采样开关输出端得到采样信号，理想采样开关从断开到闭环再到断开的时间无穷短，在实际应用中采样开关一般为电子开关，其动作时间极短，可以近似为理想采样开关。为了便于数学分析，我们可将采样过程用如下的数学工具进行描述：

$$x^*(t) = x(0)\delta(t) + x(T)\delta(t-T) + x(2T)\delta(t-2T) + \cdots$$

$$= x(t)\sum_{k=-\infty}^{\infty}\delta(t-kT) = x(t)\sum_{k=-\infty}^{\infty}\delta(t-kT) \tag{2-4}$$

其中，$\delta(t-kT)$ 为单位脉冲信号（或称单位脉冲函数），它是定义在离散时间域的函数。当 $t = kT$ 时，$\delta(t-kT) = 1$；否则 $\delta(t-kT) = 0$，即：

$$\delta(t-kT) = \begin{cases} 1, & t = kT \\ 0, & t \neq kT \end{cases}, k \text{ 为整数} \tag{2-5}$$

因此 $\sum_{k=0}^{\infty}\delta(t-kT)$ 可看成是多个脉冲信号的叠加，采样过程相当于模拟信号和这个叠加的脉冲信号相乘，每一次采样相当于模拟信号和相应的某个脉冲信号相乘。

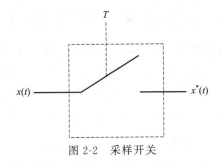

图 2-2　采样开关

以上是在离散时间域内利用单位脉冲函数定义采样信号，也可在连续时间域内定义采样信号，此时仍可类似式(2-4)定义采样信号为模拟信号和单位冲击函数的体积，单位冲击函数定义为：

$$\begin{cases} \int_{-\infty}^{\infty}\delta(t-kT)\mathrm{d}t = 1 \\ \delta(t-kT) = \begin{cases} \text{无穷大}, t = kT \\ 0, t \neq kT \end{cases} \end{cases} \tag{2-6}$$

需要注意的是，我们在以上的讨论中，采样周期是固定的 T（在某些应用中，采样周期可以是变化的），此时 $x^*(t)$、$x(kT)$、$x(k)$ 都可以用来表示采样信号。

2.3
采样信号的频谱分析

从直观上看，采样信号是模拟信号在各个采样点上的取值，那么从频域上看，采

样信号 $x^*(t)$ 和模拟信号 $x(t)$ 有什么关系呢？和模拟信号的频谱分析相似，我们可以对采样信号进行频谱分析。

$$X(\omega) = \int_{\infty}^{\infty} x(t) e^{-j\omega t} dt \tag{2-7}$$

$$X^*(\omega) = \int_{-\infty}^{\infty} x^*(t) e^{-j\omega t} dt \tag{2-8}$$

$X(\omega)$ 为 $x(t)$ 的频谱，经常记作 $X(j\omega)$，$X^*(\omega)$ 为 $x^*(t)$ 的频谱，经常记作 $X^*(j\omega)$。

根据式(2-4)、式(2-6) 和式(2-8)，通过推导可以得到：

$$X^*(\omega) = \frac{1}{T} \sum_{k=-\infty}^{\infty} X(\omega - k\omega_s)$$

$$= \frac{1}{T}[\cdots + \cdots + X(\omega - \omega_s) + X(\omega) + X(\omega + \omega_s) + \cdots + \cdots] \tag{2-9}$$

式中，ω_s 为采样角频率（$\omega_s = 2\pi/T$）。如式(2-9) 所示，采样信号 $x^*(t)$ 的频谱 $X^*(\omega)$ 除了 $X(\omega)$ 之外，还有 $X(\omega - \omega_s)$ 和 $X(\omega + \omega_s)$ 等成分。具体来说，采样信号的频谱是连续信号频谱的周期性重复，只是幅值为连续信号频谱的 $\frac{1}{T}$。$X^*(\omega)$ 是一个复数，它有幅值 $|X^*(\omega)|$ 和相位。假设 $x(t)$ 最高频率成分为 ω_c，则当 $\omega > \omega_c$ 时，$|X(\omega)| = 0$，为了理解式(2-9)，不妨假设 $|X(\omega)|$ 的形状如图 2-3 所示。其中 $|X(\omega - \omega_s)|$ 相当于将 $|X(\omega)|$ 往坐标轴右边移动 ω_s 位置，$|X(\omega + \omega_s)|$ 相当于将 $|X(\omega)|$ 往坐标轴左边移动 ω_s 位置，因此根据式(2-9)，当 $\omega_s > 2\omega_c$ 时，$|X^*(\omega)|$ 的形状如图 2-4 所示。当 $\omega_s = 2\omega_c$ 时，$|X^*(\omega)|$ 的形状如图 2-5 所示。也就是说，当 $\omega_s \geq 2\omega_c$，采样信号的频谱是连续信号频谱的周期性拓展（注意：幅值是原幅值的 $1/T$），除了原频谱外，还增加了很多高频的成分。当 $\omega_s \geq$

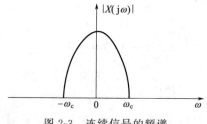

图 2-3　连续信号的频谱

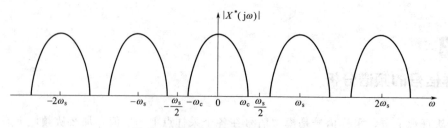

图 2-4　采样信号的频谱（$\omega_s > 2\omega_c$）

$2\omega_c$ 时，这些增加的频率成分彼此不重叠，然而当 $\omega_s < 2\omega_c$ 时，这些增加的频率成分将互相重叠，如图 2-6 中点 $\omega = \omega_s/2$ 处，此时式（2-9）中 $X(\omega) \neq 0$ 且 $X(\omega - \omega_s) \neq 0$，$|X^*(\omega)|$ 是复数 $X(\omega_s/2) + X(\omega_s/2 - \omega_s)$ 的模。

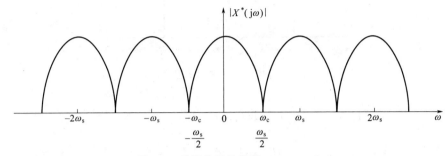

图 2-5　采样信号的频谱（$\omega_s = 2\omega_c$）

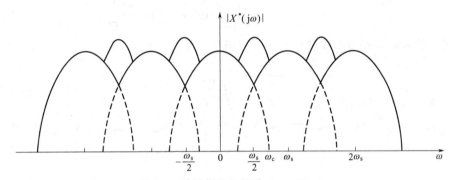

图 2-6　采样信号的频谱（$\omega_s < 2\omega_c$）

2.4
采样定理

采样定理给出了从采样的时域离散信号恢复到原来的模拟信号所必需的最低采样频率，可描述为：如果采样角频率大于或等于 2 倍模拟信号频谱中的最高角频率，即 $\omega_s \geqslant 2\omega_c$，则采样的时域离散信号 $x^*(t)$ 能够不失真地恢复到原来的模拟信号 $x(t)$。

从频率上我们可以直观地理解采样定理，假设我们有一个理想低通滤波器，该滤波器的频率特性为：

$$H(j\omega) = \begin{cases} T, & |\omega| \leqslant \omega_s/2 \\ 0, & |\omega| > \omega_s/2 \end{cases} \tag{2-10}$$

理想低通滤波器的幅频特性图如图 2-7 所示。

理想低通滤波器的单位脉冲响应为：

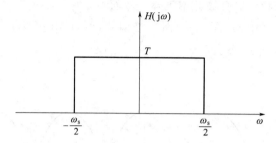

图 2-7 理想低通滤波器的频率特性

$$h(t) = F^{-1}\big[H(j\omega)\big] = \frac{1}{2\pi}\int_{-\infty}^{\infty} H(j\omega)e^{j\omega t}\,d\omega$$

$$= \frac{1}{2\pi}\int_{-\omega_s/2}^{\omega_s/2} T e^{j\omega t}\,d\omega = \frac{T}{2\pi} \times \frac{e^{j\omega t}}{jt}\bigg|_{-\omega_s/2}^{\omega_s/2}$$

$$= \frac{T}{2\pi jt}(e^{j\omega_s t/2} - e^{-j\omega_s t/2}) = \frac{T}{2\pi jt}2j\sin(\omega_s t/2) = \frac{\sin(\pi t/T)}{\pi t/T} \tag{2-11}$$

理想低通滤波器的单位脉冲响应图如图 2-8 所示。

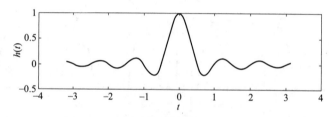

图 2-8 理想低通滤波器的单位脉冲响应

如果 $\omega_s \geqslant 2\omega_c$，用此理想低通滤波器对 $x^*(t)$ 进行滤波，也就是说将信号 $x^*(t)$ 通过此滤波器，则滤波器的输出为 $X(j\omega)H(j\omega)$，如式(2-9) 和式(2-10) 所示，由于当 $-\frac{1}{2}\omega_s \leqslant \omega \leqslant \frac{1}{2}\omega_s$ 时，$H(j\omega) = T$ 且 $X^*(j\omega) = X(j\omega)$，其他情况下 $H(j\omega) = 0$，因此 $X^*(j\omega)H(j\omega) = X(j\omega)$，从而 $x^*(t)$ 恢复到原来的 $x(t)$。我们可以从幅频特性来对此进行直观理解。利用理想低通滤波器对 $X^*(j\omega)$ 进行滤波，根据理想低通滤波器的频率特性，滤波后 $X^*(j\omega)$ 的频谱（图 2-4 和图 2-5）将是和图 2-3 一样的形状，即滤波后的 $x^*(t)$ 的幅频特性和 $x(t)$ 的幅频特性一样。

从时域上直观来看，如果选择的采样频率足够高，在一个采样周期内，能实现对连续信号所含的最高频率的信号成分采样两次以上，则在经采样获得的采样序列中将包含连续信号的全部信息。将这个采样序列经过一个理想低通滤波器，相当于这个序列和理想低通滤波器的单位脉冲响应做卷积，卷积后产生的信号即为原连续信号。也就是说连续信号可以通过这些采样信号按下式重构而成：

$$f(t) = \sum_{k=-\infty}^{\infty} f(kT) \frac{\sin[(t-kT)\pi/T]}{(t-kT)\pi/T} \tag{2-12}$$

其中序列中的 $f(0)$ 通过理想低通滤波器后产生的输出为 $f(0) \dfrac{\sin(t\pi/T)}{t\pi/T}$，

$f(T)$ 通过理想低通滤波器后产生的输出为 $f(T) \dfrac{\sin[(t-T)\pi/T]}{(t-T)\pi/T}$，以此类推。

2.5
信号的非理想采样与重构

上一节我们讨论了采样定理，在采样频率满足采样定理及存在理想低通滤波器的情况下，原连续信号可以通过采样序列准确地重构出来。然而这些理想条件在现实情况下是不存在的。

2.5.1　信号的非理想采样

首先实际的连续信号所含的频率成分通常是非常高的，采样频率不可能取到信号中的最高频率的两倍以上，因此采样定理不能得到满足，即不能满足 $\omega_s \geqslant 2\omega_c$，这种情况下采样信号的频谱如图 2-6 所示。可以看出即使我们有理想低通滤波器，也没有办法从采样信号的频谱中取出原来的连续信号的频谱，因为采样信号在 $[-\omega_s/2,$ $\omega_s/2]$ 内的频谱除了连续信号的频谱 $X(j\omega)$ 外，还混叠了 $X(j(\omega-\omega_s))$ 及 $X(j(\omega+\omega_s))$ 的频谱。

除了采样频率非理想以外，实际采样过程也不是理想的，理想采样是在时间域上有无穷个采样的情况，实际的采样次数不是无穷个，而是在有限时间域上的采样，这样使得我们无法使用式(2-10) 完全重构原信号［注意式(2-10) 需要用到无穷多个采样点的数据］。

如图 2-10 所示，当对 $\sin(20t)$ 在很长的时间域上采样后，频谱上在角频率 20 处上有一个类似冲击的尖峰，但当采样的时间域不够长时，如图 2-9 所示，在角频率 20 的周围也有明显的其它频率成分。

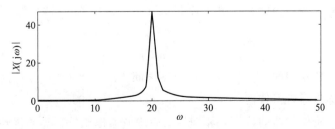

图 2-9　采样时间为 2π、采样周期为 0.02π（采样点数为 100 个）时的频谱图

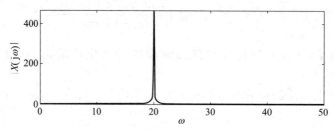

图 2-10　采样时间为 20π、采样周期为 0.02π（采样点数为 1000 个）时的频谱图

2.5.2　信号的非理想重构

理想的采样信号经过理想的低通滤波器可以恢复为原连续信号，然而从理想低通滤波器的单位脉冲响应可以看出，我们在 $t=0$ 时刻在理想低通滤波器的输入端输入一个单位冲击信号，输出的信号（单位脉冲响应）在 $t<0$ 时刻仍有输出，即当前的输入会影响理想低通滤波器过去的输出，换句话说，理想低通滤波器输出不仅和当前时刻或过去时刻的输入有关，而且和将来的输入有关。这是违反因果性的，因此不存在物理上的器件能实现理想低通滤波器。虽然如此，我们可以根据实际应用问题的精度要求，设计一个接近理想低通滤波器的实际低通滤波器。

能够物理实现的低通滤波器要求当前时刻的滤波器的输出由当前时刻或过去时刻的采样值运算得到，而不能由将来的采样值运算得到，即在相邻两个采样时刻 kT 和 $(k+1)T$ 之间的信号 $f(t)$，必须用 kT、$(k-1)T$、$(k-2)T$ 等采样时刻的采样值来估计。以下是泰勒展开式：

$$f(t)=f(kT)+f'(kT)(t-kT)+\frac{f''(kT)}{2!}(t-kT)^2+\cdots \tag{2-13}$$

$$f'(kT)\approx\frac{f(kT)-f[(k-1)T]}{T} \tag{2-14}$$

$$f''(kT)\approx\frac{f'(kT)-f'[(k-1)T]}{T}\approx\frac{f(kT)-2f[(k-1)T]+f[(k-2)T]}{T^2} \tag{2-15}$$

$$kT\leqslant t\leqslant(k+1)T \tag{2-16}$$

从这些导数近似表达式中可以看出，导数阶次越高，所需的过去时刻的采样值的数目越多，从而估计精度就越高，但在实际的物理系统中，高阶次的估计难以物理实现，且阶次越高延迟越多，因此在计算机控制系统中，常用式（2-13）的第一项进行信号重构，即：

$$f(t)=f(kT),kT\leqslant t<(k+1)T \tag{2-17}$$

由于它是多项式中的零阶项，又由于在区间 $kT\leqslant t<(k+1)T$ 内 $f(t)$ 保持不变，所以通常称为零阶保持器。

为了理解零阶保持器的特性并和理想低通滤波器作比较，需要得到零阶保持器的单位脉冲响应及频率特性。从以上的分析可知，当零阶保持器在 0 时刻的输入为单位脉冲时，零阶保持器将此脉冲保持到 T 时刻，即零阶保持器的输出为 $f(t)=1$，$0 \leqslant t < T$，因此零阶保持器的单位脉冲响应为（如图 2-11 所示）：

$$g(t)=1(t)-1(t-T) \tag{2-18}$$

$1(t)$ 为单位阶跃信号：

$$1(t)=\begin{cases} 1, & t \geqslant 0 \\ 0, & t < 0 \end{cases} \tag{2-19}$$

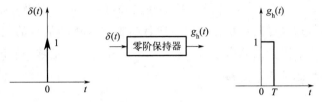

图 2-11　零阶保持器的脉冲响应

图 2-11 是在一个单位脉冲下零阶保持器的输出，在采样信号 $x^*(t)$（脉冲序列）作用下，零阶保持器的输出 $x_h(t)$ 如图 2-12 所示。

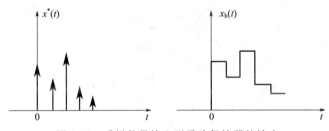

图 2-12　采样信号输入下零阶保持器的输出

将零阶保持器的单位脉冲响应 $g(t)$ 进行拉普拉斯变换，得到零阶保持器的传递函数为：

$$G_h(s)=\frac{1-\mathrm{e}^{-Ts}}{s} \tag{2-20}$$

将 $\mathrm{j}\omega$ 代入式(2-20) 中的 s，得到零阶保持器的频率特性：

$$G_h(\mathrm{j}\omega)=\frac{\mathrm{e}^{-\frac{\mathrm{j}\omega T}{2}}(\mathrm{e}^{\frac{\mathrm{j}\omega T}{2}}-\mathrm{e}^{-\frac{\mathrm{j}\omega T}{2}})}{\mathrm{j}\omega}=T\frac{\sin\frac{\omega T}{2}}{\frac{\omega T}{2}}\mathrm{e}^{-\frac{\mathrm{j}\omega T}{2}} \tag{2-21}$$

幅频特性为：

$$|G_h(\mathrm{j}\omega)|=\left| T\frac{\sin\frac{\omega T}{2}}{\frac{\omega T}{2}} \right| \tag{2-22}$$

相频特性为：

$$\theta_h(\omega)=-\mathrm{sgn}\left(\sin\frac{\omega T}{2}\right)\frac{\omega T}{2} \tag{2-23}$$

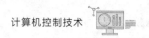

$\mathrm{sgn}\left(\sin\dfrac{\omega T}{2}\right)$为符号函数：

$$\mathrm{sgn}\left(\sin\frac{\omega T}{2}\right)=\begin{cases}1, & \sin\dfrac{\omega T}{2}\geqslant 0 \\[2mm] 0, & \sin\dfrac{\omega T}{2}<0\end{cases} \tag{2-24}$$

零阶保持器的幅频特性曲线和相频分别如图 2-13 所示。和理想低通滤波器的幅频特性图相比（图 2-7）可以看出，零阶保持器在高频（$\omega>\omega_s$）处仍有幅值较小的频率成分，因此当信号通过零阶保持器时（零阶保持器的频谱和信号的频谱相乘），它不能完全滤除信号中的高频的频率成分，但当 ω_s 足够大（T 足够小）时，零阶保持器可以较好地逼近理想低通滤波器。

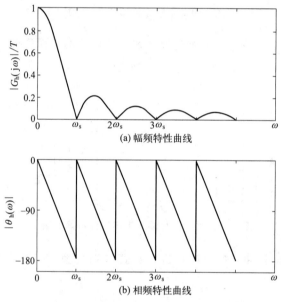

图 2-13　零阶保持器的频率特性曲线

由相频特性可知，零阶保持器产生相位滞后，且随频率 ω 线性增大，在 $\omega=\omega_s$ 处达到最大的相位滞后$-180°$，在 $\omega=\omega_s$ 处，由于 $\sin\left(\dfrac{\omega T}{2}\right)$ 由正变为负，从而相位发生 $180°$ 的跳变。

2.6

z 变换与 z 反变换

对连续信号进行频域分析可以使用拉普拉斯变换，本节讨论对离散信号进行拉普拉斯变换的方法——z 变换方法。

2.6.1　z 变换的定义

设 $x^*(t)$ 是对连续信号 $x(t)$ 进行周期为 T 的采样而得到的采样信号：

$$x^*(t) = x(0)\delta(t) + x(T)\delta(t-T) + x(2T)\delta(t-2T) + \cdots = \sum_{k=0}^{\infty} x(kT)\delta(t-kT)$$

$$(2\text{-}25)$$

对 $x^*(t)$ 进行拉普拉斯变换，得到 $x^*(t)$ 的拉氏变换 $X^*(s)$：

$$X^*(s) = \mathcal{L}[x^*(t)] = \int_{-\infty}^{\infty} x^*(t)\mathrm{e}^{-st}\,\mathrm{d}t \qquad (2\text{-}26)$$

由于：

$$\mathcal{L}[x(kT)\delta(t-kT)] = \int_{-\infty}^{\infty} x(kT)\delta(t-kT)\mathrm{e}^{-st}\,\mathrm{d}t = x(kT)\mathrm{e}^{-ksT} \qquad (2\text{-}27)$$

根据式(2-25) 及式(2-26)，得到：

$$X^*(s) = x(0)\mathrm{e}^{-s\times 0} + x(T)\mathrm{e}^{-sT} + x(2T)\mathrm{e}^{-2sT} + \cdots = \sum_{k=0}^{\infty} x(kT)\mathrm{e}^{-ksT} \qquad (2\text{-}28)$$

因复变量 s 含在超越函数 e^{-ksT} 中，不便于处理，故引进一个新的变量 z，令：

$$z = \mathrm{e}^{sT} \qquad (2\text{-}29)$$

从而可将 $X^*(s)$ 写作 $X(z)$，式(2-28) 可写成：

$$X(z) = \mathcal{Z}[x^*(t)] = x(0)z^{-0} + x(T)z^{-1} + x(2T)z^{-2} + \cdots = \sum_{k=0}^{\infty} x(kT)z^{-k}$$

$$(2\text{-}30)$$

式(2-30) 即为采样信号 $x^*(t)$ 的 z 变换的定义，$X(z)$ 为 $x^*(t)$ 的 z 变换。从式(2-30) 可以看出，z 变换实际是一个无穷级数形式，$x^*(t)$ 的 z 变换存在的条件是该级数必须收敛。

从 z 变换的定义中可以看出，z 变换其实就是采样信号的拉普拉斯变换，只是为了表示和处理的方便，将拉普拉斯中的 e^{Ts} 记为 z。这种便利性可从式(2-25) 和式(2-30) 的比较中明显地观察到：离散信号的 z 相当于将离散信号中的单位冲击函数 $\delta(t-kT)$ 替换成 z^{-k}。

从式(2-30) 可以看出，对于两个连续信号 $x_1(t)$ 和 $x_2(t)$，只要它们的采样信号相等 $x_1^*(t) = x_2^*(t)$ $[x_1(t)$ 不必和 $x_2(t)$ 完全相同$]$，则有 $x_1(kT) = x_2(kT)$，$k = 0,1,2,\cdots$，从而 $X_1(z) = X_2(z)$；反之，若 $X_1(z) = X_2(z)$，$x_1^*(t) = x_2^*(t)$，但有可能 $x_1(t) \neq x_2(t)$。这表明 z 变换仅仅涉及 $x(t)$ 在采样点上的函数值，$X(z)$ 只是采样信号 $x^*(t)$ 的 z 变换，不是连续函数 $x(t)$ 的 z 变换，有时为了方便起见，将 $\mathcal{Z}[x^*(t)]$ 写为 $\mathcal{Z}[x(t)]$，但 $\mathcal{Z}[x(t)]$ 实际上是采样信号 $x^*(t)$ 的 z 变换，指的是先将 $x(t)$ 进行采样得到 $x^*(t)$，然后对 $x^*(t)$ 进行 z 变换。因此，下文中涉及

的连续信号的 Z 变换实际上是其采用信号的 Z 变换。

2.6.2 常见信号的 z 变换

(1) 单位冲击信号

根据式(2-27)及 z 变换的定义式(2-30)，单位冲击信号的 z 变换为：

$$\mathcal{Z}[\delta(t-kT)]=z^{-k}$$
$$\mathcal{Z}[\delta(t)]=z^{-0}=1 \tag{2-31}$$

(2) 单位阶跃信号

根据阶跃信号 $1(t)$ 的定义式(2-19)及 z 变换的定义式(2-30)，$1(t)$ 的 z 变换为：

$$\mathcal{Z}[1(t)]=z^{-0}+z^{-1}+z^{-2}+\cdots \tag{2-32}$$

$\mathcal{Z}[1(t)]$ 是一个等比无穷序列，该序列收敛的条件是 $|z^{-1}|<1$，即 $|z|>1$，此时：

$$\mathcal{Z}[1(t)]=\frac{(1-z^{-N})}{1-z^{-1}}\bigg|_{N\to\infty}=\frac{1}{1-z^{-1}}=\frac{z}{z-1} \tag{2-33}$$

(3) 指数函数 e^{-at}

$$\mathcal{Z}(e^{-at})=z^{-0}+e^{-aT}z^{-1}+e^{-2aT}z^{-2}+\cdots \tag{2-34}$$

在序列收敛的条件下：

$$\mathcal{Z}(e^{-at})=\frac{1}{1-e^{-aT}z^{-1}}=\frac{z}{z-e^{-aT}} \tag{2-35}$$

(4) 单位速度信号 $x(t)=t$

$$\mathcal{Z}[x(t)]=Tz^{-1}+2Tz^{-2}+3Tz^{-3}+\cdots \tag{2-36}$$
$$\mathcal{Z}[t]=Tz^{-1}+Tz^{-2}+Tz^{-3}+\cdots$$
$$+Tz^{-2}+Tz^{-3}+Tz^{-4}+\cdots$$
$$+Tz^{-3}+Tz^{-4}+Tz^{-5}+\cdots$$
$$+\cdots \tag{2-37}$$

在序列收敛的条件下，

$$\mathcal{Z}[x(t)]=Tz^{-1}\frac{1}{1-z^{-1}}+Tz^{-2}\frac{1}{1-z^{-1}}+Tz^{-3}\frac{1}{1-z^{-1}}+\cdots$$
$$=Tz^{-1}\left(\frac{1}{1-z^{-1}}\right)^2=\frac{Tz}{(z-1)^2} \tag{2-38}$$

(5) 指数函数 $x(t)=a^{t/T}$ 或 $x(kT)=a^k$，T 为采样周期

$$\mathcal{Z}[x(t)]=\mathcal{Z}[x(kT)]=1+az^{-1}+a^2z^{-2}+a^3z^{-3}\cdots$$

在序列收敛的条件下，

$$\mathcal{Z}[x(t)]=\frac{1}{1-az^{-1}}=\frac{z}{z-a} \tag{2-39}$$

(6) 正弦信号 $x(t) = \sin(\omega t)$

$$\mathscr{Z}\left[x(t)\right] = \mathscr{Z}\left[\sin(\omega t)\right] = \mathscr{Z}\left[\frac{1}{2\mathrm{j}}\left(\mathrm{e}^{\mathrm{j}\omega t} - \mathrm{e}^{-\mathrm{j}\omega t}\right)\right]$$

$$= \frac{1}{2\mathrm{j}}\left\{\mathscr{Z}\left[\mathrm{e}^{\mathrm{j}\omega t}\right] - \mathscr{Z}\left[\mathrm{e}^{-\mathrm{j}\omega t}\right]\right\} \tag{2-40}$$

根据式(2-35)：

$$\mathscr{Z}\left[x(t)\right] = \frac{1}{2\mathrm{j}}\left(\frac{z}{z - \mathrm{e}^{\mathrm{j}\omega T}} - \frac{z}{z - \mathrm{e}^{-\mathrm{j}\omega T}}\right)$$

$$= \frac{z}{2\mathrm{j}}\left[\frac{\mathrm{e}^{\mathrm{j}\omega T} - \mathrm{e}^{-\mathrm{j}\omega T}}{z^2 - (\mathrm{e}^{\mathrm{j}\omega T} + \mathrm{e}^{-\mathrm{j}\omega T})z + 1}\right]$$

$$= \frac{z\sin\omega T}{z^2 - 2z\cos\omega T + 1} \tag{2-41}$$

2.6.3　z 变换的性质和定理

以上我们讨论了常见信号的 z 变换，下面我们讨论 z 变换的性质，根据这些性质，我们可以将复杂的信号转换成以上常见的信号进行 z 变换，另外，这些性质和定理也便于我们应用 z 变换法分析计算机控制系统。

(1) 线性定理

设 a、a_1、a_2 为任意常数，连续时间函数 $f(t)$、$f_1(t)$、$f_2(t)$ 的 z 变换分别为 $F(z)$、$F_1(z)$、$F_2(z)$，则有：

$$\mathscr{Z}\left[af(t)\right] = aF(z) \tag{2-42}$$

$$\mathscr{Z}\left[a_1 f_1(t) + a_2 f_2(t)\right] = a_1 F_1(z) + a_2 F_2(z) \tag{2-43}$$

(2) 滞后定理

按前文所述，设连续时间函数 $f(t)$ 在 $t < 0$ 时，$f(t) = 0$，且 $f(t)$ 的 z 变换为 $F(z)$，则：

$$\mathscr{Z}\left[f(t - kT)\right] = z^{-k}F(z) \tag{2-44}$$

证明：

$$\mathscr{Z}\left[f(t - kT)\right] = \sum_{n=0}^{\infty} f(nT - kT)z^{-n} = \sum_{n=k}^{\infty} f(nT - kT)z^{-n}$$

$$= f(0)z^{-k} + f(T)z^{-k-1} + f(2T)z^{-k-2} + f(3T)z^{-k-3} + \cdots$$

$$= z^{-k}\left[f(0) + f(T)z^{-1} + f(2T)z^{-2} + f(3T)z^{-3} + \cdots\right]$$

$$= z^{-k}F(z)$$

(3) 超前定理

设连续时间函数 $f(t)$ 的 z 变换为 $F(z)$，则：

$$\mathscr{Z}\left[f(t + kT)\right] = z^k F(z) - \sum_{m=0}^{k-1} f(mT)z^{k-m} \tag{2-45}$$

证明：

$$\mathscr{Z}\left[f(t+kT)\right]=\sum_{n=0}^{\infty}f(nT+kT)z^{-n}$$

$$=\sum_{n=-k}^{\infty}f(nT+kT)z^{-n}-\sum_{n=-k}^{-1}f(nT+kT)z^{-n}$$

$$=\left[f(0)z^{k}+f(T)z^{k-1}+f(2T)z^{k-2}+\cdots\right]$$

$$-\left[f(0)z^{k}+f(T)z^{k-1}+\cdots+f((k-1)T)z^{1}\right]$$

$$=z^{k}\left[f(0)+f(T)z^{-1}+f(2T)z^{-2}+f(3T)z^{-3}+\cdots\right]-\sum_{m=0}^{k-1}f(mT)z^{k-m}$$

$$=z^{k}F(z)-\sum_{m=0}^{k-1}f(mT)z^{k-m}$$

（4）初值定理

设连续时间函数 $f(t)$ 的 z 变换为 $F(z)$，则：

$$f(0)=\lim_{z\to\infty}F(z)$$

证明：

$$F(z)=\sum_{k=0}^{\infty}f(kT)z^{-k}=f(0)+f(T)z^{-1}+f(2T)z^{-2}+f(3T)z^{-3}+\cdots$$

所以：$f(0)=\lim\limits_{z\to\infty}F(z)$

（5）终值定理

设连续时间函数 $f(t)$ 的 z 变换为 $F(z)$，则：

$$f(\infty)=\lim_{z\to1}(1-z^{-1})F(z)=\lim_{z\to1}(z-1)F(z) \tag{2-46}$$

证明：

$$f(\infty)=\lim_{z\to1}(1-z^{-1})F(z)=\lim_{z\to1}F(z)-\lim_{z\to1}z^{-1}F(z)$$

根据滞后定理，$z^{-1}F(z)$ 为 $f(t-kT)$ 的 z 变换，即 $z^{-1}F(z)=\sum\limits_{k=0}^{\infty}f(kT-T)z^{-k}$

$$f(\infty)=\lim_{z\to1}\left[\sum_{k=0}^{\infty}f(kT)z^{-k}-\sum_{k=0}^{\infty}f(kT-T)z^{-k}\right]$$

$$=\sum_{k=0}^{\infty}f(kT)-\sum_{k=0}^{\infty}f(kT-T)$$

$$=f(0)-f(-T)+f(T)-f(0)+f(2T)-f(T)+\cdots=f(\infty)$$

（6）复位移定理

设 a 为常数，设连续时间函数 $f(t)$ 的 z 变换为 $F(z)$，则：

$$\mathscr{Z}\left[f(t)\mathrm{e}^{-at}\right]=F(z\mathrm{e}^{aT}) \tag{2-47}$$

证明：

$$\mathcal{Z}[f(t)\mathrm{e}^{-at}] = \sum_{k=0}^{\infty} f(kT)\mathrm{e}^{-akT}z^{-k}$$

$$= \sum_{k=0}^{\infty} f(kT)(\mathrm{e}^{aT}z)^{-k} = F(z\mathrm{e}^{aT})$$

(7) 卷积定理

设连续时间函数 $f(t)$ 和 $g(t)$ 的 z 变换分别为 $F(z)$ 和 $G(z)$，若定义 $f(kT)$ 和 $g(kT)$ 的卷积为：

$$f(kT) * g(kT) = \sum_{i=0}^{k} f(iT)g(kT-iT) = \sum_{i=0}^{k} g(iT)f(kT-iT) \qquad (2-48)$$

则：$\mathcal{Z}[f(kT) * g(kT)] = F(z)G(z)$。

证明：按前所述，在 $t < 0$ 时，$g(t) = 0$，因此：

$$\mathcal{Z}[f(kT) * g(kT)] = \sum_{k=0}^{\infty} \sum_{i=0}^{k} f(iT)g(kT-iT)z^{-k}$$

$$= \sum_{k=0}^{\infty} \sum_{i=0}^{\infty} f(iT)g(kT-iT)z^{-k}$$

$$= \sum_{i=0}^{\infty} f(iT) \sum_{k=0}^{\infty} g(kT-iT)z^{-k}$$

$$= \sum_{i=0}^{\infty} f(iT)z^{-i}G(z) = F(z)G(z)$$

(8) 微分定理

设连续时间函数 $f(t)$ 的 z 变换为 $F(z)$，则：

$$\mathcal{Z}[tf(t)] = -Tz\frac{\mathrm{d}F(z)}{\mathrm{d}z} \qquad (2-49)$$

证明：

$$\frac{\mathrm{d}F(z)}{\mathrm{d}z} = \frac{\mathrm{d}\left[\sum\limits_{k=0}^{\infty} f(kT)z^{-k}\right]}{\mathrm{d}z}$$

$$= \sum_{k=0}^{\infty} f(kT)\frac{\mathrm{d}z^{-k}}{\mathrm{d}z}$$

$$= \sum_{k=0}^{\infty} f(kT)(-k)z^{-k-1}$$

$$= -\frac{1}{Tz}\sum_{k=0}^{\infty} f(kT)(kT)z^{-k}$$

$$= -\frac{1}{Tz}\mathcal{Z}[tf(t)]$$

所以：$\mathcal{Z}[tf(t)] = -Tz\dfrac{\mathrm{d}F(z)}{\mathrm{d}z}$。

2.6.4 从拉普拉斯变换式求取 z 变换

有时已知连续信号的拉普拉斯变换，然后需求其对应采样信号的 z 变换。先讨论常见的拉普拉斯变换式对应的 z 变换，然后讨论通过部分分式法将复杂的拉普拉斯变换式分解为常见的拉普拉斯变换式，最后讨论将复杂的拉普拉斯变换式转换成 z 变换的留数法。

2.6.4.1 常见的拉普拉斯变换式对应的 z 变换

(1) $F(s)=1/(s+a)$

对 $F(s)$ 进行拉普拉斯逆变换，得 $f(t)=e^{-at}$，从而：

$$\mathscr{Z}[f(t)]=\frac{z}{z-e^{-aT}} \tag{2-50}$$

(2) $F(s)=\dfrac{1}{s}$

对 $F(s)$ 进行拉普拉斯逆变换，得 $f(t)=1(t)$，从而：

$$\mathscr{Z}[f(t)]=\frac{z}{z-1} \tag{2-51}$$

(3) $F(s)=1/s^2$

对 $F(s)$ 进行拉普拉斯逆变换，得 $f(t)=t$，从而：

$$\mathscr{Z}[f(t)]=\frac{Tz}{(z-1)^2} \tag{2-52}$$

2.6.4.2 部分分式法

部分分式法将复杂的拉普拉斯变换 $F(s)$ 分解成部分分式之和，这些部分分式的 z 变换是我们已知的拉普拉斯变换式，如根据 $F(s)$ 的极点情况将 $F(s)$ 分解为部分分式 $k_i/(s+s_i)$ 之和，这些部分分式的 z 变换已知。设 $F(s)$ 有 N 个单极点，$-s_i$ 是 $F(s)$ 的第 i 个单极点，系数 k_i 可按下式求取：

$$F(s)=\sum_{i=1}^{N}\frac{k_i}{s+s_i} \tag{2-53}$$

$$(s+s_i)F(s)=(s+s_i)\sum_{i=1}^{N}\frac{k_i}{s+s_i}$$

$$(s+s_i)F(s)\Big|_{s=-s_i}=(s+s_i)\sum_{i=1}^{N}\frac{k_i}{s+s_i}\Big|_{s=-s_i}$$

所以： $$k_i=(s+s_i)F(s)\big|_{s=-s_i} \tag{2-54}$$

当 $s_i=0$ 时： $$k_i=sF(s)\big|_{s=0} \tag{2-55}$$

[例 2-1] 已知 $F(s)=1/[s(s+2)]$，求 $F(z)$。

解：将 $F(s)$ 分解成部分分式之和：

$$F(s)=\frac{1}{s(s+2)}=0.5/s-0.5/(s+2)$$

根据式（2-51），$\dfrac{1}{s}$ 的 z 变换为 $\dfrac{z}{z-1}$，根据式（2-50），$1/(s+a)$ 的 z 变换

为 $\dfrac{z}{z-\mathrm{e}^{-aT}}$

因此：
$$F(z)=0.5\frac{z}{z-1}-0.5\frac{z}{z-\mathrm{e}^{-2T}}$$

[例 2-2]　已知 $F(s)=2/[(s+1)(s+3)]$，求 $F(z)$。

解：$F(s)=\dfrac{2}{(s+1)(s+3)}=1/(s+1)-1/(s+3)$

因此：$F(z)=\dfrac{z}{z-\mathrm{e}^{-T}}-\dfrac{z}{z-\mathrm{e}^{-3T}}$

2.6.4.3　留数法

留数法是将拉普拉斯变换转化为 z 变换的另一种方法，尤其适合在重极点的情况下求取 z 变换。假设 $F(s)$ 有一个单极点 $-a$ 和一个 r 阶重极点 $-b$，则按留数法：

$$F(z)=\left[(s+a)F(s)\frac{1}{1-\mathrm{e}^{sT}z^{-1}}\right]\Bigg|_{s=-a}+\frac{1}{(r-1)!}\times\frac{\mathrm{d}^{r-1}}{\mathrm{d}s^{r-1}}\left[(s+b)^{r}F(s)\frac{1}{1-\mathrm{e}^{sT}z^{-1}}\right]\Bigg|_{s=-b}$$

$$(2\text{-}56)$$

式（2-56）中的第一项对应单极点，它实际上和部分分式法是类似的。若有其他单极点，则需要类似第一项将其加上；式（2-56）中的第二项对应重极点，r 阶重极点需对 s 变量求 $r-1$ 阶导数，然后将 $s=-b$ 代入求导后的 s 函数，$(r-1)!$ 为阶乘，若有其他重极点，则只要类似第二项将其加上就可以了。

[例 2-3]　已知 $F(s)=1/(s+1)^{2}$，求 $F(z)$。

解：$F(s)$ 有二重极点 -1，根据式(2-56)：

$$F(z)=\frac{1}{(2-1)!}\times\frac{\mathrm{d}^{2-1}}{\mathrm{d}s^{2-1}}\left[(s+1)^{2}F(s)\frac{1}{1-\mathrm{e}^{sT}z^{-1}}\right]\Bigg|_{s=-1}$$

$$=\frac{T\mathrm{e}^{sT}z^{-1}}{(1-\mathrm{e}^{sT}z^{-1})^{2}}\Bigg|_{s=-1}$$

$$=\frac{T\mathrm{e}^{-T}z^{-1}}{(1-\mathrm{e}^{-T}z^{-1})^{2}}$$

[例 2-4]　已知 $F(s)=\dfrac{1}{s^{2}(s+a)}$，求 $F(z)$。

解：$F(s)$ 有二重极点 0，有一个单极点 $-a$，根据式(2-56)：

$$F(z)=\frac{\mathrm{d}}{\mathrm{d}s}\left[s^2\frac{1}{s^2(s+a)}\times\frac{1}{1-\mathrm{e}^{sT}z^{-1}}\right]\Bigg|_{s=0}+\left[(s+a)\frac{1}{s^2(s+a)}\times\frac{1}{1-\mathrm{e}^{sT}z^{-1}}\right]\Bigg|_{s=-a}$$

$$=\frac{\mathrm{e}^{sT}z^{-1}-1+T(s+a)\mathrm{e}^{sT}z^{-1}}{(s+a)^2(1-\mathrm{e}^{sT}z^{-1})^2}\Bigg|_{s=0}+\frac{1}{s^2(1-\mathrm{e}^{sT}z^{-1})}\Bigg|_{s=-a}$$

$$=\frac{z(aT+1-z)}{a^2(z-1)^2}+\frac{z}{a^2(z-\mathrm{e}^{-aT})}$$

$$=\frac{z\left[(\mathrm{e}^{-aT}+aT-1)z+1-aT\mathrm{e}^{-aT}-\mathrm{e}^{-aT}\right]}{a^2(z-1)^2(z-\mathrm{e}^{-aT})}$$

2.6.5　z 反变换

由 $F(z)$ 求出相应的时间序列 $f(kT)$ 的运算称为 z 反变换，记作：

$$\mathscr{Z}^{-1}\left[F(z)\right]=f(kT)\tag{2-57}$$

z 变换是对采样信号进行的变换，同样地 z 反变换得到的是采样点上的信号值。z 反变换通常有长除法、部分分式法和留数法。

2.6.5.1　长除法

将 $F(z)$ 用长除法展开成 z 的降幂级数，然后根据 z 变换的定义，即可得到 $f(kT)$。

[例 2-5]　求 $F(z)=\dfrac{0.6z}{z^2-1.4z+0.4}$ 的反变换。

解：用长除法

$$
\begin{array}{r}
0.6z^{-1}+0.84z^{-2}+0.936z^{-3}+\cdots \\
z^2-1.4z+0.4\enclose{longdiv}{0.6z} \\
\underline{0.6z-0.84+0.24z^{-1}} \\
0.84-0.24z^{-1} \\
\underline{0.84-1.176z^{-1}+0.336z^{-2}} \\
0.936z^{-1}-0.336z^{-2} \\
\underline{0.936z^{-1}-1.310z^{-2}+0.3744z^{-3}} \\
\vdots
\end{array}
$$

可得 $F(z)=0.6z^{-1}+0.84z^{-2}+0.936z^{-3}+0.974z^{-4}+0.991z^{-5}+\cdots$，则：$f(0)=0$，$f(T)=0.6$，$f(2T)=0.84$，$f(3T)=0.936$，$f(4T)=0.974$，$f(5T)=0.991$，…。长除法只能求得时间序列的有限项，得不到序列 $f(kT)$ 的数学解析式。

2.6.5.2　部分分式法

z 反变换的思路和 z 变换类似，即根据极点情况将 $F(z)$ 分解成部分分式，每个部分分式的 z 反变换都是我们已知的形式。最常见的形式是 $F(z)$ 的极点全部是单极点的情况，设 p_i 为极点，N 为极点的个数，则：

$$F(z) = \sum_{i=1}^{N} \frac{k_i z}{z - p_i} \tag{2-58}$$

为了求得系数 k_i，将式(2-58) 写成：

$$\frac{F(z)}{z} = \sum_{i=1}^{N} \frac{k_i}{z - p_i} \tag{2-59}$$

类似 s 变换转换成 z 变换的部分分式法 [式(2-53) 和式(2-54)]，有：

$$k_i = (z - p_i) \frac{F(z)}{z} \bigg|_{z = p_i} \tag{2-60}$$

由于 $\dfrac{z}{z - p_i}$ 的反变换为 $(p_i)^k$，从而根据式(2-58) 得 z 反变换：

$$f(kT) = \sum_{i=1}^{N} \left[k_i (p_i)^k \right]$$

[例 2-6]　求 $F(z) = \dfrac{0.6 z^{-1}}{1 - 1.4 z^{-1} + 0.4 z^{-2}}$ 的反变换。

解：$F(z) = \dfrac{0.6 z}{z^2 - 1.4 z + 0.4} = \dfrac{0.6 z}{(z-1)(z-0.4)}$

$$\frac{F(z)}{z} = \frac{0.6}{(z-1)(z-0.4)}$$

$$\frac{F(z)}{z} = \frac{k_1}{z-1} + \frac{k_2}{z-0.4}$$

$$k_1 = (z-1) \frac{F(z)}{z} \bigg|_{z=1} = 1$$

$$k_2 = (z-0.4) \frac{F(z)}{z} \bigg|_{z=0.4} = -1$$

$$f(kT) = Z^{-1}[F(z)] = 1 - 0.4^k$$

[例 2-7]　求 $F(z) = \dfrac{0.6 z^{-4}}{1 - 1.4 z^{-1} + 0.4 z^{-2}}$ 的反变换。

解：
$$F(z) = \frac{0.6 z^{-1}}{1 - 1.4 z^{-1} + 0.4 z^{-2}} z^{-3} = z^{-3} F_0(z)$$

根据例 2-6，$\mathscr{Z}^{-1}[F_0(z)] = 1 - 0.4^k$

根据 z 变换的滞后定理，

$$f(kT) = \mathscr{Z}^{-1}[F(z)] = \begin{cases} 1 - 0.4^{k-3}, & k \geqslant 3 \\ 0, & k < 3 \end{cases}$$

2.6.5.3　留数法

留数法是 z 反变换的另一种方法，尤其适合在重极点的情况下求取 z 反变换。假设 $F(z)$ 有一个单极点 a 和一个 r 阶重极点 b，则按留数法：

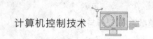
$$f(kT) = [(z-a)F(z)z^{k-1}]\big|_{z=a} + \frac{1}{(r-1)!} \times \frac{\mathrm{d}^{r-1}}{\mathrm{d}z^{r-1}}[(z-b)^r F(z)z^{k-1}]\big|_{z=b}$$

$$(2\text{-}61)$$

式（2-61）中的第一项对应单极点，若有其他单极点，则需要类似第一项将其加上；式（2-61）中的第二项对应重极点，r 阶重极点需对 z 变量求 $r-1$ 阶导数，然后将 $z=b$ 代入求导后的 z 函数，$(r-1)!$ 为阶乘，若有其他重极点，则只要类似第二项将其加上就可以了。

［例 2-8］ 求 $F(z) = \dfrac{z}{(z-\alpha)(z-\beta)^2}$ 的反变换。

$$f(kT) = \left[(z-\alpha)\frac{z}{(z-\alpha)(z-\beta)^2}z^{k-1}\right]\Bigg|_{z=\alpha} + \frac{\mathrm{d}}{\mathrm{d}z}\left[(z-\beta)^2 \frac{z}{(z-\alpha)(z-\beta)^2}z^{k-1}\right]\Bigg|_{z=\beta}$$

$$= \frac{\alpha^k}{(\alpha-\beta)^2} + \left[\frac{kz^{k-1}}{(z-\alpha)} - \frac{z^k}{(z-\alpha)^2}\right]\Bigg|_{z=\beta}$$

$$= \frac{\alpha^k}{(\alpha-\beta)^2} + \frac{k\beta^{k-1}}{(\beta-\alpha)} - \frac{\beta^k}{(\beta-\alpha)^2}$$

2.7
用 z 变换求解动态系统的差分方程

2.1 节讨论的是计算机控制系统中两种重要的信号，连续信号和时域离散信号（简称离散信号），2.6 节讨论了利用 z 变换对时域离散信号进行变换。本节讨论动态系统的数学描述及求解问题。对输入和输出信号均为连续信号的连续系统有两种常见的数学描述方法，时域的微分方程描述法（或单位冲击响应函数描述法）和频域的传递函数描述法。相应地，对输入和输出信号均为时域离散信号的离散系统也有两种数学描述方法，时域的差分方程和频域的 z 传递函数法。本节讨论差分方程，z 传递函数将在第三章详细讨论。在连续系统中，微分方程可以用拉普拉斯变换求解，同样，在时域离散系统中，也可以采用 z 变换求解差分方程，z 变换法使得差分方程的求解运算变成了代数运算，可以方便地求出差分方程的解析解。

2.7.1　线性定常离散系统差分方程的一般形式

对于单输入单输出系统，差分方程由其输出序列 $y(kT)$［简记为 $y(k)$］与输入序列 $r(kT)$［简记为 $r(k)$］之间的关系式组成。在某一时刻的输出量 $y(k)$ 不仅和当前时刻的 $r(k)$ 有关，通常也和该时刻之前的输入量 $r(k-1), r(k-2), \cdots, r(k-m)$ 以及该时刻之前的输出量 $y(k-1), y(k-2), \cdots, y(k-n)$ 有关。对线性离散系统而言，其后向差分方程的一般形式为：

$$y(k)+a_1 y(k-1)+\cdots+a_n y(k-n)=b_0 r(k)+b_1 r(k-1)+\cdots+b_m r(k-m)$$

$$(2\text{-}62)$$

其中，n 为系统的阶数。

除了后向差分方程外，还有一种前向差分方程的形式：

$$y(k+n)+a_1 y(k+n-1)+\cdots+a_{n-1} y(k+1)+a_n y(k)$$
$$=b_0 r(k+m)+b_1 r(k+m-1)+\cdots+b_{m-1} r(k+1)+b_m r(k) \qquad (2\text{-}63)$$

从前向差分方程的定义中可以看出，如果将当前时刻看成 $(k+n)T$，则前向差分方程和后向差分方程类似采用的是当前时刻及其过去的采样值，但当前时刻通常视为 kT 时刻，此时前向差分方程所采用的是当前时刻未来的采样值。由于后向差分方程采用的是当前时刻及其过去的采样值，所以在实际工程应用中，后向差分使用更加广泛。对于线性定常离散系统而言，式(2-62) 和式(2-63) 中的系数均为常数，即为线性定常差分方程。

2.7.2　差分方程的迭代法求解

假设我们知道了系统的初始状态 $y(-1),y(-2),\cdots,y(-n)$ 及系统的输入 $r(0)$，那么我们通过式(2-62) 计算出 $y(0)$，有了 $y(0)$ 及系统的输入 $r(1)$，可以进一步计算出 $y(1)$，依次类推，可以计算出 $y(2),y(3),\cdots$。我们以一个例子来说明这种迭代计算方法。

[例 2-9]　已知差分方程 $y(k)-5y(k-1)+6y(k-2)=r(k)$，其中 $r(k)=\begin{cases}0, & k<0 \\ 1, & k\geqslant 0\end{cases}$，试用迭代法求出零初始条件下的输出序列 $y(k),k=0,1,\cdots,5$。

解：将 $k=0$ 代入差分方程，得：

$$y(0)=r(0)+5y(-1)-6y(-2)=r(0)=1,$$
$$y(1)=r(1)+5y(0)-6y(-1)=r(1)+5y(0)=6,$$
$$y(2)=r(2)+5y(1)-6y(0)=1+30-6=25,$$

同理可解得：　　　$y(3)=90,y(4)=301,y(5)=966$。

可以看出迭代算法只能得到时间序列 $y(k)$ 的有限项，得不到序列 $y(k)$ 的数学解析式。

2.7.3　差分方程的 z 变换求解

差分方程也可以用 z 变换求解，先将差分方程转换成以 z 为变量的代数方程，求此代数方程的解，再取 z 反变换，即为差分方程的解。后向差分方程主要用到了 z 变换的滞后定理（前向差分方程求解需用 z 变换的超前定理）。

下面以实例说明如何采用 z 变换及 z 反变换求解后向差分方程。

[例 2-10]　请用 z 变换法解 [例 2-9] 的差分方程。

解：设 $y(k)$ 的 z 变换为 $Y(z)$，应用滞后定理，对差分方程 $y(k)-5y(k-1)+6y(k-2)=r(k)$ 两边取 z 变换，得：$Y(z)-5z^{-1}Y(z)+6z^{-2}Y(z)=R(z)=\dfrac{z}{z-1}$

从而：
$$Y(z)=\frac{1}{1-5z^{-1}+6z^{-2}}\times\frac{z}{z-1}$$

因此：$\dfrac{Y(z)}{z}=\dfrac{z^2}{(z-2)(z-3)}\times\dfrac{1}{z-1}$

根据部分分式法，$\dfrac{Y(z)}{z}=\dfrac{0.5}{z-1}-\dfrac{4}{z-2}+\dfrac{4.5}{z-3}$

即：$Y(z)=\dfrac{0.5z}{z-1}-\dfrac{4z}{z-2}+\dfrac{4.5z}{z-3}$

进行反变换得：$y(k)=0.5-4(2)^k+4.5(3)^k$，$k=0,1,2,\cdots$

2.8
线性离散动态系统的 z 传递函数

与线性连续系统相似，线性离散动态系统的 z 传递函数定义为在零初始条件下，系统的输出序列 $y(kT)$ 的 z 变换 $Y(z)$ 和输入脉冲序列 $r(kT)$ 的 z 变换 $R(z)$ 之比：

$$G(z)=\frac{z[y(kT)]}{z[r(kT)]}=\frac{Y(z)}{R(z)} \tag{2-64}$$

线性连续动态系统可由微分方程描述，类似线性离散动态系统可由差分方程描述，因此线性离散动态系统的 z 传递函数可由差分方程转化而成。

[例 2-11] 离散线性动态系统的差分方程为 $y(k)-2y(k-1)-y(k-2)=r(k)$，系统的初始条件为 0，即 $y(-1)=y(-2)=0$，输入序列为单位脉冲信号，
$r(k)=\begin{cases}1,k=0\\0,k\neq0\end{cases}$。

解：对差分方程两边分别进行 z 变换，得到：
$$Y(z)-2z^{-1}Y(z)-z^{-2}Y(z)=R(z)$$
$$R(z)=1$$

根据定义，
$$G(z)=\frac{Y(z)}{R(z)}=\frac{1}{1-2z^{-1}-z^{-2}}=\frac{z^2}{z^2-2z-1}$$

实际上，我们可以通过本例的差分方程求得系统的单位脉冲响应。由于输入序列是单位脉冲序列，因此在此输入作用下求得的输出就是单位脉冲响应，因此：
$$y(0)=r(0)+2y(-1)+y(-2)=1,$$
$$y(1)=r(1)+2y(0)+y(-1)=2,$$
$$y(2)=r(2)+2y(1)+y(0)=5,$$
$$\cdots$$

我们可以对单位脉冲响应函数进行 z 变换，从而得到 z 传递函数：

$$G(z) = y(0)z^0 + y(0)z^{-1} + y(0)z^{-2} + \cdots = 1 + 2z^{-1} + 5z^{-2} + \cdots$$

$$= \frac{1}{1 - 2z^{-1} - z^{-2}}$$

练习题

1. 试以图说明模拟信号、离散模拟信号和数字信号。

2. 设有模拟信号 $0 \sim 5V$ 和 $2.5 \sim 5V$，分别用 8 位、10 位和 12 位 A/D 转化器，试计算各自的量化单位和量化误差。

3. 什么是信号的频谱？离散模拟信号的频谱和原模拟信号的频谱有什么区别和联系？

4. 简述采样定理并从离散模拟信号频谱的角度解释其含义。

5. 试给出零阶保持器的传递函数及其单位脉冲响应，并绘制其幅频特性和相频特性。

6. 简述 z 变换和拉普拉斯变换的关系。

7. 根据 z 变换的定义，由 $y(kT)$ 求出 $Y(z)$：

(1) 已知 $y(0) = 1$，$y(T) = 1$，$y(2T) = 1$，$y(3T) = 1$

(2) 已知 $y(0) = 0$，$y(T) = 1$，$y(2T) = 0$，$y(3T) = -1$

8. 根据 z 变换的定义，由 $Y(z)$ 求出 $y(kT)$：

(1) 已知 $Y(z) = 0.3 + 0.6z^{-1} + 0.8z^{-2} + 0.9z^{-3}$

(2) 已知 $Y(z) = z^{-1} + 0.9z^{-3} - z^{-4}$

9. 已知时间序列 $x(kT)$，试根据 z 变换的定义及性质求相应的 z 变换：

(1) $2\delta(kT)$（单位脉冲）   (2) $1(kT)$（单位阶跃）

(3) $4kT$ (4) $(kT)^2$

(5) a^{kT}，$|a| < 1$ (6) e^{-2kT}

(7) $\sin(\omega kT)$ (8) $\sin(\omega kT) + 2\cos(\omega kT)$

(9) $e^{-2kT}\sin(3kT)$ (10) $2 + 3e^{-2kT}$

(11) $1(kT - 3T)$ (12) $\sum_{j=0}^{k} e(jT)$，$E(z) = \mathcal{Z}[e(kT)]$

10. 试求下列函数的初值和终值：

(1) $2z(z+1)/(z-1)^3$ (2) $1 + 3z^{-5} + 2z^{-12}$

11. 已知拉氏变换式，试求离散化以后的 z 变换式：

(1) $1/s$ (2) $1/s^2$ (3) $a/[s(s+a)]$

(4) $ab/[s(s+a)(s+b)]$ (5) $1/(s+a)^2$ (6) $s/(s^2+a^2)$

12. 试求下列函数的 z 反变换：

(1) $z/[(z-1)(z-0.5)]$ (2) $z^{-2}/[(z-1)(z-0.5)]$

(3) $2z/[(z-1)(z-2)^2]$ (4) $(z+1)/(z^2+1)$

13. 简述线性离散系统有哪些数学描述方法，相互之间有什么关系？

14. 已知差分方程 $y(k)-1.4y(k-1)+0.4y(k-2)=0.6r(k-1)$，其中 $r(k-1)=\begin{cases}1,k=1\\0,k\neq1\end{cases}$，试用 z 变换法求出零初始条件下的输出序列 $y(k)$。

15. 试求出习题 14 中差分方程描述的离散线性系统的 z 传递函数；将习题 14 中差分方程中的 $r(k-1)$ 替换为单位阶跃输入 $1(k)$，试再一次求出此时系统的 z 传递函数。

第 **3** 章　计算机控制系统的分析

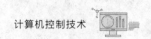

广义来说，计算机控制系统是包含软件、硬件系统的复杂的计算机应用系统；狭义来说，计算机控制系统是指其核心部分，即由数字控制器，A/D 及 D/A 转换器、广义被控对象、变送传感装置构成的闭环控制系统。本章讨论狭义意义下的计算机控制系统的特性分析。本章首先讨论计算机控制系统中的各个环节的传递函数，然后讨论如何得到系统的闭环传递函数，最后讨论基于闭环传递函数的系统特性分析。

3.1

计算机控制系统的简化框图

在图 3-1 所示的计算机控制系统中，我们以采样开关代替 A/D 转换器，实际上 A/D 转换器通常起到两个重要作用：一是采样；二是将采样信号转换成数字信号。由于计算机技术的发展，采样信号转换成数字信号的量化误差越来越小，因此在系统的分析和设计时可将采样信号近似为数字信号（在控制系统分析和设计时，我们只需考虑数字信号所代表的物理量的值，不需考虑信号的二进制编码形式），因此我们以采样开关代替 A/D 转换器。D/A 转换器的功能可看作在每个采样周期内采样得到一个离散信号（注意图 3-1 中的两个采样开关的采样周期可以不同），同时将该信号转换成一个连续信号，因此图中我们将 D/A 转换器用采样开关和零阶保持器代替。数字控制器是离散环节，它通常由计算机算法实现，它接收的输入是离散信号，通过计算机运算得到数字控制器的输出，数字控制器的输出也是离散信号；被控制对象是连续环节，它的输入是零阶保持器的输出。

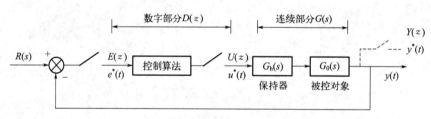

图 3-1　典型的计算机控制系统数学描述框图

3.1.1　被控对象

图 3-1 没有画出执行器和测量装置，可认为它们被包含在被控对象中。被控对象是指需要控制的装置或设备，如需要进行温度控制的容器、需要进行转速控制的电机、需要进行姿态控制的卫星等。被控对象可以用数学模型描述其输入和输出之间的关系，通常可以用微分方程（差分方程）、传递函数（脉冲传递函数）及状态方程等描述，连续系统最常见的描述方法是传递函数，常见的被控对象的传递函数可以归纳为以下几种。

(1) 一阶惯性系统

$$G(s) = \frac{K}{(1+Ts)} \qquad (3\text{-}1)$$

式中，K 为放大系数；T 为惯性时间常数。

(2) 二阶惯性系统

$$G(s) = \frac{K}{(1+T_1s)(1+T_2s)} \qquad (3\text{-}2)$$

(3) 带积分环节的一阶及二阶系统

$$G(s) = \frac{K}{s(1+T_1s)} \qquad (3\text{-}3)$$

$$G(s) = \frac{K}{s(1+T_1s)(1+T_2s)} \qquad (3\text{-}4)$$

(4) 带纯滞后环节的一阶及二阶系统

$$G(s) = \frac{K}{(1+T_1s)}e^{-\tau s} \qquad (3\text{-}5)$$

$$G(s) = \frac{K}{(1+T_1s)(1+T_2s)}e^{-\tau s} \qquad (3\text{-}6)$$

式中，τ 为纯滞后时间常数。

(5) 带纯滞后和积分环节的一阶及二阶系统

$$G(s) = \frac{K}{s(1+T_1s)}e^{-\tau s} \qquad (3\text{-}7)$$

$$G(s) = \frac{K}{s(1+T_1s)(1+T_2s)}e^{-\tau s} \qquad (3\text{-}8)$$

执行器是计算机控制系统中的重要组成部分。在控制系统中，有时控制器的输出可以直接驱动受控对象。但是在大多数情况下，受控对象都是大功率级的，常与控制器功率级别不相等，因此控制器的输出不能直接驱动被控对象，从而存在功率放大级问题。解决该问题的装置就称为执行元件，又常称为执行机构或执行器。执行器按动力源可分为电动式、液压式和气动式 3 种。在电动执行器中有步进电机、直流伺服电动机、交流伺服电动机和直接驱动电动机等实现旋转的电动机，以及实现直线运动的直线电动机。电动执行器由于动力源容易获得、使用方便，所以得到了广泛应用。液压执行器有液压油缸、液压马达等，这些装置具有体积小、输出功率大等特点。气动执行器有气缸、气动马达等，这些装置具有质量轻、价格便宜等特点。执行器的传递函数（有时可将执行器的传递函数简化为比例环节）被包含在广义被控对象中。

测量装置通常由传感器和测量电路构成，它把感受到的信息，按一定规律变换成为电信号或其他所需形式的信息输出。常见的传感器有温度传感器、压力传感器、流

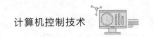

量传感器、液位传感器及力传感器等。

执行机构、检测装置和被控对象三个部分的传递函数合在一起记作 $G_0(s)$。

图 3-1 中有零阶保持器环节，零阶保持器的传递函数记作 $G_h(s)$，$G_h(s)=\dfrac{1-e^{-Ts}}{s}$。

3.1.2 数字控制器

数字控制器将离散的误差信号 $e^*(t)$ 按照预先设计好的控制算法通过计算机的计算产生并输出离散的控制信号 $u^*(t)$。控制算法的设计方法将在后续章节中介绍。设计得到的控制算法通常有两种形式，一是以 z 传递函数（脉冲传递函数）的形式给出；二是以 s 传递函数的形式给出。z 传递函数给出的控制器的一般形式可表示为：

$$D(z)=\frac{U(z)}{E(z)}=\frac{b_0+b_1z^{-1}+b_2z^{-2}+\cdots+b_mz^{-m}}{1+a_1z^{-1}+a_2z^{-2}+\cdots+a_nz^{-n}} \tag{3-9}$$

z 传递函数可以方便地转换成差分方程，式(3-9) 可转换成如下的差分方程：

$$y(k)=-a_1y(k-1)-\cdots-a_ny(k-n)+b_0e(k)+b_1e(k-1)+\cdots+b_me(k-m)$$

$$\tag{3-10}$$

有了差分方程，计算机就可以通过迭代的形式计算控制量 $u(0)$，$u(1)$，$u(2)$，…

以 s 传递函数形式给出的控制器可以先转换成 z 传递函数，然后再转换成计算机能迭代运算的差分方程。s 传递函数转换成 z 传递函数的方法将在后续章节中介绍。

3.2

计算机控制系统的 z 传递函数

要对计算机控制系统进行分析，需要知道整个闭环系统的传递函数。图 3-1 中每个框图可以看作一个子系统，每个子系统都可以用数学模型描述。图中有离散的子系统（数字控制器），也有连续系统（保持器和被控对象等），那么如何求取这个混合系统的数学模型呢？通常的做法是将所有子系统都用 z 传递函数描述，然后求取整个闭环系统的 z 传递函数。

3.2.1 系统连续环节的 z 传递函数的求取

(1) 连续环节的 s 传递函数
对于连续系统，如图 3-1 中的被控对象，可以采用微分方程、状态方程、脉冲响应函数、s 传递函数四种常见的描述方法，s 传递函数的一个很大的好处是一旦有了每个子系统的 s 传递函数，两个子系统串联起来后的系统的 s 传递函数就是这两个子系统的 s 传递函数相乘，两个子系统并联起来后的系统的 s 传递函数就是这两个子系统的 s 传递函数相加，因此在描述由很多子系统组成的复杂的连续系统的数学模型时，人们常用 s 传递函数。在图 3-1 中，广义被控对象可由零阶保持器、执行机构、被控对象及检测装置组成，广义被控对象的 s 传递函数由零阶保持器、检测装置、执行机构的 s 传递函数和被控对象的 s 传递函数相乘得到。

（2）s 传递函数到 z 传递函数的转换方法——脉冲响应不变法

s 传递函数描述的是输入和输出为连续信号的系统，而 z 传递函数描述的是输入和输出为离散信号的系统，如何将连续的系统转换成离散的系统，同时在一定程度上两者是等效的呢？首先需要注意的第一个问题是，由于离散的系统只有在离散采样点上取值，因此连续系统的输出只要在采样点上和离散系统相同，我们就认为该连续系统和对应的离散系统等效，为了清楚表明我们只取连续系统采样点上的输出和离散系统的输出进行比较，我们假设在连续系统的输出端有一个虚拟的采样开关（如图 3-1 及图 3-2 所示）；需要注意的第二个问题是：只有当连续系统的输入是时域离散信号时，即只有当连续系统的前面有采样开关或输入来自于计算机离散的数字信号时，连续系统才能等效为离散系统 ［如图 3-2(a)］。当连续系统的输入为连续信号时，从动态系统输入输出的角度看，它是不能等效为离散系统的，因为离散系统的输入是离散信号 ［如图 3-2(b)］。

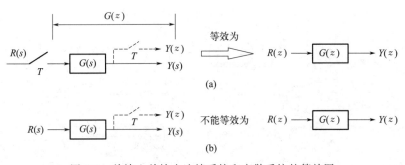

图 3-2　单输入单输出连续系统和离散系统的等效图

那么当连续系统的输入为离散信号（脉冲序列）时，连续系统如何转化为离散系统使得连续系统的输出在采样点上和离散系统相同呢？当连续系统的输入为单位冲击信号时，其输出为单位冲击响应；相应地，对于离散系统而言，当输入为单位脉冲信号时，其输出为单位脉冲响应。如果一个连续系统的单位冲击响应在采样点上和一个离散系统的单位脉冲响应是相同的，那么可以认为这两个系统是等效的。按照这个思路，将 s 传递函数转换为 z 传递函数的步骤为：

步骤 1：用拉氏反变换求单位冲击响应函数 $g(t)$；

步骤 2：将 $g(t)$ 按采样周期 T 离散化，得 $g(kT)$；

步骤 3：应用定义求出 z 传递函数，即：

$$G(z) = \sum_{k=0}^{\infty} g(kT)z^{-k}$$

为了讨论方便，将上述过程简记为 $G(z) = \mathscr{Z}[G(s)]$。

由于连续系统和相应的离散系统的单位脉冲（冲击）响应在采样点上是相同的，以上 s 传递函数到 z 传递函数的转换方法被称为脉冲响应不变法，这种方法和第 2 章 2.6.4 中讨论的方法是相同的。

[例 3-1] 设广义被控对象为带有零阶保持器 $H(s) = \dfrac{1-\mathrm{e}^{-Ts}}{s}$ 的一阶系统 $G(s) = \dfrac{a}{s+a}$，求其 z 传递函数 $HG(z)$。

解： 广义被控对象的 s 传递函数为：

$$HG(s) = \frac{1-\mathrm{e}^{-Ts}}{s} \times \frac{a}{s+a}。$$

相应的单位冲击响应函数为 $HG(s)$ 的拉普拉斯逆变换：$\mathcal{L}^{-1}[HG(s)]$

$$
\begin{aligned}
g(t) &= \mathcal{L}^{-1}[HG(s)] = \mathcal{L}^{-1}\left[\frac{1-\mathrm{e}^{-Ts}}{s} \times \frac{a}{s+a}\right] \\
&= \mathcal{L}^{-1}\left[(1-\mathrm{e}^{-Ts})\left(\frac{1}{s} - \frac{1}{s+a}\right)\right] \\
&= \mathcal{L}^{-1}\left[\left(\frac{1}{s} - \frac{1}{s+a}\right)\right] - \mathcal{L}^{-1}\left[\mathrm{e}^{-Ts}\left(\frac{1}{s} - \frac{1}{s+a}\right)\right]
\end{aligned}
$$

$$\mathcal{L}^{-1}\left[\left(\frac{1}{s} - \frac{1}{s+a}\right)\right] = 1(t) - \mathrm{e}^{-at}$$

$$\mathcal{L}^{-1}\left[\mathrm{e}^{-Ts}\left(\frac{1}{s} - \frac{1}{s+a}\right)\right] = 1(t-T) - \mathrm{e}^{-a(t-T)}$$

$$\mathscr{Z}\left[1(t) - \mathrm{e}^{-at}\right] = \frac{z}{z-1} - \frac{z}{z-\mathrm{e}^{-aT}}$$

$$\mathscr{Z}\left[1(t-T) - \mathrm{e}^{-a(t-T)}\right] = z^{-1}\left(\frac{z}{z-1} - \frac{z}{z-\mathrm{e}^{-aT}}\right)$$

因此：$HG(z) = \mathscr{Z}[HG(s)] = \mathscr{Z}[g(t)] = (1-z^{-1})\left(\dfrac{z}{z-1} - \dfrac{z}{z-\mathrm{e}^{-aT}}\right)$。

从以上的过程可以看出，e^{-Ts} 是一个纯滞后环节，在进行 s 传递函数变换到 z 传递函数的过程中，s 传递函数中的乘积因子 $(1-\mathrm{e}^{-Ts})$ 可变换为 z 传递函数中的乘积因子 $(1-z^{-1})$。

[例 3-2] 设广义被控对象为带有零阶保持器 $H(s) = \dfrac{1-\mathrm{e}^{-Ts}}{s}$ 的系统 $G(s) = \dfrac{a}{s(s+a)}$，求其 z 传递函数 $HG(z)$。

解： $HG(z) = \mathscr{Z}[HG(s)] = \mathscr{Z}\left[\dfrac{1-\mathrm{e}^{-Ts}}{s} \times \dfrac{a}{s(s+a)}\right]$

按 ［例 3-1］ 中对乘积因子 $(1-\mathrm{e}^{-Ts})$ 的分析可得：

$$\mathrm{HG}(z) = \mathscr{Z}\left[\frac{1-\mathrm{e}^{-Ts}}{s} \times \frac{a}{s(s+a)}\right] = (1-z^{-1})\mathscr{Z}\left[\frac{1}{s} \times \frac{a}{s(s+a)}\right]$$

$$= (1-z^{-1})\mathscr{Z}\left[\frac{1}{s^2} - \frac{1}{a} \times \frac{1}{s} + \frac{1}{a} \times \frac{1}{s+a}\right]$$

$$= (1-z^{-1})\left[\frac{Tz^{-1}}{(1-z^{-1})^2} - \frac{1}{a(1-z^{-1})} + \frac{1}{a(1-\mathrm{e}^{-aT}z^{-1})}\right]$$

$$= \frac{z^{-1}\left[\left(T - \frac{1}{a} + \frac{1}{a}\mathrm{e}^{-aT}\right) - \left(T\mathrm{e}^{-aT} - \frac{1}{a} + \frac{1}{a}\mathrm{e}^{-aT}\right)z^{-1}\right]}{(1-z^{-1})(1-\mathrm{e}^{-aT}z^{-1})}$$

(3) 串联连续环节的 z 传递函数

在以上 s 传递函数到 z 传递函数的转换方法的讨论中可知，在对串联连续环节求取 z 传递函数时，采样开关的有无及位置是非常重要的，图 3-3 表示了两种不同的采样开关分布情况。图 3-3(a) 中有两个采样开关，每个连续系统的前面都有一个采样开关，也就是说每个连续系统的输入都是离散信号，因此这两个连续系统可分别等效成两个离散系统，即 $G_1(s)$ 可等效为 $G_1(z)$；$G_2(s)$ 可等效为 $G_2(z)$；整个系统的 z 传递函数为 $G(z)=G_1(z)G_2(z)$。图 3-3(b) 中只有一个采样开关，我们可以将这两个串联的连续系统看成是一个总系统，记作 $G(s)=G_1G_2(s)$，$G_1G_2(s)=G_1(s)G_2(s)$。该总系统 $G_1G_2(s)$ 的输入是离散的，因此可将其等效为离散系统，记作 $G(z)=G_1G_2(z)$，$G_1G_2(z)=\mathscr{Z}[G_1G_2(s)]$。需要注意的是在图 3-3(b) 的情况下，由于 $G_2(s)$ 前面没有采样开关，它的输入是连续信号，因此不能把 $G_2(s)$ 转换成 $G_2(z)$，也就是说图 3-3(b) 中 $G_1G_2(z)\neq G_1(z)G_2(z)$。

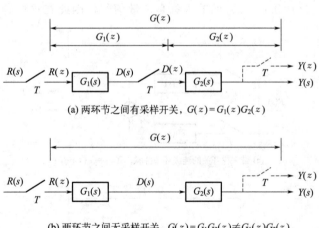

(a) 两环节之间有采样开关，$G(z)=G_1(z)G_2(z)$

(b) 两环节之间无采样开关，$G(z)=G_1G_2(z)\neq G_1(z)G_2(z)$

图 3-3　串联环节的两种形式

［**例 3-3**］　设图 3-3(a) 中的 $G_1(s)=\dfrac{1-\mathrm{e}^{-Ts}}{s} \times \dfrac{1}{s}$，$G_2(s)=\dfrac{1-\mathrm{e}^{-Ts}}{s} \times \dfrac{a}{s+a}$，

图 3-3(b) 中的 $G_1(s)=\dfrac{1-\mathrm{e}^{-Ts}}{s} \times \dfrac{1}{s}$，$G_2(s)=\dfrac{a}{s+a}$，分别求图 3-3(a) 和图 3-3(b)

中的 $G(z)$。

解：在图 3-3(a) 中，串联的两个环节之间有采样开关，第一个环节的前面也有采样开关，因此：

$$
\begin{aligned}
G(z) &= G_1(z)G_2(z) \\
&= \mathcal{Z}[G_1(s)]\mathcal{Z}[G_2(s)] \\
&= \mathcal{Z}\left[\frac{1-\mathrm{e}^{-Ts}}{s}\times\frac{1}{s}\right]\mathcal{Z}\left[\frac{1-\mathrm{e}^{-Ts}}{s}\times\frac{a}{s+a}\right] \\
&= (1-z^{-1})\frac{Tz^{-1}}{(1-z^{-1})^2}(1-z^{-1})\left[\frac{1}{1-z^{-1}}-\frac{1}{1-\mathrm{e}^{-aT}z^{-1}}\right] \\
&= Tz^{-1}\left[\frac{1}{1-z^{-1}}-\frac{1}{1-\mathrm{e}^{-aT}z^{-1}}\right]
\end{aligned}
$$

在图 3-3(b) 中，串联的两个环节之间没有采样开关，因此：

$$
\begin{aligned}
G(z) &= G_1G_2(z) \\
&= \mathcal{Z}[G_1G_2(s)] \\
&= \mathcal{Z}\left[\frac{1-\mathrm{e}^{-Ts}}{s}\times\frac{1}{s}\times\frac{a}{s+a}\right]。
\end{aligned}
$$

根据 ［例 3-2］ 中的结果，可得：

$$
G(z)=\frac{z^{-1}\left[\left(T-\dfrac{1}{a}+\dfrac{1}{a}\mathrm{e}^{-aT}\right)-\left(T\mathrm{e}^{-aT}-\dfrac{1}{a}+\dfrac{1}{a}\mathrm{e}^{-aT}\right)z^{-1}\right]}{(1-z^{-1})(1-\mathrm{e}^{-aT}z^{-1})}
$$

（4）并联连续环节的 z 传递函数

图 3-4 显示了两种不同采样开关分布情况下的并联连续系统，在这两种情况下，两个连续系统 $G_1(s)$ 和 $G_2(s)$ 的输入都是离散信号，因此在这两种情况下，$G_1(s)$

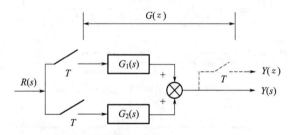

(a) 带采样开关的连续环节并联，$G(z)=G_1(z)+G_2(z)$

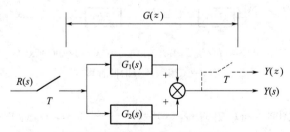

(b) 连续环节并联，$G(z)=G_1(z)+G_2(z)$

图 3-4 并联环节的两种形式

和 $G_2(s)$ 都可等效为 $G_1(z)$（$G_1(z)=\mathcal{Z}[G_1(s)]$）和 $G_2(z)$（$G_2(z)=\mathcal{Z}[G_2(s)]$）。因此在这两种情况下，$G(z)=G_1(z)+G_2(z)$。

3.2.2 闭环 z 传递函数的求取

闭环传递函数是闭环系统的输出信号的 z 变换 $Y(z)$ 和输入信号的 z 变换 $R(z)$ 的比值：

$$G_c(z)=Y(z)/R(z)$$

$G_c(z)$ 可写成：

$$G_c(z)=\frac{A(z)}{B(z)} \tag{3-11}$$

其中，$A(z)$ 和 $B(z)$ 为关于 z 变量的多项式。$A(z)=0$ 的解称为系统的零点；$B(z)=0$ 的解称为系统的极点。

由于计算机控制系统中既有离散信号（采样信号）又有连续信号，因此求取闭环传递函数比较复杂，我们可以根据系统中信号的关系进行推导。

[例 3-4] 求图 3-1 的闭环计算机控制系统的闭环传递函数 $G_c(z)$。

解： $E(z)=\mathcal{Z}[R(s)]-Y(z)$

$Y(z)=E(z)D(z)\mathcal{Z}[G_h(s)G_0(s)]$

记 $R(z)=\mathcal{Z}[R(s)]$，$G(z)=\mathcal{Z}[G_h(s)G_0(s)]$，则：

$$Y(z)=E(z)D(z)G(z)$$
$$E(z)=R(z)-E(z)D(z)G(z)$$
$$\frac{E(z)}{R(z)}=\frac{1}{1+D(z)G(z)}$$
$$G_c(z)=\frac{Y(z)}{R(z)}=\frac{D(z)G(z)}{1+D(z)G(z)}$$

[例 3-5] 求图 3-5 的闭环计算机控制系统的闭环传递函数 $G_c(z)$。

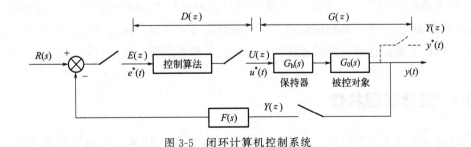

图 3-5 闭环计算机控制系统

解：
$$E(z)=\mathcal{Z}[R(s)]-Y(z)\mathcal{Z}[F(s)]$$
$$Y(z)=E(z)D(z)G(z)$$

记 $R(z)=\mathcal{Z}[R(s)]$，$F(z)=\mathcal{Z}[F(s)]$，则：

$$E(z) = R(z) - Y(z)F(z) = R(z) - E(z)D(z)G(z)F(z)$$

$$\frac{E(z)}{R(z)} = \frac{1}{1 + D(z)G(z)F(z)}$$

$$G_c(z) = \frac{Y(z)}{R(z)} = \frac{D(z)G(z)}{1 + D(z)G(z)F(z)}$$

[**例 3-6**] 求图 3-6 的闭环计算机控制系统的闭环传递函数 $G_c(z)$。

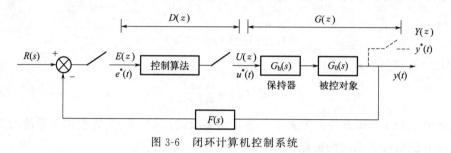

图 3-6 闭环计算机控制系统

解:
$$E(z) = \mathcal{Z}[R(s)] - U(z)\mathcal{Z}[G_h(s)G_0(s)F(s)]$$
$$Y(z) = E(z)D(z)G(z)$$

记 $R(z) = \mathcal{Z}[R(s)]$，$\mathrm{GF}(z) = \mathcal{Z}[G_h(s)G_0(s)F(s)]$，则：

$$E(z) = R(z) - U(z)\mathrm{GF}(z) = R(z) - E(z)D(z)\mathrm{GF}(z)$$

$$\frac{E(z)}{R(z)} = \frac{1}{1 + D(z)\mathrm{GF}(z)}$$

$$G_c(z) = \frac{Y(z)}{R(z)} = \frac{D(z)G(z)}{1 + D(z)\mathrm{GF}(z)}$$

3.3

计算机控制系统的特性分析

有了系统的闭环（或开环）传递函数后，和连续控制系统"稳（稳定性）、快（过渡过程要快）、准（稳态误差要小）"的性能要求类似，我们可以对计算机控制系统进行特性分析，包括过渡过程特性、稳定性及稳态误差分析。

3.3.1 过渡过程特性

给定一个输入，我们可以根据 z 变换及反变换求出计算机控制系统的输出。设系统的输入为 $R(z)$，z 传递函数为 $G_c(z)$，则系统的输出为：

$$Y(z) = G_c(z)R(z) \tag{3-12}$$

有了 $Y(z)$，我们可以对其进行反变换得到 $y(kT)$，反变换的方法可以采用 2.6.5 介绍的方法。然后根据 $y(kT)$，分析系统的过渡过程特性。

（1）长除法分析系统的过渡过程特性

用长除法得到系统输出的时间序列 $y(kT)$，根据过渡过程曲线 $y(kT)$，可以分析系统的动态过程。

[例 3-7]　设线性离散系统如图 3-7 所示，$T=1$，输入为单位阶跃序列，试分析系统的过渡过程。

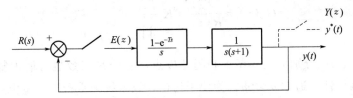

图 3-7　闭环计算机控制系统

解： $HG(z)=\mathcal{Z}\left[\dfrac{1-e^{-Ts}}{s}\times\dfrac{1}{s(s+1)}\right]=\dfrac{e^{-1}z+1-2e^{-1}}{(z-1)(z-e^{-1})}$

系统的闭环传递函数为：

$$G_c(z)=\frac{HG(z)}{1+HG(z)}=\frac{e^{-1}z+1-2e^{-1}}{z^2-z+(1-e^{-1})}=\frac{0.368z+0.264}{z^2-z+0.632}$$

$$Y(z)=G_c(z)R(z)=\frac{0.368z+0.264}{z^2-z+0.632}\times\frac{z}{z-1}$$

$$=\frac{0.368z^2+0.264z}{z^3-2z^2+1.632z-0.632}$$

$$=0.368z^{-1}+z^{-2}+1.4z^{-3}+1.4z^{-4}+1.147z^{-5}+0.895z^{-6}$$

$$+0.802z^{-7}+0.868z^{-8}+0.993z^{-9}+1.077z^{-10}+1.081z^{-11}$$

$$+1.032z^{-12}+0.981z^{-13}+0.961z^{-14}+0.973z^{-15}+0.997z^{-16}+\cdots$$

由 z 变换的定义，计算机控制系统的输出为：

$y(0)=0,y(1)=0.368,y(2)=1,y(3)=1.4,y(4)=1.4,y(5)=1.147,y(6)=0.895,$

$$y(7)=0.802,y(8)=0.868,y(9)=0.993,y(10)=1.077,y(11)=1.081,$$

$$y(12)=1.032,y(13)=0.981,y(14)=0.961,y(15)=0.973,y(16)=0.997,\cdots$$

从图 3-8 的计算机控制系统的输出序列中可以看出，系统在单位阶跃输入作用下，调节时间 t_s（进入并维持在稳态值上下 5% 的范围内）约 12s（12 个采样周期），超调量约为 40%，峰值时间约为 3s，稳态误差为 0。

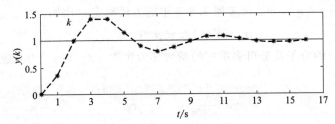

图 3-8　计算机控制系统的输出序列

（2）部分分式法分析系统的过渡过程特性

部分分式法是将系统按极点分解为各个分式，各个分式对应一个分量，所以部分分式法实际上是根据系统的极点分布情况分析系统的过渡过程特性。设线性离散系统的闭环 z 传递函数为：

$$G_c(z) = \frac{Y(z)}{R(z)} = K \frac{\prod\limits_{i=1}^{m}(z - z_i)}{\prod\limits_{i=1}^{n'}(z - p_i)} \tag{3-13}$$

式中，z_i、p_i 分别为闭环零点和闭环极点，它们是实数也可能为复数，考虑到物理系统的因果性，通常 $n' \geqslant m$。为便于讨论，设系统无重极点（重极点对应的解可用留数法求解），并设极点中有一对共轭复数极点 p_f 和 $\overline{p_f}$（当系统有多对共轭复数极点时可参照以下类似处理），则系统可表示为：

$$G_c(z) = \frac{Y(z)}{R(z)} = K \frac{\prod\limits_{i=1}^{m}(z - z_i)}{\left[\prod\limits_{i=1}^{n}(z - p_i)\right](z - p_f)(z - \overline{p_f})}, n = n' - 2 \tag{3-14}$$

p_f 和 $\overline{p_f}$ 可表示为：

$$p_f = |p_f| e^{j\theta_f} \tag{3-15}$$

$$\overline{p_f} = |p_f| e^{-j\theta_f} \tag{3-16}$$

式中，θ_f 为共轭复数极点的相位。

当输入为单位阶跃序列时：

$$Y(z) = G_c(z)R(z) = K \frac{\prod\limits_{i=1}^{m}(z - z_i)}{\left[\prod\limits_{i=1}^{n}(z - p_i)\right](z - p_f)(z - \overline{p_f})} \times \frac{z}{z-1} \tag{3-17}$$

根据部分分式法可得：

$$y(kT) = a_0 1^k + \sum_{i=1}^{n} a_i p_i^{\ k} + (a_f p_f^{\ k} + \overline{a_f p_f}^{\ k}) \tag{3-18}$$

其中，第一项极点 $z = 1$；第二项对应实数极点 p_i，$i = 1, 2, \cdots, n$；第三项对应复数极点 p_f 和 $\overline{p_f}$；

系数 a_0、a_i 及 a_f、$\overline{a_f}$ 可参照 2.6.5 中的方法确定，比如：

$$a_f = Y(z)(z - p_f)/z |_{z = p_f} \tag{3-19}$$

由于 $Y(z)$ 的分子及分母多项式的系数都为实数，a_f 和 $\overline{a_f}$ 为共轭复数，因此：

$$a_f = |a_f| e^{j\varphi_f} \tag{3-20}$$

$$\overline{a_f} = |a_f| e^{-j\varphi_f} \tag{3-21}$$

式中，φ_f 为复数 a_f 的幅角。

将式(3-20) 及式(3-15) 代入式(3-18)，则式(3-18) 可转化为：

$$y(kT) = a_0 + \sum_{i=1}^{n} a_i p_i^k + 2|a_f||p_f|^k \cos(k\theta_f + \varphi_f) \tag{3-22}$$

由式(3-22) 可以看出，$y(kT)$ 由三部分构成：

① a_0 为常数项，对应的是极点 $p_i = 1$ 的情况，是系统输出的稳态分量。当输入为单位阶跃时，若 $a_0 = 1$，则稳态误差为 0。

② $a_i p_i^k$ 是对应于实数极点 p_i 的过渡过程分量。

当 $p_i > 1$ 时，对应的输出分量 p_i^k 是发散的；当 $0 < p_i < 1$ 时，对应的输出分量 p_i^k 是单调衰减的序列；当 $-1 < p_i < 0$ 时，对应的输出分量 p_i^k 是交替变号的衰减序列；当 $p_i = -1$ 时，对应的输出分量 p_i^k 是交替变号的等幅序列；当 $p_i < -1$ 时，对应的输出分量 p_i^k 是交替变号的发散序列。

③ $2|a_f||p_f|^k \cos(k\theta_f + \varphi_f)$ 对应于共轭复数极点的过渡过程分量。

此分量中 $|a_f|$、$|p_f|$、θ_f、φ_f 为常量，k 为变量，代表第 k 个采样时间。此分量由两部分组成，$\cos(k\theta_f + \varphi_f)$ 是振荡分量，是关于 k 的余弦函数。$|p_f|^k$ 部分决定了序列是发散或衰减。当 $|p_f| = 1$ 时，过渡过程分量是等幅振荡；当 $|p_f| < 1$ 时，过渡过程分量是衰减振荡；当 $|p_f| > 1$ 时，过渡过程分量是发散的。

[例 3-8]　计算机控制系统的闭环传递函数为 $G_c(z) = \dfrac{z}{z^2 - z + 0.5} = \dfrac{z}{(z - 0.5 - 0.5j)(z - 0.5 + 0.5j)}$，系统输入为单位脉冲序列，试分析系统输出的过渡过程。

解：

$$y(z) = G_c(z)R(z) = \frac{z}{(z - 0.5 - 0.5j)(z - 0.5 + 0.5j)}$$

$$= -j\frac{z}{(z - 0.5 - 0.5j)} + j\frac{z}{(z - 0.5 + 0.5j)}$$

$$y(kT) = -j(0.5 + 0.5j)^k + j(0.5 - 0.5j)^k$$

记 $p_f = 0.5 + 0.5j$，$a_f = -j$，根据式(3-15)：

$$|p_f| = \sqrt{0.5}, \theta_f = \frac{\pi}{4}$$

根据式(3-20)：

$$|a_f| = 1, \varphi_f = -\frac{\pi}{2}$$

根据式(3-22)：

$$y(kT) = 2|a_f||p_f|^k \cos(k\theta_f + \varphi_f) = 2(\sqrt{0.5})^k \cos\left(\frac{k\pi}{4} - \frac{\pi}{2}\right)$$

其中，$\cos\left(\dfrac{k\pi}{4} - \dfrac{\pi}{2}\right)$ 是随 k 变换的振荡序列；$(\sqrt{0.5})^k$ 是随 k 变换的衰减序列。因此，系统的输出是衰减振荡的序列（如图 3-9 所示）。

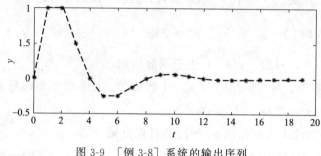

图 3-9 ［例 3-8］系统的输出序列

3.3.2 稳定性分析

从以上系统的过渡过程分析中可以直观地看出，当系统极点的幅值大于 1 时，系统的输出是发散的，即系统是不稳定的；当系统极点的幅值小于 1 时，系统的输出是收敛的，即系统是稳定的。下面我们借助连续系统在 s 平面上的稳定性分析方法分析 z 平面上的稳定性，并借助连续系统的稳定性判据给出离散系统的稳定性判据。

（1）s 域到 z 域的变换

在定义 z 变换时，有 $z = e^{sT}$，s、z 均为复数变量，T 为采样周期。设 $s = \sigma + j\omega$，则：

$$z = e^{sT} = e^{(\sigma + j\omega)T} = e^{\sigma T} e^{j\omega T} \tag{3-23}$$

所以：

$$\begin{cases} |z| = e^{\sigma T} \\ \angle z = \omega T \end{cases} \tag{3-24}$$

式（3-24）建立了复 s 平面与复 z 平面之间的映射关系，该映射关系如图 3-10 所示。

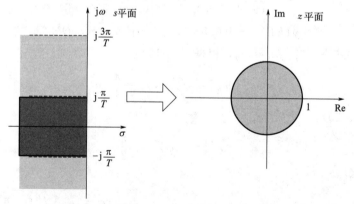

图 3-10 复 s 平面和复 z 平面之间的映射关系

$\sigma = 0$ 对应 s 平面上的虚轴，由式（3-24）可知，$|z| = e^{\sigma T} = 1$，该虚轴映射到 z 平面的单位圆周。根据式（3-24），s 平面的 $\left(0, -j\dfrac{\pi}{T}\right)$ 对应 z 平面幅值为 1，幅角为

$-\pi$ 的复数，即对应 z 平面的 $(-1,j0)$；s 平面坐标原点 $(0,j0)$ 对应 z 平面幅值为 1，幅角为 0 的复数，即对应 z 平面的 $(1,j0)$；s 平面的 $(0,j\frac{\pi}{T})$ 对应 z 平面幅值为 1，幅角为 π 的复数，即对应 z 平面的 $(-1,j0)$。当 $\sigma=0$，$j\omega$ 从 $-j\frac{\pi}{T}$ 变化到 $j\frac{\pi}{T}$ 时，对应的 z 平面的复数从 $(-1,j0)$ 绕圆周一圈到 $(-1,j0)$；当 $\sigma=0$，$j\omega$ 从 $j\frac{\pi}{T}$ 变化到 $j\frac{3\pi}{T}$ 时，对应的 z 平面的复数又一次从 $(-1,j0)$ 绕圆周一圈到 $(-1,j0)$。

$\sigma<0$ 对应 s 平面上的左半平面，映射到 z 平面为单位圆内。当 s 平面的点从 $(0,j0)$ 沿横轴变化到 $\omega=0$、$\sigma\to-\infty$ 时，对应 z 平面从 $(1,j0)$ 沿横轴趋向于 $(0,j0)$。当 s 平面的点从 $(0,j\frac{\pi}{T})$ 沿横轴变化到 $\omega=\frac{\pi}{T}$、$\sigma\to-\infty$ 时，对应 z 平面从 $(-1,j0)$ 沿横轴趋向于 $(0,0j)$。图 3-10 中的深灰色区域（不含虚轴）映射到 z 平面的单位圆内。

$\sigma>0$ 对应 s 平面上的右半平面，映射到 z 平面为单位圆外。

s 平面以 $2\pi/T$ 为周期沿 $j\omega$ 轴上下移动的区域映射到 z 平面的同一区域，如将深灰色区域上移 2π 形成的区域（$j\omega$ 介于 $j\frac{\pi}{T}$ 和 $j\frac{3\pi}{T}$ 之间的区域）映射到 z 平面的区域和深灰色区域相同。这是因为 $e^{\sigma T+j\omega T}=e^{\sigma T+j(\omega+2n\pi/T)T}$（$n$ 为整数）。我们将深灰色区域称为主频区，深灰色区域上移 $2n\pi$ 形成的各个区域称为辅频区。因此，对应 z 平面的一个点，s 平面中有很多个点与此对应。如对应 z 平面的点 $(1,j0)$，s 平面对应的点有 $(0,j0)$，$(0,\frac{2\pi}{T})$，$(0,\frac{4\pi}{T})$，…。另外一方面，对应 s 平面的一个点，z 平面有唯一一个点与此对应。

从以上 s 域到 z 域的变换关系可以看出，s 域的左半平面映射到 z 域的单位圆内，由于所有极点位于 s 域左半平面的系统是稳定的，因此所有极点位于 z 域单位圆内的系统是稳定的。反之，由于有极点位于 s 域右半平面的系统是不稳定的，因此若有极点位于 z 域单位圆外，则该系统是不稳定的。

（2）劳斯稳定性判据

我们知道在连续系统中，可以在不解出具体极点值的情况下，根据劳斯稳定判据判定极点是否位于坐标轴的左半平面（如果极点位于 s 平面的左半平面，则该连续系统稳定）。而要判断离散系统的稳定性，需要判断系统的所有极点是否在单位圆内。因此在 z 域不能直接使用连续系统的劳斯判据，必须引入 z 域到 w 域的线性变换，使 z 平面单位圆内的区域，映射成 w 平面上的左半平面，这种坐标变换被称为 w 变换。w 变换可表示为：

$$w=\frac{z+1}{z-1} \tag{3-25}$$

$$z = \frac{w+1}{w-1} \qquad (3\text{-}26)$$

式(3-25)及式(3-26)表明复变量 z 和 w 互为线性变换，所以 w 变换也称为双线性变换。

w 平面和 z 平面有如下的关系：

w 平面的虚轴对应于 z 平面的单位圆周；w 平面的左半平面对应于 z 平面的单位圆内；w 平面的右半平面对应于 z 平面的单位圆外。经过 w 变换以后，判别特征方程 $B(z)=0$［请见式(3-11)］的所有根（极点）是否位于 z 平面上的单位圆内，就变换为判别特征方程 $B(w)=0$ 的所有根是否位于 w 平面的左半平面。因此可以将 s 平面的劳斯判据应用到 w 平面，用于判别特征方程 $B(w)=0$ 的所有根是否位于 w 平面的左半平面。

［**例 3-9**］ 闭环离散控制系统如图 3-11 所示，其中采样周期 $T=0.1\mathrm{s}$，试求系统稳定时 K 的临界值。

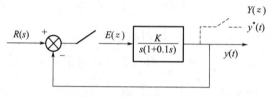

图 3-11 闭环控制系统

解：
$$G(z) = z\left[\frac{K}{s(1+0.1s)}\right] = \frac{0.632Kz}{z^2 - 1.368z + 0.368}$$

闭环传递函数为：
$$G_{\mathrm{c}}(z) = \frac{G(z)}{1+G(z)} = \frac{0.632Kz}{z^2 - 1.368z + 0.632Kz + 0.368}$$

特征方程为：
$$z^2 - 1.368z + 0.632Kz + 0.368 = 0$$

根据式(3-26)，经 w 变换得：
$$0.632Kw^2 + 1.264w + (2.736 - 0.632K) = 0$$

列出劳斯表：

w^2	$0.632K$	$2.736 - 0.632K$
w^1	1.264	0
w^0	$2.736 - 0.632K$	

根据劳斯判据，为保证系统稳定，劳斯表中的第一列元素必须大于零，即 $0.632K > 0$ 及 $2.736 - 0.632K > 0$，因此 $0 < K < 4.33$，所以系统稳定的 K 临界值为 $K = 4.33$。

3.3.3 稳态误差分析

连续系统的误差信号通常定义为闭环控制系统的给定输入 $r(t)$ 和系统输出信号

$y(t)$ 的差值，即：

$$e(t)=r(t)-y(t) \tag{3-27}$$

稳态误差即为上述误差的终值，即：

$$e_{ss}=\lim_{t\to\infty}e(t) \tag{3-28}$$

类似地，计算机控制系统（离散控制系统）的误差定义为：

$$e^{*}(t)=r^{*}(t)-y^{*}(t) \tag{3-29}$$

离散控制的稳态误差即为上述误差的终值，即：

$$e_{ss}^{*}=\lim_{t\to\infty}e^{*}(t)=\lim_{k\to\infty}e^{*}(kT) \tag{3-30}$$

设系统的闭环误差传递函数为：

$$G_{e}(z)=\frac{E(z)}{R(z)} \tag{3-31}$$

若系统为图 3-1 所示的闭环控制系统，则：

$$G_{e}(z)=\frac{1}{1+D(z)G(z)} \tag{3-32}$$

$$E(z)=G_{e}(z)R(z) \tag{3-33}$$

如果闭环控制系统是稳定的，即 $G_{e}(z)$ 中不含 z 平面单位圆上与单位圆外的极点，则根据终值定理，系统的稳态误差为：

$$e_{ss}^{*}=\lim_{z\to1}(1-z^{-1})E(z)=\lim_{z\to1}(1-z^{-1})G_{e}(z)R(z) \tag{3-34}$$

从式(3-34) 可以看出，闭环控制系统的稳态误差，不仅和 $G_{e}(z)$ 有关（即和系统本身的结构和参数、采样周期 T 有关），还与输入信号的形式有关。下面举例说明输入为单位阶跃信号、单位速度信号、单位加速度信号时，系统的稳态误差。

[例 3-10]　设计算机控制系统如图 3-12 所示，已知采样周期 $T=1s$，数字控制器 $D(z)=2$，试分别求系统在单位阶跃信号、单位速度信号、单位加速度信号输入下的稳态误差。

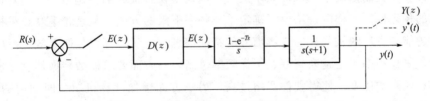

图 3-12　[例 3-10] 的计算机控制结构图

解： 根据 [例 3-7] 求得广义对象的 z 传递函数为：

$$G(z)=\frac{0.368z+0.264}{(z-1)(z-0.368)}$$

则系统的闭环误差 z 传递函数为：

$$G_{e}(z)=\frac{E(z)}{R(z)}=\frac{1}{1+D(z)G(z)}=\frac{(z-1)(z-0.368)}{z^{2}-0.632z+0.896}$$

从而系统的特征方程为：

$$z^2 - 0.632z + 0.896 = 0$$

由于特征方程的根位于单位圆内，因此该系统稳定，所以可以采用终值定理求稳态误差。

（1）输入为单位阶跃信号

$R(z) = \dfrac{1}{1-z^{-1}}$，则稳态误差为：

$$e_{ss}^* = \lim_{z \to 1}(1-z^{-1})E(z) = \lim_{z \to 1}(1-z^{-1})G_e(z)R(z)$$

$$= \lim_{z \to 1}(1-z^{-1})\frac{(z-1)(z-0.368)}{z^2-0.632z+0.896} \times \frac{1}{1-z^{-1}} = 0$$

（2）输入为单位速度信号

$r(t) = t$，$R(z) = \dfrac{Tz}{(z-1)^2}$，则稳态误差为：

$$e_{ss}^* = \lim_{z \to 1}(1-z^{-1})E(z) = \lim_{z \to 1}(1-z^{-1})G_e(z)R(z)$$

$$= \lim_{z \to 1}(1-z^{-1})\frac{(z-1)(z-0.368)}{z^2-0.632z+0.896} \times \frac{z}{(z-1)^2} = 0.5$$

（3）输入为单位加速度信号

$r(t) = \dfrac{1}{2}t^2$，$R(z) = \dfrac{T^2(z+1)^2}{2(z-1)^3}$，则稳态误差为：

$$e_{ss}^* = \lim_{z \to 1}(1-z^{-1})E(z) = \lim_{z \to 1}(1-z^{-1})G_e(z)R(z)$$

$$= \lim_{z \to 1}(1-z^{-1})\frac{(z-1)(z-0.368)}{z^2-0.632z+0.896} \times \frac{(z+1)^2}{2(z-1)^3} = \infty$$

3.3.4 计算机控制系统的采样周期

在计算机控制系统中，采样频率或采样周期不仅直接影响控制效果，而且还影响着系统的稳定性。采样定理给出了确定采样频率下限的方法，从理论上看，采样频率越高就越能如实反映被采样的连续信号的特征信息。但从计算机控制系统实际应用的角度看，采样频率不是越高越好。采样频率过高，一方面要求模数转换器、数模转换器等具有较高的速度，使得硬件费用过高，另一方面增加计算机单位时间内的计算、处理工作量，甚至在多回路控制系统等应用场景下会超过计算机的处理速度极限。另外控制系统中的许多执行机构和对象均具有低通特性，可得到平滑的输出，采用过高的采样频率不仅没有必要，而且还会使执行机构的磨损增加。采样频率过高的另一重要缺点是会使干扰对系统的影响明显上升。因此应综合考虑计算机控制系统中采样周期的选择问题。

对于一个具体的控制系统，很难找到最优采样周期的定量计算方法。实际经验为工程应用选取采样周期提供了一些有价值的经验规则，可以作为应用时的参考。

① 对于一个闭环控制系统，如果被控对象的主导极点的时间常数为 T_d，那么采

样周期 T 应取：

$$T < \frac{T_d}{10} \tag{3-35}$$

上述规则被广泛地应用于实际控制系统的设计，但如果被控对象的开环特性较差（即主导极点的 T_d 较大），而要得到一个较高性能的闭环特性时，采样周期应取得更小些。

② 如果被控对象具有纯滞后时间 τ，且占有一定的重要地位，采样周期 T 应比纯滞后时间 τ 小一定的倍数，通常要求：

$$T < (1/10 \sim 1/4)\tau \tag{3-36}$$

③ 如果闭环系统有下述特性：稳态调节时间为 t_s，闭环自然频率为 ω_n，那么采样周期或采样频率可取为：

$$T < t_s/10 \tag{3-37}$$

$$\omega_s > 10\omega_n \tag{3-38}$$

多数工业过程控制系统常用的采样周期为几秒到几十秒，表 3-1 给出了工业过程控制典型变量的采样周期。快速的机电控制系统，要求较短的采样周期，通常取几毫秒或几十毫秒。

表 3-1　工业过程典型变量的采样周期选取

控制变量	流量	压力	液面	温度
采样周期/s	1	5	10	20

练习题

1. 已知系统的方框图（图 3-13 和图 3-14），试求输出量的 z 变换 $Y(z)$：

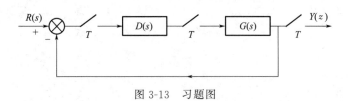

图 3-13　习题图

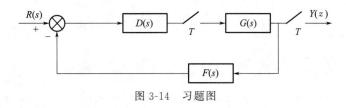

图 3-14　习题图

2. 已知对象的传递函数 $G(s)$ 分别为 $k/(s+a)$ 和 $k/[s(s+a)]$，试求广义对象（带零阶保持器）的 z 传递函数 $HG(z)$。

3. 已知系统的方框图如图 3-15，图中 $G(s)=k/(s+a)$，请求系统的闭环 z 传递函数。

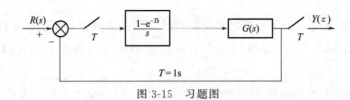

图 3-15　习题图

4. 设习题 3 中 $k=1$、$a=0.5$，系统的输入为单位阶跃信号，试求上一题中系统的输出响应及稳态误差。

5. 试简述 s 平面的点和 z 平面的点的对应关系。

6. 设系统的极点分别为 （1） $p=0.6$；（2） $p=-0.6$；（3） $p=0.5\pm0.5\text{j}$。试分别画出这三种情况下的对应于这些极点的单位脉冲响应。

7. 试简述线性离散系统稳定的充分必要条件，并讨论如何利用劳斯判据判定线性离散系统的稳定性。

8. 已知闭环系统的闭环传递函数为 $(z+1)/(z^2-z+0.632)$，试判断此系统的稳定性。

9. 试简述如何确定一个计算机控制系统的采样周期。

10. 设系统的方框图如图 3-15 所示，图中 $G(s)=k/(s+1)$，试确定使系统稳定的 k 值范围。

第 **4** 章 数字控制器的间接设计方法

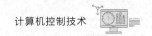

给定一个控制对象，该控制对象为连续系统，数字控制器的间接设计法是根据控制对象的性能指标要求，利用我们比较熟悉并且累积丰富经验的各种模拟系统设计方法设计模拟控制器 $D(s)$，然后再利用离散化方法将模拟控制器 $D(s)$ 离散化为数字控制器 $D(z)$。

4.1
数字控制器间接设计方法思路

4.1.1　间接设计方法的步骤

为了设计图 4-1 所示的计算机离散闭环控制系统，对控制对象 $G_0(s)$ 进行控制，我们先设计图 4-2 所示的模拟系统，针对该模拟系统采用连续系统设计方法设计模拟控制器，然后将其离散化成数字控制器，再转换为图 4-1 所示的计算机控制系统，这就是数字控制器的间接设计方法。

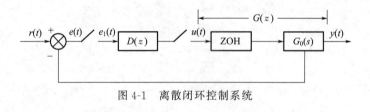

图 4-1　离散闭环控制系统

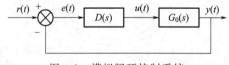

图 4-2　模拟闭环控制系统

间接设计方法的一般步骤：

① 用连续控制理论的设计方法设计控制器 $D(s)$，满足性能指标和给定对象 $G_0(s)$ 的要求。

② 根据要求设定离散系统的采样周期 T。

③ 在设计完成的连续系统中加入零阶保持器 ZOH。检查零阶保持器的滞后作用对原设计完成的连续系统性能的影响程度，决定是否修改 $D(s)$。

零阶保持器的信息传递方式如图 4-3 所示，其中模拟信号为 $u_0(t)$，零阶保持器的输入为 $u_1(t)$，输出为 $u(t)$。

为了系统设计简便，可将零阶保持器的传递函数近似为式(4-1)：

$$\frac{1-\mathrm{e}^{-Ts}}{s}=\frac{1-\mathrm{e}^{-Ts/2}\,\mathrm{e}^{-Ts/2}}{s}\approx\frac{2}{s+2/T} \tag{4-1}$$

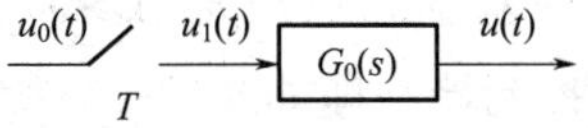

图 4-3　零阶保持器信息传递图

④ 用适当的方法将控制器 $D(s)$ 离散化为 $D(z)$，具体方法可参照下一节。

⑤ 将 $D(z)$ 化成差分方程，完成系统模拟化设计。

4.1.2　控制器的离散化方法

4.1.2.1　冲激响应不变法

冲激响应不变法的原理是之前讲述的 z 变换法。它使得离散化得到的数字控制器的单位脉冲响应序列等于模拟控制器的单位冲击响应函数的采样值。

设模拟控制器的传递函数 $D(s)=\dfrac{U(s)}{E(s)}=\displaystyle\sum_{i=1}^{n}\frac{A_i}{s+a_i}$，控制器在单位脉冲作用下输出响应为 $u(t)=L^{-1}[D(s)]=\displaystyle\sum_{i=1}^{n}A_i\mathrm{e}^{-a_it}$，其采样值为 $u(kT)=\displaystyle\sum_{i=1}^{n}A_i\mathrm{e}^{-a_ikT}$，即数字控制器的脉冲响应序列，因此得到 $D(z)=Z[u(kT)]=\displaystyle\sum_{i=1}^{n}\frac{A_i}{1-\mathrm{e}^{-a_iT}z^{-1}}=Z[D(s)]$。

[例 4-1]　已知模拟控制器为 $D(s)=\dfrac{4}{s+5}$，求数字控制器 $D(z)$。

解：
$$D(z)=Z[D(s)]=\frac{4}{1-\mathrm{e}^{-5T}z^{-1}}$$

即控制算法为 $u(k)=5e(k)+\mathrm{e}^{-5T}u(k-1)$

冲激响应不变法的特点：

① $D(z)$ 与 $D(s)$ 的脉冲响应序列相同。

② 若 $D(s)$ 稳定，则 $D(z)$ 也稳定。因 s 平面虚轴映射为 z 平面的单位圆，所以 s 平面的左半平面映射到 z 平面的单位圆内。

③ $D(z)$ 不能保证 $D(s)$ 的频率响应。

④ $D(z)$ 将 ω_s 的整数倍频率变换到 z 平面上的同一个点的频率，因而出现了混淆现象。

冲激响应不变法应用范围：连续控制器 $D(s)$ 应具有部分分式结构或者能较容易地分解为并联结构，$D(s)$ 具有陡衰减特性，且为有限带宽信号的场合。频率混淆使数字控制器的频率响应与模拟控制器的频率响应的近似性变差，因此该变换法看起来严格且简单，但并不实用。

4.1.2.2 加零阶保持器的 z 变换法

加零阶保持器的 z 变换法的基本思想是先用零阶保持器与模拟控制器串联，然后再进行 z 变换离散化成数字控制器，即如式(4-2) 所示：

$$D(z)=Z\left[\frac{1-e^{-Ts}}{s}D(s)\right] \tag{4-2}$$

加零阶保持器的 z 变换特点：

① 若 $D(s)$ 稳定，则 $D(z)$ 也稳定。

② $D(z)$ 不能保持 $D(s)$ 的脉冲响应和频率响应。

4.1.2.3 差分变换法

（1）后向差分变换法

对于给定的 $D(s)=\dfrac{U(s)}{E(s)}=\dfrac{1}{s}$，其微分方程为 $\dfrac{du(t)}{dt}=e(t)$，用差分代替微分，则 $\dfrac{du(t)}{dt}\approx\dfrac{u(k)-u(k-1)}{T}=e(k)$，两边取 z 变换得到 $(1-z^{-1})U(z)=TE(z)$，所以 $D(z)=\dfrac{U(z)}{E(z)}=\dfrac{T}{1-z^{-1}}$。由 $D(z)$ 与 $D(s)$ 的形式可以得到 $s=\dfrac{1-z^{-1}}{T}$。

因此，$D(z)$ 可以表示为：

$$D(z)=D(s)\Big|_{s=\frac{1-z^{-1}}{T}} \tag{4-3}$$

后向差分变换法的特点：

① 稳定的 $D(s)$ 变换成稳定的 $D(z)$；对一些不稳定的 $D(s)$，$D(z)$ 也可能稳定（只要映射到 z 平面的单位圆内）。

② 由于后向差分不再满足 z 变换的定义，数字控制器 $D(z)$ 的频率响应产生较大的畸变，$D(z)$ 不能保持 $D(s)$ 的脉冲响应和频率响应。

严重的频率映射畸变导致变换精度下降，使后向差分变换的应用受到一定的限制，只有当系统性能要求不是很高时，后向差分才可以得到一定的应用。

（2）前向差分变换法

对于给定的 $D(s)=\dfrac{U(s)}{E(s)}=\dfrac{1}{s}$，将微分用差分表示成 $\dfrac{du(t)}{dt}=\dfrac{u(k+1)-u(k)}{T}=e(k)$，两边取 z 变换得到 $(z-1)U(z)=TE(z)$，所以 $D(z)=\dfrac{U(z)}{E(z)}=\dfrac{T}{z-1}$。

由 $D(z)$ 与 $D(s)$ 的形式可以得到 $s=\dfrac{z-1}{T}$，因此有式(4-4)：

$$D(z)=D(s)\Big|_{s=\frac{z-1}{T}} \tag{4-4}$$

前向差分变换法的特点：

① $D(s)$ 稳定，$D(z)$ 不一定稳定。

② 数字控制器 $D(z)$ 的频率响应会产生较大的畸变，则 $D(z)$ 不能保证 $D(s)$ 的脉冲响应和频率响应。

由于上述影响，前向差分变换是一种不安全的变换（不能保证稳定性），尽管变换简单，但使用不多。

4.1.2.4　双线性变换法

双线性变换法又称塔斯汀（Tustin）变换法，它是 s 与 z 关系的另一种近似式。由 z 变换的定义和级数展开式可得到 $z = \mathrm{e}^{Ts} = \dfrac{\mathrm{e}^{\frac{Ts}{2}}}{\mathrm{e}^{\frac{-Ts}{2}}}$，取 $\mathrm{e}^{\frac{Ts}{2}} = 1 + \dfrac{Ts}{2}$，$\mathrm{e}^{\frac{-Ts}{2}} = 1 - \dfrac{Ts}{2}$，

则 $z = \dfrac{1 + \dfrac{Ts}{2}}{1 - \dfrac{Ts}{2}}$，由此推出 $s = \dfrac{2}{T} \times \dfrac{1 - z^{-1}}{1 + z^{-1}}$，所以有式(4-5)：

$$D(z) = D(s)\Big|_{s = \frac{2(1 - z^{-1})}{T(1 + z^{-1})}} \tag{4-5}$$

双线性变换法的特点：

① 将整个 s 平面的左半平面变换到 z 平面的单位圆内，因而没有混淆效应。

② 若 $D(s)$ 稳定，则 $D(z)$ 稳定。

③ 变换前后的频率响应发生畸变，$D(z)$ 不能保持 $D(s)$ 的脉冲响应和频率响应。

双线性变换法的变换精度高于差分变换法，且使用方便，是工程上应用较为普遍的一种离散化方法。

4.1.2.5　零极点匹配法

无论是连续系统还是离散系统，系统的零极点分布都决定了系统的性能。所以从 s 域转换到 z 域时，应当保证零极点一一对应的映射关系。根据 s 域与 z 域的转换关系 $z = \mathrm{e}^{Ts}$，可将 s 平面的零极点直接按照对应的关系映射到 z 平面上，使得 $D(z)$ 的零极点与连续系统 $D(s)$ 的零极点完全相匹配，这种等效离散化方法称为"零极点匹配法"或者"匹配 z 变换法"。

零极点匹配变换的一般步骤为：

① 将 $D(s)$ 变换成如下形式：

$$D(s) = \frac{k_s(s + z_1)(s + z_2)\cdots(s + z_m)}{(s + p_1)(s + p_2)\cdots(s + p_n)} \tag{4-6}$$

② 将 $D(s)$ 的零点或者极点映射到 z 平面的变换关系如下：

实数的零点或极点：　　$(s + a) \rightarrow (1 - \mathrm{e}^{-aT}z^{-1})$；

共轭复数的零点或极点：$(s + a + \mathrm{j}b)(s + a - \mathrm{j}b) \rightarrow (1 - 2\mathrm{e}^{-aT}z^{-1}\cos bT + \mathrm{e}^{-2aT}z^{-2})$，得到控制器 $D_1(z)$。

③ 在 $z = 1$ 处加上足够的零点，使得 $D(z)$ 零极点个数相同。

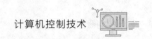

④ 在某个特征频率处，使 $D(z)$ 的增益与 $D(s)$ 的增益相匹配。即设 $D(z)=k_z D_1(z)$，k_z 为增益系数，由 $D(s)\big|_{s=0}=D(z)\big|_{z=1}$ 确定。

零极点匹配法变换的特点：

① 若 $D(s)$ 稳定，则 $D(z)$ 也一定稳定。

② 由于零极点匹配法可获得双线性变换法的效果，所以该变换不会产生频率混叠。

$D(s)$ 离散化成 $D(z)$ 的方法小结：

① 从上述各方法的原理来看，除了前向差分法外，其他变换原理只要原有的系统是稳定的，则变换得到的离散系统也是稳定的。

② 采样频率对设计结果有影响，当采样频率远远高于系统的截止频率（100 倍以上）时，用任何一种设计方法所构成的系统特性与连续系统相差不大。随着采样频率的降低，各种方法就有所差别。按设计结构的优劣程度来排序，则双线性变换法最好，即使在采样频率较低时，得到的结果还是稳定的，之后是零极点匹配法、后向差分法和冲激响应不变法。

③ 各种设计方法都有自己的特点，冲激响应不变法可以保证离散系统的响应与连续系统一致，零极点匹配法能保证变换前后直流增益相同，双线性变换法可以保证变换前后特征频率不变。这些设计方法在实际工程中都有应用，可根据需要进行选择。

④ 对连续传递函数 $D(s)=D_1(s)D_2(s)\cdots D_n(s)$，可分别对 $D_1(s)$、$D_2(s)$、$\cdots$、$D_n(s)$ 等进行离散得到 $D_1(z)$、$D_2(z)$、$\cdots$、$D_n(z)$，则 $D(z)=D_1(z)D_2(z)\cdots D_n(z)$。

4.2

数字 PID 控制器

在工业过程控制中，控制规律按照偏差的比例、积分、微分进行的控制称为 PID 控制。PID 控制器产生于 20 世纪 30 年代末，从模拟控制器到数字控制器，经过广泛的理论研究和丰富的应用实践，已取得了巨大的成功，是目前应用最广、最为广大技术人员所熟悉的控制算法之一。在计算机的控制系统中，数字 PID 以其控制简单、技术成熟、适应性强和可靠性高等特点，得到了广泛的应用。本章主要介绍数字 PID 控制器的设计思路、模拟 PID 控制器、数字 PID 控制器、数字 PID 控制算法的工程化改进、数字 PID 控制参数的整定以及 Smith 预估控制。

4.2.1 模拟 PID 控制

模拟 PID 控制的控制规律如式（4-7）所示，其控制结构图如图 4-4 所示，其中 $r(t)$ 为系统输入或者设定值，$e(t)=r(t)-y(t)$ 为偏差，$u(t)$ 为 PID 控制器的输出，$y(t)$ 为系统输出，$G_0(s)$ 为被控对象传递函数，式中 K_P 为比例系数，K_P 与比例带 δ 为倒数关系，即 $K_P = \dfrac{1}{\delta}$，T_I 为积分时间常数，T_D 为微分时间常数。

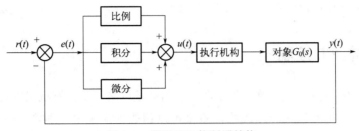

图 4-4　模拟 PID 控制器结构

通过对结构进行分析得到控制器的结构如式(4-7) 所示：

$$u(t) = K_P \left[e(t) + \frac{1}{T_I} \int_0^t e(t)\mathrm{d}t + T_D \frac{\mathrm{d}e(t)}{\mathrm{d}t} \right] \tag{4-7}$$

式(4-7) 等号两边取拉普拉斯变换，整理得到对应的模拟 PID 控制器的传递函数为：

$$D(s) = \frac{U(s)}{E(s)} = K_P \left(1 + \frac{1}{T_I s} + T_D s \right) = K_P + \frac{K_I}{s} + K_D s \tag{4-8}$$

式中，$K_I = \dfrac{K_P}{T_I}$，称为积分系数；$K_D = K_P T_D$，称为微分系数。

由图 4-4 可得，模拟 PID 控制系统的开环传递函数 $D'(s) = D(s)G_0(s)$，通过分析和计算可得到闭环传递函数：

$$\varphi(s) = \frac{D'(s)}{1 + D'(s)} = \frac{D(s)G_0(s)}{1 + D(s)G_0(s)} \tag{4-9}$$

PID 控制器的控制作用如下：

① 比例调节器：对偏差进行控制，当偏差出现时，调节器立即产生控制作用，使得输出量朝着减小偏差的方向变化。控制作用的强弱取决于比例系数 K_P，K_P 越小偏差调节速度越慢，K_P 越大则偏差调节速度越快。但 K_P 过大则容易产生振荡，特别是在迟滞环节比较大的情况下可能会导致闭环系统不稳定。比例调节器的作用在于加快系统的响应速度，提高系统的调节精度，但它的局限性是不能消除静态误差（即稳态误差）。

② 积分调节器：使系统消除静态误差（稳态误差），提高无差度。当系统中存在误差时，积分调节就进行，直至无差，积分调节停止，积分调节输出一常值。积分作用的强弱取决于积分时间常数 K_I，K_I 越小，积分作用就越强；反之 K_I 大则积分作用弱。加入积分调节可使系统稳定性下降，动态响应变慢。积分作用常与另两种调节规律结合，组成 PI 调节器或 PID 调节器。

③ 微分调节器：微分作用反映系统偏差信号的变化率，能预见偏差变化的趋势，因此能产生超前的控制作用，在偏差还没有形成之前将其消除。在微分时间选择合适

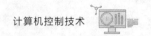

的情况下，可以减小系统的超调量和调节时间。微分作用对噪声干扰有放大作用，因此过强的微分调节对系统抗干扰不利。此外，微分反映的是变化率，而当输入没有变化时，微分作用输出为零。微分作用不能单独使用，需要与另外两种调节规律相结合，组成 PD 或 PID 控制器。

4.2.2 数字 PID 控制

自从计算机和各类微控制器芯片进入控制领域以来，用计算机或微控制器芯片取代模拟 PID 控制电路组成控制系统，不仅可以用软件实现 PID 控制算法，而且可以利用计算机和微控制器芯片的逻辑功能，使 PID 控制更加灵活。将模拟 PID 控制规律进行适当变换后，以微控制器或计算机为运算核心，利用软件程序来实现 PID 控制和校正，就是数字 PID 控制。

由于计算机控制是一种采样控制，它只能根据采样时刻的偏差值计算控制量，因此需要对连续 PID 控制进行离散化处理。当采样周期 T 足够小时，用求和代替积分，用后向差分代替微分，使得模拟 PID 离散化变为差分方程，通过近似可以得到

$u(t) \approx u(kT)$，$e(t) \approx e(kT)$，$\int_0^t e(t)\mathrm{d}t \approx \sum_{j=0}^{k} e(j)T$，$\dfrac{\mathrm{d}e(t)}{\mathrm{d}t} \approx \dfrac{e(k)-e(k-1)}{T}$，

则整理后得到：

$$u(k) = K_P \left[e(k) + \frac{T}{T_I} \sum_{j=0}^{k} e(j) + T_D \frac{e(k)-e(k-1)}{T} \right] \tag{4-10}$$

两边取 z 变换得到 PID 控制器的 z 传递函数为：

$$D(z) = \frac{U(z)}{E(z)} = \frac{K_P(1-z^{-1}) + K_I + K_D(1-z^{-1})^2}{1-z^{-1}} \tag{4-11}$$

其中，$K_I = K_P \dfrac{T}{T_I}$；$K_D = K_P \dfrac{T_D}{T}$；T 为采样周期。

离散 PID 控制系统结构如图 4-5 所示。

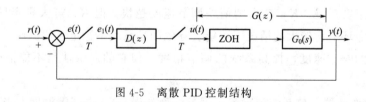

图 4-5　离散 PID 控制结构

4.2.2.1 位置式 PID 算法

展开式(4-11)，并令积分系数 $K_I = K_P \dfrac{T}{T_I}$，微分系数 $K_D = K_P \dfrac{T_D}{T}$，则可以得到：

$$u(k) = K_P e(k) + K_I \sum_{j=0}^{k} e(j) + K_D [e(k) - e(k-1)] \tag{4-12}$$

由式(4-12) 可得，采样周期 T 越大，积分作用越强，微分作用越弱。此外欲求第 k 个采样时刻的输出值必须知道历史 $e(0) \sim e(k)$ 的值，它表示了控制总量，同时决定执行机构的位置（如流量、压力等阀门的开启位置），故式(4-12) 称为位置式 PID 控制算法。

位置式 PID 控制算法的特点：

① 输出控制量 $u(k)$ 与各次采样值相关，因需要知道历史所有值故需要占用较多的存储空间。

② 计算 $u(k)$ 需要做误差值的累加，容易产生较大的累加误差，甚至产生累加饱和现象。

③ 控制量 $u(k)$ 以全量输出，误差影响较大。当计算机出现故障时，$u(k)$ 的大幅度变化会引起执行机构位置的大幅度变化。

4.2.2.2　增量式 PID 算法

当执行机构不需要控制量的全值而需要其增量时，可由位置式推导出增量式 PID 控制算法。根据式(4-12) 写出 $u(k-1)$ 为：

$$u(k-1) = K_P e(k-1) + K_I \sum_{j=0}^{k-1} e(j) + K_D [e(k-1) - e(k-2)] \tag{4-13}$$

将式(4-12) 减去式(4-13) 得到增量式 PID 控制算法：

$$
\begin{aligned}
\Delta u(k) &= u(k) - u(k-1) \\
&= (K_P + K_I + K_D) e(k) - (K_P + 2K_D) e(k-1) + K_D e(k-2) \tag{4-14}
\end{aligned}
$$

增量式 PID 控制算法特点：

① 计算 $\Delta u(k)$ 只需要知道 $e(k)$、$e(k-1)$ 和 $e(k-2)$，累加误差小，节省了存储空间。

② 只输出控制增量 $\Delta u(k)$，误差影响较小。$\Delta u(k)$ 对应执行机构位置的变化量，当计算机发生故障时影响范围较小，不会严重影响生产过程且不产生积分饱和现象。

③ 易于实现手自动操作的平滑切换。手自动操作方式切换的基本要求是平稳而迅速：平稳指的是切换前后调节器的输出保持不变，迅速则指的是切换过程中中间位置不应停留过久。

综上所述，在数学上，位置式算法与增量式算法只是等效变换，不过在物理系统上，却代表了不同的实现方法。$\Delta u(k)$ 对应的是执行机构位置的增量，而不是执行机构的实际位置，因此采用增量式算法要求执行机构必须具备对控制量增量的累积功能。在工程实践中注意要根据执行机构选择不同的 PID 控制算法。例如，当执行机构为伺服电机或者晶闸管时，采用位置式效果更佳；当执行机构为步进电动机或者多圈电位器时，则采用增量式 PID 控制算法。此外，离散 PID 控制算法并不是简单地用数字控制器去模仿连续 PID 控制规律，而是充分利用计算机特点，实现更加复杂、灵活多样的控制功能甚至智能化的控制方案。

4.3

改进的数字 PID 控制

任何一种执行机构都存在一个线性工作区。在此工作区内，它可以线性地跟踪控制信号，而当控制信号过大时，超过线性工作区之后，就进入饱和区或者截止区，其特性就变为非线性特性。执行机构的非线性特性使系统出现过大的超调量和持续振荡，从而会导致系统的动态品质变差。为了克服以上两种饱和现象，避免系统的过大超调，使系统具有良好的动态性能，就必须使 PID 控制器输出的控制信号受到约束，即对标准的 PID 控制算法进行改进，使得控制算法能够更好地满足要求。

4.3.1 积分分离 PID 算法

① 问题提出：在控制系统偏差较大时，积分的滞后作用会影响系统的响应速度，积分作用过强会使得系统产生较大的超调并加长过渡过程，对时间常数大、有时间滞后的被控对象，更加剧了振荡过程。

② 改进方案：当系统偏差较大时，取消积分作用，进行快速控制；当误差减小到某一阈值时，再投入积分作用，消除静差。也就是选取误差阈值 e_0，当 $|e(k)| > e_0$ 时，取消积分作用；当 $|e(k)| \leqslant e_0$ 时，投入积分作用。这就是积分分离 PID 算法的基本思想。

③ 算法描述：在式（4-12）和式（4-14）中引入积分分离系数 α，且 $\alpha = \begin{cases} 1, & |e(k)| \leqslant e_0 \\ 0, & |e(k)| > e_0 \end{cases}$，则得到积分分离位置式和增量式算法分别如式（4-15）和式（4-16）所示。

$$u(k) = K_P e(k) + \alpha K_I \sum_{j=0}^{k} e(j) + K_D \left[e(k) - e(k-1) \right] \tag{4-15}$$

$$\Delta u(k) = (K_P + \alpha K_I + K_D) e(k) - (K_P + 2K_D) e(k-1) + K_D e(k-2) \tag{4-16}$$

应根据具体对象的特性及系统的性能指标确定，通过观察阶跃响应的仿真曲线来判断控制效果是一个直接的方法。

④ 积分分离 PID 控制效果。图 4-6 显示了系统分别采用普通 PID 算法、积分分离 PID 算法后被控量阶跃响应的输出波形。从图中可以看出，积分分离 PID 算法减小了被控量的超调，缩短了过渡过程时间，改善了控制系统的动态特性。

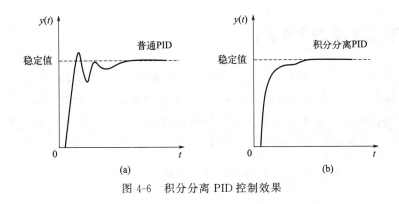

图 4-6　积分分离 PID 控制效果

4.3.2　抗积分饱和 PID 算法

① 问题提出：对于实际数字控制系统，会受到执行元件的饱和（例如存储器或者 D/A 转换器的位数限制）和非线性影响，执行机构所能提供的最大控制量是有限的，而当控制器计算得到的控制量超出这个限定值时，系统则无法有进一步的调节作用，这就是积分饱和现象。当系统进入饱和区后，饱和越深，退饱和时间越长，越容易引起较大的超调。

② 改进方案：对输出 $u(k)$ 进行限幅，同时切除积分作用。

③ 算法描述：设输出 $u(k)$ 的最大值记为 $u_{\max}$，最小值记为 $u_{\min}$，并引入系数 α，且 $\alpha = \begin{cases} 1, & |e(k)| \leqslant e_0 \\ 0, & |e(k)| > e_0 \end{cases}$，则按式（4-17）计算 $u(k)$，按式（4-18）输出控制量 $u'(k)$。

$$u(k) = K_P e(k) + \alpha K_I \sum_{j=0}^{k} e(j) + K_D \left[e(k) - e(k-1) \right] \tag{4-17}$$

$$u'(k) = \begin{cases} u_{\min}, & u(k) < u_{\min} \\ u(k), & u_{\min} < u(k) < u_{\max} \\ u_{\max}, & u(k) > u_{\max} \end{cases} \tag{4-18}$$

④ 抗积分饱和 PID 算法控制结构图：图 4-7 显示了抗积分饱和 PID 控制结构图。

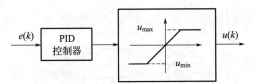

图 4-7　抗积分饱和 PID 控制结构图

4.3.3 不完全微分 PID 算法

① 问题提出：对于高频干扰的生产过程，微分作用响应过于灵敏，容易产生控制过程振荡，此外，执行机构在短时间内达不到应有的开度，会使得输出失真。

② 改进方案：在标准 PID 输出后串接低通滤波器（一阶惯性环节）来抑制高频干扰，构成不完全微分 PID 控制，其结构如图 4-8 所示，$u(t)$ 与 $u'(t)$ 的关系为

$$u'(t) = u(t) + T_f \frac{\mathrm{d}u(t)}{\mathrm{d}t}$$ （T_f 为低通滤波器常数）。

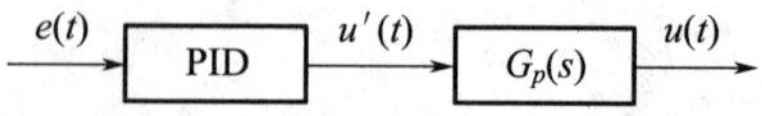

```
e(t)          u'(t)          u(t)
─────▶  PID  ─────▶  Gp(s)  ─────▶
```

图 4-8 不完全微分 PID 控制器

③ 不完全微分 PID 算法描述：设所加的一阶惯性环节的传递函数 $G_P(s) = \dfrac{1}{T_P(s)+1}$，则不完全微分 PID 控制算法的递推公式为：

$$u(k) = \frac{T_P}{T_P + T} u(k-1) + \frac{T}{T_P + T} \left\{ K_P e(k) + K_I \sum_{j=0}^{k} e(j) + K_D \left[e(k) - e(k-1) \right] \right\}$$

（4-19）

④ 不完全微分 PID 算法的控制效果：标准 PID 控制器中的微分作用只在第一个采样周期起作用，不能按照偏差变化的趋势在整个调节过程中起作用。同时，微分作用在第一个采样周期的作用效果很强，容易引起超调。而不完全微分 PID 控制器的微分作用在各个采样周期里按照误差变化的趋势均匀地输出。

4.3.4 微分先行 PID 算法

① 问题提出：一般 PID 控制中，设定值 $r(t)$ 的突然升降会给控制系统带来冲击，引起超调量过大，执行机构动作剧烈。

② 改进方案：调节器采用 PI 规律，将微分作用移到反馈回路上，只对被控量微分，不对输入偏差微分，也就是对设定值无微分作用。这样就减小了设定值发生变化对系统输出的影响。微分先行 PID 控制框图如图 4-9 所示。其中 $G_p(s) = K_P \left(1 + \dfrac{1}{T_I s}\right)$，$G_d(s) = \dfrac{1 + T_D s}{1 + \gamma T_D s}$。

③ 微分先行 PID 算法描述：由于只对被控变量微分，因此位置式微分先行 PID

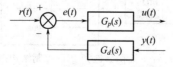

图 4-9 微分先行 PID 控制框图

算法可以表示成 $u(k)=K_P e(k)+K_I \sum\limits_{j=0}^{k} e(j)+K_D\left[y(k)-y(k-1)\right]$，增量式微分先行 PID 算法可以表示成 $\Delta u(k)=(K_P+K_I)e(k)+K_P e(k-1)+K_D\left[y(k)-2y(k-1)y(k-2)\right]$。

④ 微分先行 PID 算法控制效果：由推理可知，微分先行 PID 控制系统比常规 PID 控制少了一个闭环零点。由反馈原理可知，闭环零点将引起系统的动态波动，少一个闭环零点可以改善动态品质。这种形式适用于设定值频繁变动的场合，可以避免因设定值 $r(t)$ 频繁变动所引起的超调量过大、系统振荡等影响，改善了系统的动态性能。

4.3.5　带死区的 PID 算法

① 问题提出：在计算机控制系统中，某些生产过程的控制精度要求不太高，不希望控制系统频繁动作变化，以防止由于过度运作产生振荡。

② 改进方案：设置控制死区，当偏差进入死区时，其控制输出维持前一次的输出；当偏差不在死区时，则进行正常的 PID 控制。带死区的 PID 控制系统框图如图 4-10 所示。

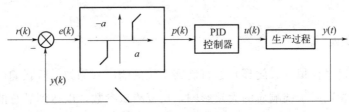

图 4-10　带死区的 PID 控制系统框图

③ 带死区的 PID 算法描述：选定死区参数 a，a 是一个可调的参数。图 4-10 中，当偏差的绝对值 $|e(k)|\leqslant a$ 时，$p(k)=0$；当偏差绝对值 $|e(k)|>a$ 时，$p(k)=e(k)$，输出值 $e(k)$ 以 PID 运算结果输出。算法中的 a 值可根据实际控制对象由实验仿真确定。若 a 值太小，则控制动作过于频繁，达不到稳定被控对象的作用；若 a 值太大，则系统将产生较大的滞后。

4.4
数字 PID 控制器的参数整定方法

PID 数字调节器的参数，除了比例系数 K_P，积分时间 T_I 和微分时间 T_D 外，还有一个重要参数即采样周期 T。

4.4.1 采样周期 *T* 的选择确定

从理论上讲，采样频率越高，失真越小。但是，对于控制器，由于是依靠偏差信号来进行调节计算的，当采样周期 *T* 太小，偏差信号也会过小，此时计算机将失去调节作用；若采样周期 *T* 太长，则将引起误差。因此采样周期 *T* 必须综合考虑以下几点：

① 根据香农采样定理，系统采样频率的下限为 $f_s = 2f_{max}$，此时系统可真实地恢复到原来的连续信号。

② 从执行机构的特性要求考虑：当执行机构需要输出信号保持一定宽度时，采样周期必须大于这一时间宽度。

③ 从控制系统的随动和抗干扰性能考虑：采样周期尽量取短。

④ 从程序的运行时间和每个调节回路的计算考虑：采样周期取大些。

⑤ 从系统特性考虑：当系统的滞后占主导地位时，应使得滞后时间为采样周期的整数倍。

4.4.2 控制器参数 K_P、T_I、T_D 的选择方法

4.4.2.1 试凑法

试凑法是通过模拟（或闭环）运行观察系统的响应（例如，阶跃响应）曲线，然后根据各调节参数对系统响应的大致影响，反复凑试参数，以达到满意的响应，从而确定 PID 的调节参数。增大比例系数 K_P 一般将加快系统的响应，这有利于减小静差。但过大的比例系数会使系统有较大的超调，并产生振荡，使稳定性变坏。增大 T_D 有利于加快系统响应，使超调量减小，稳定性增加，但对于干扰信号的抑制能力将减弱。在凑试时，可参考以上分析，对参数进行先比例、后积分、再微分的整定步骤。具体步骤如下：

首先整定比例部分。将比例系数 K_P 由小调大，并观察相应的系统响应，直至得到反应快、超调小的响应曲线。如果系统没有静差或静差小到允许的范围之内，并且响应曲线已属满意，那么只需要用比例调节器即可，最优比例系数可由此确定。

当仅调节比例调节器参数，系统的静差还达不到设计要求时，则需加入积分环节。整定时，首先置积分常数 T_I 为一个较大值，经第一步整定得到的比例系数会略为缩小（如减小 20%），然后减小积分常数，使系统在保持良好动态性能的情况下，静差得到消除。在此过程中，可根据响应曲线的好坏反复修改比例系数和积分常数，直至得到满意的效果和相应的参数。

表 4-1　常见 PID 参数经验选择范围

被调量	特点	参数		
		K_P	T_I/min	T_D/min
流量	时间常数小,并有噪声,故 K_P 比较小,T_I 较小,不用微分	1~2.5	0.1~1	—
温度	对象有较大滞后,常用微分	1.6~5	3~10	0.5~3
压力	对象的滞后不大,不用微分	1.4~3.5	0.4~3	—
液位	允许有静差时,不用积分和微分	1.25~5	—	—

若使用比例积分器能消除静差,但动态过程经反复调整后仍达不到要求,这时可加入微分环节。在整定时,先置微分常数 T_D 为零,在第二步整定的基础上,增大 T_D,同时相应地改变 K_P 和 T_I,逐步凑试,以获得满意的调节效果和参数。

应该指出,在整定中参数的选定不是唯一的。事实上,比例、积分和微分三部分作用是相互影响的。从应用角度来看,只要被控制过程的主要性能指标达到设计要求,那么比例、积分和微分参数也就确定了。表 4-1 给出了一些常见的调节器参数选择范围。

4.4.2.2　扩充临界比例度法

扩充临界比例度法是简易工程整定方法之一,在闭环的情况下,临界比例度法不需要单独实验被控对象的动态特性,而是直接在闭合的调节系统中进行整定,用它整定 K_P、T_I、T_D 的步骤如下。

选择最短采样周期 T_{min},求出临界比例度 S_u 和临界振荡周期 T_u。具体方法是将 T_{min} 输入计算机,只有 P 环节控制,逐渐缩小比例度,直到系统产生等幅振荡。此时的比例度即为临界比例度 S_u,振荡周期称为临界振荡周期 T_u。选择控制度 Q 为:

$$Q = \frac{\left[\int_0^\infty e^{*2}(t)\mathrm{d}t\right]_D}{\left[\int_0^\infty e^2(t)\mathrm{d}t\right]_A}$$

通常当控制度为 1.05 时,表示数字控制方式与模拟方式效果相当。根据计算度,查表 4-2 可求出 K_P、T_I、T_D。

表 4-2　扩充临界比例度法整定参数表

控制度	控制规律	T	K_P	T_I	T_D
1.05	PI	$0.03T_u$	$0.53S_u$	$0.88T_u$	—
	PID	$0.014T_u$	$0.63S_u$	$0.49T_u$	$0.14T_u$
1.2	PI	$0.05T_u$	$0.49S_u$	$0.91T_u$	—
	PID	$0.43T_u$	$0.47S_u$	$0.47T_u$	$0.16T_u$

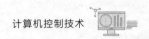

续表

控制度	控制规律	T	K_P	T_I	T_D
1.5	PI	$0.14T_u$	$0.42S_u$	$0.99T_u$	—
	PID	$0.09T_u$	$0.34S_u$	$0.43T_u$	$0.20T_u$
2.0	PI	$0.22T_u$	$0.36S_u$	$1.05T_u$	—
	PID	$0.16T_u$	$0.27S_u$	$0.4T_u$	$0.22T_u$

4.4.2.3　扩充响应曲线法

扩充响应曲线法是将模拟控制器响应曲线法进行推广，用于求数字 PID 控制器参数。此方法首先要经过实验测定开环系统对阶跃输入信号的响应曲线。其具体步骤如下：首先断开微机调节器，使系统手动工作，当系统在给定值处处于平衡后，给一阶跃输入。用仪表记录被调参数在此阶跃作用下的变化过程曲线。如图 4-11 所示。

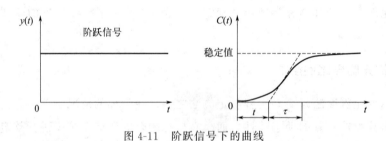

图 4-11　阶跃信号下的曲线

在对象的响应曲线上过最大斜率处做切线，求出纯滞后时间 t 及其等效时间常数 τ，并求出它们的比值 τ/t。选择合适的控制度，再根据所求得的 τ、t 和 τ/t 值，查表 4-3 就可求得值 K_P、T_I、T_D。最后投入运行，观察控制效果，适当修正参数，直到满意为止。

表 4-3　扩充响应曲线法整定参数表

控制度	控制规律	参数			
		T	K_P	T_I	T_D
1.05	PI	$0.1t$	$0.84\tau/t$	$0.34t$	—
	PID	$0.05t$	$1.15\tau/t$	$2.0t$	$0.45t$
1.2	PI	$0.2t$	$0.78\tau/t$	$3.6t$	—
	PID	$0.15t$	$1.0\tau/t$	$1.9t$	$0.55t$
1.5	PI	$0.50t$	$0.68\tau/t$	$3.9t$	—
	PID	$0.34t$	$0.85\tau/t$	$1.62t$	$0.65t$
2.0	PI	$0.8t$	$0.57\tau/t$	$4.2t$	—
	PID	$0.6t$	$0.6\tau/t$	$1.5t$	t

4.4.3　PID 参数整定方法总结

PID 控制器参数整定的方法很多，概括起来有两大类，一是理论计算整定法。它主要是依据系统的数学模型，经过理论计算确定控制器参数。这种方法所得到的计算数据未必可以直接用，还必须通过工程实际进行调整和修改。二是工程整定方法，它主要依赖工程经验，直接在控制系统的试验中进行，且方法简单、易于掌握，在工程实际中被广泛采用。工程整定方法主要有临界比例法、反应曲线法和衰减法。现在一般采用的是临界比例法。利用该方法进行 PID 控制器参数的整定，步骤如下：①首先预选择一个足够短的采样周期让系统工作；②仅加入比例控制环节，直到系统对输入的阶跃响应出现临界振荡，记下这时的比例放大系数和临界振荡周期；③在一定的控制度下通过公式计算得到 PID 控制器的参数。

PID 参数的设定是靠经验及对工艺的熟悉，参考测量值跟踪与设定值曲线，从而调整参数的大小。PID 控制器参数的工程整定中，各种调节系统中 P、I、D 参数经验数据可参照：

温度 T：$P=20\%\sim60\%$，$I=180\sim600\text{s}$，$D=3\sim180\text{s}$。

压力 P：$P=30\%\sim70\%$，$I=24\sim180\text{s}$。

液位 L：$P=20\%\sim80\%$，$I=60\sim300\text{s}$。

流量 L：$P=40\%\sim100\%$，$I=6\sim60\text{s}$。

4.5

史密斯预估控制

史密斯（Smith）预估控制也称为史密斯补偿，是针对纯滞后系统设计的控制策略，其通过引入一个和被控对象并联的补偿器对纯滞后进行削弱和消除，从而抑制纯滞后对系统造成的不利影响，常被用于大滞后工业过程的控制中，通过预估补偿器的调节作用后都能取得很好的控制效果。

4.5.1　史密斯预估补偿原理

4.5.1.1　纯滞后闭环控制系统分析

以图 4-12 为例分析被控对象含纯滞后环节的闭环控制系统，图中 $D(s)$ 为控制器的传递函数，$G(s)$ 为被控对象的传递函数。把 $G(s)$ 表示成不含纯滞后的传递函数 $G_0(s)$ 和纯滞后的传递函数 $\mathrm{e}^{-\tau s}$，τ 为纯滞后时间，即 $G(s)=G_0(s)\mathrm{e}^{-\tau s}$。则系

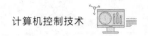

统的闭环传递函数为 $G_{\mathrm{C}}(s) = \dfrac{Y(s)}{R(s)} = \dfrac{G_0(s)\mathrm{e}^{-\tau s}}{1 + G_0(s)\mathrm{e}^{-\tau s}}$，$G_{\mathrm{C}}(s)$ 的分母包含了纯滞后环节，这种纯滞后环节会降低系统的稳定性，当 τ 足够大时，系统将会变成不稳定的状态。因此，这种串联控制器 $D(s)$ 很难保证系统得到满意的控制性能。

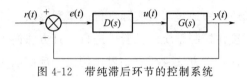

图 4-12　带纯滞后环节的控制系统

4.5.1.2　预估补偿原理

为改善这类含纯滞后对象的控制变量，引入补偿环节，且与 $D(s)$ 并联，该补偿器称为预估器。预估器的传递函数为 $G_p(s) = G_0(s)(1 - \mathrm{e}^{-\tau s})$，控制对象为 $G(s) = G_0(s)\mathrm{e}^{-\tau s}$，补偿后的系统框图如图 4-13 所示。从图上可以看出，史密斯预估器通常不是并联在被控对象上的，而是反向并联在控制器上的。

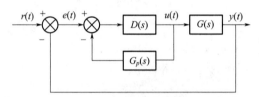

图 4-13　带史密斯预估器的控制系统

图 4-13 中的预估器与 $D(s)$ 共同构成了含纯滞后补偿的控制器，此时对应控制器的传递函数为：

$$D_{\mathrm{C}}(s) = \frac{D(s)}{1 + D(s)G_0(s)(1 - \mathrm{e}^{-\tau s})} \tag{4-20}$$

因此含史密斯预估器的控制系统的闭环传递函数：

$$G_{\mathrm{C}}(s) = \frac{D(s)G_0(s)}{1 + D(s)G_0(s)}\mathrm{e}^{-\tau s} \tag{4-21}$$

根据以上推理可以得出，经过补偿，对象的纯滞后环节等效到闭环回路之外，消除了纯滞后特性对系统性能的不利影响。由拉普拉斯变换的位移定理可知，纯滞后特性的作用只是将信号的输出在时间轴上推移了一个时间 τ，不改变信号的波形和性能表现。在工业过程中，被控对象或多或少都存在滞后特性。滞后的存在必将影响系统的稳定性和动态性能，史密斯预估器的引入可以很好地抑制系统的滞后作用，改善系统的稳定性和动态性能。对于稳定性为主、快速性为次要求的控制系统，史密斯预估器十分有效。

4.5.2　史密斯预估补偿数字控制器

本节介绍纯滞后补偿器的数字实现方法。包含滞后环节的系统结构图如图 4-14 所示。

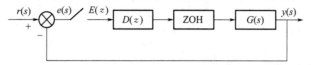

图 4-14　包含纯滞后环节的系统结构图（其中 $G(s)=G_0(s)\mathrm{e}^{-\tau s}$，ZOH 为零阶保持器）

数字控制器的设计步骤如下：

① 求广义对象 z 传递函数，如式（4-22）所示，式中，$G(z)$ 为广义对象中不含纯滞后环节的 z 传递函数；$d=\tau/T$ 为滞后周期数，设为整数。

$$G(z)=Z\left[\frac{1-\mathrm{e}^{-Ts}}{s}G_0(s)\mathrm{e}^{-\tau s}\right]=z^{-d}(1-z^{-1})Z\left[\frac{G_0(s)}{s}\right]$$
$$=z^{-d}G(z) \tag{4-22}$$

② 按不带纯滞后的被控对象的 $G(z)$ 设计数字控制器 $D(z)$，使其满足系统的性能要求。控制规律可以是 PID 控制，也可是最小拍有纹波控制和最小拍无纹波控制。

③ 加入纯滞后环节以后，预估补偿控制器为 $D_1(z)=\dfrac{D(z)}{1+D(z)G(z)(1-z^{-d})}$，不含纯滞后的输出为 $M(z)=\dfrac{D(z)G(z)}{1+D(z)G(z)}R(z)$，包含纯滞后的输出为 $Y(z)=z^{-d}M(z)$。

可见，纯滞后环节在闭环回路之外，在中间输出上延迟几个周期。

练习题

1. 请写出数字 PID 控制的位置算式和增量算式，并写出数值 PID 控制器的 z 传递函数。

2. 简述 PID 控制器需要整定哪些参数，各个参数对系统的动态特性和稳态特性的影响。

3. 有实际大纯滞后系统，它的传递函数为 $G(s)=\dfrac{2.5\mathrm{e}^{-200s}}{100s+1}$，该系统采用史密斯预估控制器进行控制，控制系统采样周期为 $T=1\mathrm{s}$，

（1）试画出计算机控制系统方框图。

（2）如果主控制器为 PI 控制器，且其传递函数为 $D(s)=\dfrac{1}{2.5}\left(1+\dfrac{1}{100s}\right)$，在连续域内推导其闭环传递函数。这种选取主控制器的方式，对我们设计主控制器有什么

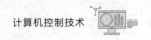
启发？

（3）确定史密斯预估控制器中补偿环节的 z 变换（包括零阶保持器）。

（4）史密斯预估控制器的主控制器为 PID 控制器 $D(s)=\dfrac{1}{2.5}\left(1+\dfrac{1}{100s}+200s\right)$，试用后向差分法求出数字 PID 控制器的 z 传递函数，并写出差分方程式。

（5）将（2）的连续控制系统在 Matlab 进行仿真，给出在阶跃响应下的波形图（选做）。

第 5 章 数字控制器的直接设计方法

数字控制器的间接设计方法不改变被控对象的连续性，可以充分利用连续系统中成熟完善的控制规律对系统进行调节，以使其达到给定的性能指标及精度范围。而在工业控制中，控制系统任务是非常复杂多变的，对控制质量有相当高的要求时，就需要从被控对象的特性出发，直接根据采样理论来设计数字控制器，这种方法称为直接数字设计。由于该设计法直接在离散系统的范畴内进行，因此避免了由模拟控制系统向数字控制器转化的过程，也绕过了采样周期对系统动态性能产生严重影响的问题。

本章主要介绍数字控制器的直接设计方法，假定被控对象本身是离散化模型或者是用离散化模型表示的连续对象，直接以采样系统理论为基础，以 z 变换为工具，在 z 域中直接设计出数字控制器 $D(z)$。它完全是根据采样系统的特点进行分析和综合，并导出相应的控制规律的，比模拟化设计具有一般性。利用计算机软件的灵活性，可以实现从简单到复杂的各种控制。

5.1

数字控制器的直接设计步骤

直接数字控制技术设计方法是将工业控制中的连续系统的连续部分离散化，把整个系统变成离散系统或者是本来就是离散的系统，直接设计数字控制器 $D(z)$ 的方法。

典型的计算机控制系统的基本结构如图 5-1 所示，$G_0(s)$ 是被控对象的连续传递函数，$H(S)$ 是零阶保持器的传递函数，$D(z)$ 是数字控制器脉冲传递函数，T 为采样周期。其中零阶保持器 $H(S)$ 和被控对象 $G_0(s)$ 组成为广义被控对象 $G(s)$。通过 z 变换将 $G(s)$ 离散化得到 $G(z)$，如图 5-2 所示。

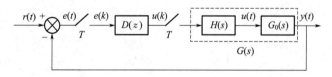

图 5-1　典型计算机控制系统基本结构

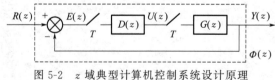

图 5-2　z 域典型计算机控制系统设计原理

可以发现，此计算机控制系统和模拟控制系统形式完全相同，只是将连续被控对象 $G_0(s)$ 和零阶保持器看作一个数字化对象 $G(z)$。这就是一个简单的采用直接数字设计方法设计的数字控制器。

在图 5-2 中，广义对象 $G(z)$ 的脉冲传递函数为：

$$G(z) = Z[H(s)G_0(s)] = Z\left[\frac{1-e^{-Ts}}{s}G_0(s)\right] \tag{5-1}$$

可得图 5-2 对应的闭环脉冲传递函数 $\Phi(z)$ 为：

$$\Phi(z) = \frac{D(z)G(z)}{1+D(z)G(z)} \tag{5-2}$$

误差的脉冲传递函数为：

$$\Phi_e(z) = \frac{E(z)}{R(z)} = \frac{R(z)-G(z)}{R(z)} = \frac{1}{1+D(z)G(z)} = 1-\Phi(z) \tag{5-3}$$

由式(5-2) 和式(5-3) 可以求得数字控制器的脉冲传递函数 $D(z)$ 为：

$$D(z) = \frac{1}{G(z)} \times \frac{\Phi(z)}{1-\Phi(z)} = \frac{\Phi(z)}{G(z)\Phi_e(z)} \tag{5-4}$$

设数字控制器 $D(z)$ 的一般形式为：

$$D(z) = \frac{U(z)}{E(z)} = \frac{\displaystyle\sum_{i=0}^{m} b_i z^{-i}}{1+\displaystyle\sum_{i=1}^{n} a_i z^{-i}} \quad (n \geqslant m) \tag{5-5}$$

则数字控制器的输出 $U(z)$ 为：

$$U(z) = \sum_{i=0}^{m} b_i z^{-i} E(z) - \sum_{i=1}^{n} a_i z^{-i} U(z) \tag{5-6}$$

因此，数字控制器 $D(z)$ 的计算机控制算法为：

$$u(k) = \sum_{i=0}^{m} b_i e(k-i) - \sum_{i=1}^{n} a_i u(k-i) \tag{5-7}$$

按照式(5-7)，可编写出控制算法程序。

综上，若已知 $G_0(s)$，根据性能指标要求确定出 $\Phi(z)$，则数字控制器 $D(z)$ 就可唯一确定。因此，系统的动态性能指标和静态指标取决于闭环传递函数 $\Phi(z)$。

由此，可归纳出数字控制器的直接设计步骤为如下几步：

① 根据式(5-1) 由 $H(s)$ 和 $G_0(s)$ 求广义被控对象的脉冲传递函数 $G(z)$。

② 根据控制系统的性能指标要求及其他约束条件，确定所需要的闭环脉冲传递函数 $\Phi(z)$。

③ 根据式(5-4) 确定计算机控制器的脉冲传递函数 $D(z)$。

④ 根据 $D(z)$ 编制控制算法程序。

由此可见，数字化设计方法是根据控制要求直接在数字域求解方程，不存在近似求解的问题。因此，能够充分发挥计算机控制的优势，获得比模拟控制品质更好的解决方案。但是，数字化设计方法建立在对数字对象（也就是物理系统的精确数字模型）求解的基础上，因此，其结果仅针对特定的物理系统模型成立。如果数字对象的参数或结构严重偏离实际对象，预定的控制性能将不会实现。从这个角度讲，数字化设计获得的计算机控制器只能是仿真结果，必须经过多次试验调整之后才能真正应用于物理系统。

采用直接数字控制技术设计采样周期 T 主要取决于被控对象，而不是受分析方法的限制，所以，比起模拟化设计方法，采样周期 T 可以选相对大的范围。

5.2

最少拍控制系统设计

在数字随动控制系统中，一般要求系统输出尽可能快地、准确地跟踪给定值变化，最少拍控制就是一种符合此要求的直接数字设计方法。

在数字控制器中，一个采样周期称为 1 拍。所谓最少拍控制，就是要求闭环系统对于某种特定的输入在最少个采样周期内达到无静差的状态，使系统输出值尽快地跟踪期望值的变化。显然，这种系统对闭环脉冲传递函数的性能要求是快速性和准确性。实质上最少拍控制是时间最优控制，系统的性能指标是调节时间最短（或尽可能地短）。

最少拍控制的闭环传递函数的形式为：

$$\Phi(z)=\phi_1 z^{-1}+\phi_2 z^{-2}+\cdots+\phi_N z^{-N} \tag{5-8}$$

式中，N 是可能情况下的最小正整数。这一形式表明闭环系统的脉冲响应在 N 个采样周期后变为零，从而意味着系统在 N 拍之内到达稳态。

对最少拍控制系统设计的具体要求如下。

① 准确性。对特定的参考输入信号，在到达稳态后，系统在采样点的输出值准确跟踪输入信号，不存在静差。

② 快速性。在各种使系统在有限拍内达到稳态的设计中，系统准确跟踪输入信号所需的采样周期数应为最少。

③ 控制器物理可实现性。数字控制器 $D(z)$ 必须在物理上可以实现。

④ 稳定性。闭环系统必须是稳定的。

5.2.1 闭环脉冲传递函数的确定

由图 5-2 可知，误差 $E(z)$ 的脉冲传递函数为：

$$\Phi_e(z)=\frac{E(z)}{R(z)}=\frac{R(z)-G(z)}{R(z)}=\frac{1}{1+D(z)G(z)}=1-\Phi(z) \tag{5-9}$$

式中，$E(z)$ 为误差信号 $e(t)$ 的 z 变换；$R(z)$ 为输入函数 $r(t)$ 的 z 变换；$Y(z)$ 为输出量 $y(t)$ 的 z 变换。

于是，误差 $E(z)$ 为：

$$E(z)=R(z)\Phi_e(z) \tag{5-10}$$

对于典型输入函数：

$$r(t) = \frac{1}{(q-1)!} t^{q-1} \qquad (5-11)$$

对应的 z 变换为：

$$R(z) = \frac{B(z)}{(1-z^{-1})^q} \qquad (5-12)$$

式中，$B(z)$ 为不包含 $(1-z^{-1})$ 因子的关于 z^{-1} 的多项式；当 q 分别等于 1、2、3 时，对应的典型输入为单位阶跃函数、单位速度函数和单位加速度函数。

根据 z 变换的终值定理，系统的稳态误差为：

$$e(\infty) = \lim_{z \to 1}(1-z^{-1})E(z) = \lim_{z \to 1}(1-z^{-1})R(z)\Phi_e(z)$$
$$= \lim_{z \to 1}(1-z^{-1})\frac{B(z)}{(1-z^{-1})^q}\Phi_e(z) \qquad (5-13)$$

由于 $B(z)$ 不包含 $(1-z^{-1})$ 因子，因此要使稳态误差 $e(\infty)$ 为零，必须有：

$$\Phi_e(z) = 1 - \Phi(z) = (1-z^{-1})^q F(z) \qquad (5-14)$$

即有：

$$\Phi(z) = 1 - \Phi_e(z) = 1 - (1-z^{-1})^q F(z) \qquad (5-15)$$

式中，$F(z)$ 是关于 z^{-1} 的待定系数多项式。显然，为了使 $\Phi(z)$ 能够实现，$F(z)$ 的首项应取 1，即：

$$F(z) = 1 + f_1 z^{-1} + f_2 z^{-2} + \cdots + f_p z^{-p} \qquad (5-16)$$

可以看出，$\Phi(z)$ 具有 z^{-1} 的最高幂次为 $N = p + q$，这表明系统闭环响应为采样点的值经 N 拍可达到稳态，即为最少拍控制。因此，最少拍控制器设计时选择 $\Phi_e(z)$ 为：

$$\Phi_e(z) = (1-z^{-1})^q \qquad (5-17)$$

$$\Phi(z) = 1 - \Phi_e(z) = 1 - (1-z^{-1})^q \qquad (5-18)$$

由式(5-4) 可知，最少拍控制器 $D(z)$ 为：

$$D(z) = \frac{1}{G(z)} \times \frac{\Phi(z)}{1-\Phi(z)} = \frac{1-(1-z^{-1})^q}{G(z)(1-z^{-1})^q} \qquad (5-19)$$

5.2.2　典型输入下的最少拍控制系统分析

(1) 单位阶跃函数 ($q=1$)

单位阶跃输入函数 $r(t) = 1(t)$，其 z 变换为：

$$R(z) = \frac{1}{1-z^{-1}} \qquad (5-20)$$

由式(5-18) 可知：

$$\Phi(z) = 1 - (1-z^{-1})^q = z^{-1} \qquad (5-21)$$

因此有：

$$E(z)=R(z)[1-\Phi(z)]=\frac{1}{1-z^{-1}}(1-z^{-1})=1$$

$$=1\times z^0+0\times z^{-1}+0\times z^{-2}+\cdots \tag{5-22}$$

即 $e(0)=1$，$e(T)=e(2T)-\cdots=0$。可见，经过 1 拍即 $1T$ 后，系统误差 $e(kT)$ 就可消除。

进一步求得：

$$Y(z)=R(z)\Phi(z)=\frac{1}{1-z^{-1}}z^{-1}=z^{-1}+z^{-2}+z^{-3}\cdots \tag{5-23}$$

以上两式说明，只需 1 拍（一个采样周期）输出就能跟踪输入，误差为零，过渡过程结束。单位阶跃函数输入时的误差曲线及输出响应曲线如图 5-3 所示。

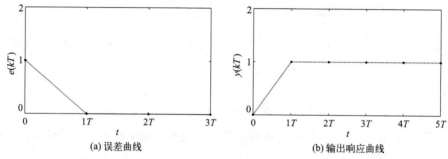

(a) 误差曲线　　　　　　　　　(b) 输出响应曲线

图 5-3　单位阶跃函数输入时的误差曲线及输出响应曲线

（2）单位速度函数（$q=2$）

单位速度输入函数 $r(t)=t$，其 z 变换为：

$$R(z)=\frac{Tz^{-1}}{(1-z^{-1})^2} \tag{5-24}$$

由式(5-18) 可知：

$$\Phi(z)=1-(1-z^{-1})^2=2z^{-1}-z^{-2} \tag{5-25}$$

且有：

$$E(z)=R(z)[1-\Phi(z)]=\frac{Tz^{-1}}{(1-z^{-1})^2}(1-2z^{-1}+z^{-2})=Tz^{-1}$$

$$=0\times z^0+T\times z^{-1}+0\times_2 z^{-2}+\cdots \tag{5-26}$$

即 $e(0)=0$，$e(T)=T$，$e(2T)=e(3T)=\cdots=0$。可见，经过 2 拍即 $2T$ 后，系统误差 $e(kT)$ 就可消除。

进一步求得：

$$Y(z)=R(z)\Phi(z)=2Tz^{-1}+3Tz^{-2}+4Tz^{-3}\cdots \tag{5-27}$$

以上两式说明，只需 2 拍（两个采样周期）输出就能跟踪输入，误差为零，过渡过程结束。单位速度函数输入时的误差曲线及输出响应曲线如图 5-4 所示。

（3）单位加速度函数（$q=3$）

单位加速度输入函数 $r(t)=\frac{1}{2}t^2$，其 z 变换为：

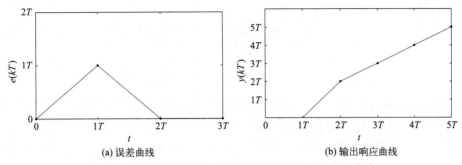

(a) 误差曲线　　　　　　　　　(b) 输出响应曲线

图 5-4　单位速度函数输入时的误差曲线及输出响应曲线

$$R(z) = \frac{T^2 z^{-1}(1+z^{-1})}{2(1-z^{-1})^3} \tag{5-28}$$

由式 (5-18) 可知：

$$\Phi(z) = 1-(1-z^{-1})^3 = 3z^{-1} - 3z^{-2} + z^{-3} \tag{5-29}$$

且有：

$$E(z) = R(z)[1-\Phi(z)] = \frac{1}{2}T^2 z^{-1} + \frac{1}{2}T^2 z^{-2}$$

$$= 0 \times z^0 + \frac{T^2}{2} \times z^{-1} + \frac{T^2}{2} \times z^{-2} + 0 \times z^{-3} + 0 \times z^{-4} \cdots \tag{5-30}$$

即 $e(0)=0$，$e(T)=e(2T)=T^2/2$，$e(3T)=e(4T)=\cdots=0$。可见，经过 3 拍后，系统误差 $e(kT)$ 就可消除。单位加速度函数输入时的误差曲线及输出响应曲线如图 5-5 所示。

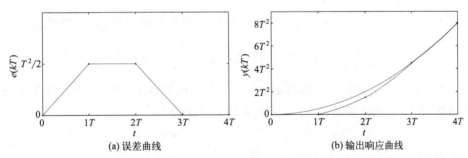

(a) 误差曲线　　　　　　　　　(b) 输出响应曲线

图 5-5　单位加速度函数输入时的误差曲线及输出响应曲线

5.3

最少拍有波纹随动系统的设计

在图 5-1 所示的系统中，设被控对象的传递函数为：

$$G_0(s) = G_0'(s)e^{-\tau s} \tag{5-31}$$

式中，$G_0'(s)$ 是不含滞后部分的传递函数；τ 为纯滞后时间。

若令 $d = \tau / T$，则有：

$$G(z) = Z\left[\frac{1-\mathrm{e}^{-Ts}}{s}G_0(s)\right] = Z\left[\frac{1-\mathrm{e}^{-Ts}}{s}G_0'(s)\mathrm{e}^{-\tau s}\right]$$

$$= z^{-d}Z\left[\frac{1-\mathrm{e}^{-Ts}}{s}G_0'(s)\right] = z^{-d}\frac{B(z)}{A(z)} \tag{5-32}$$

这里，当连续被控对象 $G_0(s)$ 中不包含纯滞后时，$d=0$；当 $G_0(s)$ 中含有纯滞后时，$d \geqslant 1$，即有 d 个采样周期的纯滞后。

设 $A(z)$ 的阶次为 m，$B(z)$ 的阶次为 n，且 $m > n$，则式(5-32) 可以改写为：

$$G(z) = z^{-d}\frac{B(z)}{A(z)} = z^{-d}\frac{z^{-(m-n)}(c_0 + c_1 z^{-1} + c_2 z^{-2} + \cdots + c_n z^{-n})}{d_0 + d_1 z^{-1} + d_2 z^{-2} + \cdots + d_m z^{-m}} \tag{5-33}$$

设 $G(z)$ 有 u 个零点 b_1、b_2、$\cdots$、b_u 和 v 个极点 a_1、a_2、$\cdots$、a_v 在 z 平面的单位圆上或单位圆外，$G'(z)$ 是 $G(z)$ 中不含单位圆上或单位圆外的零极点部分，则广义对象的传递函数可表示为：

$$G(z) = \frac{z^{-(d+m-n)}\prod\limits_{i=1}^{u}(1-b_i z^{-1})}{\prod\limits_{i=1}^{v}(1-a_i z^{-1})}G'(z) \tag{5-34}$$

为了避免使 $G(z)$ 在单位圆上或单位圆外的零点、极点与 $D(z)$ 的极点、零点对消，同时又能实现对系统的补偿。选择系统的闭环脉冲传递函数时必须满足下面的限制条件。

(1) $\Phi_e(z)$ 零点的选择

$\Phi_e(z)$ 的零点必须包含 $G(z)$ 在 z 平面单位圆上或单位圆外的所有极点，即：

$$\Phi_e(z) = 1 - \Phi(z) = \left[\prod\limits_{i=1}^{v}(1-a_i z^{-1})\right](1-z^{-1})^j \psi(z) \tag{5-35}$$

式中，$\psi(z)$ 是关于 z^{-1} 的待定多项式，且不包含 $G_0(z)$ 中的不稳定极点 a_i。

为使 $\Phi_e(z)$ 能够实现，$\psi(z)$ 应具有如下形式：

$$\psi(z) = 1 + \varphi_1 z^{-1} + \varphi_2 z^{-2} + \cdots + \varphi_k z^{-k} \tag{5-36}$$

式中，φ_1、φ_2、$\cdots$、φ_k 为待定系数。

实际上，若 $G(z)$ 有 j 个极点在单位圆上，由式(5-13) 和式(5-14) 可知，$\Phi_e(z)$ 的选择方法应对式(5-35) 进行修改，可按以下方法确定 $\Phi_e(z)$。

若 $j \leqslant q$，则：

$$\Phi_e(z) = 1 - \Phi(z) = \left[\prod\limits_{i=1}^{v-j}(1-a_i z^{-1})\right](1-z^{-1})^q \psi(z) \tag{5-37}$$

$\Phi_e(z)$ 的阶数为 $v-j+q+m$。

若 $j > q$，则：

$$\Phi_e(z) = 1 - \Phi(z) = \left[\prod\limits_{i=1}^{v-j}(1-a_i z^{-1})\right](1-z^{-1})^j \psi(z) \tag{5-38}$$

$\Phi_e(z)$ 的阶数为 $y+m$。

（2）$\Phi(z)$ 零点的选择

$\Phi(z)$ 的零点必须包含 $G(z)$ 单位圆上或单位圆外的所有零点，并包含滞后环节 z^{-d}。

$$\Phi(z) = z^{-(d+m-n)} \left[\prod_{i=1}^{u} (1 - b_i z^{-1}) \right] F(z) \tag{5-39}$$

式中，$F(z)$ 是关于 z^{-1} 的待定多项式，且不包含 $G(z)$ 中的不稳定零点 b_i。

为使 $\Phi(z)$ 能够实现，$F(z)$ 具有以下形式：

$$F(z) = f_0 + f_1 z^{-1} + f_2 z^{-2} + \cdots + f_p z^{-p} \tag{5-40}$$

式中，f_0，f_1，$\cdots$，f_p 为待定系数。

（3）$\psi(z)$ 和 $F(z)$ 阶次的确定

因 $\Phi_e(z) = 1 - \Phi(z)$，故 $\Phi_e(z)$ 和 $\Phi(z)$ 关于 z^{-1} 的多项式阶次相同。对于最少拍控制，式（5-36）中的 k 是使 $\Phi_e(z)$ 和 $\Phi(z)$ 阶次相同时的最小值。又因式（5-39）与式（5-37）或与式（5-38）的阶次相同，故有：

若 $G(z)$ 中有 j 个极点在单位圆上，当 $j \leqslant q$ 时，有：

$$p = q + v - j - u - d - m + n + k$$

$$F(z) = f_0 + f_1 z^{-1} + f_2 z^{-2} + \cdots + f_{q+v-j-u-d-m+n+k} z^{-(q+v-j-u-d-m+n+k)}$$

$$\tag{5-41}$$

若 $G(z)$ 中有 j 个极点在单位圆上，当 $j > q$ 时，有：

$$p = v - u - d - m + n + k$$

$$F(z) = f_0 + f_1 z^{-1} + f_2 z^{-2} + \cdots + f_{v-u-d-m+n+k} z^{-(v-u-d-m+n+k)} \tag{5-42}$$

（4）$\psi(z)$ 和 $F(z)$ 待定系数的确定

$\psi(z)$ 和 $F(z)$ 阶次确定以后，利用等式 $\Phi_e(z) = 1 - \Phi(z)$ 两边对应 z^{-1} 指数项系数相等的方法求取 $\psi(z)$ 和 $F(z)$ 中的待定系数。

以上给出了确定 $\Phi(z)$ 时必须满足的约束条件。根据此约束条件，可求得最少拍控制器为：

$$D(z) = \frac{\Phi(z)}{G(z)\Phi_e(z)} = \begin{cases} \dfrac{F(z)}{G'(z)(1-z^{-1})^{q-j}\psi(z)}, & j \leqslant q \\[3mm] \dfrac{F(z)}{G'(z)\psi(z)}, & j > q \end{cases} \tag{5-43}$$

根据上述约束条件设计的最少拍控制系统，只保证了在最少的几个采样周期后，系统在采样点的稳态误差为零，而不能保证任意两个采样点之间的稳态误差为零。这种控制系统输出信号 $y(t)$ 有纹波存在，故称为最少拍有纹波控制系统。

[**例 5-1**]　在图 5-1 所示的计算机控制系统中，被控对象的传递函数和零阶保持器的传递函数分别为 $G_0(s) = \dfrac{10}{s^2 + s}$ 和 $H(s) = \dfrac{1 - \mathrm{e}^{-Ts}}{s}$。采样周期 $T = 1\mathrm{s}$，试针对单位速度输入函数设计最少拍有纹波系统，画出数字控制器和系统的输出波形。

解：

$$G(z)=Z\left[\frac{1-e^{-Ts}}{s}\times\frac{10}{s^2+s}\right]=\frac{3.679z^{-1}(1+0.718z^{-1})}{(1-z^{-1})(1-0.3679z^{-1})}$$

式中，$d=0$，$m=2$，$n=1$，$q=2$，$u=0$，$v=1$，$j=1$，且 $j<q$。对单位速度输入信号，根据式（5-36）选择 $k=0$，可使 $\Phi(z)$ 和 $\Phi_e(z)$ 阶次相同。于是，由式（5-37）得：

$$\Phi_e(z)=1-\Phi(z)=\left[\prod_{i=1}^{y-j}(1-a_iz^{-1})\right](1-z^{-1})^q\psi(z)=(1-z^{-1})^2$$

根据式（5-40），有：

$$F(z)=f_0+f_1z^{-1}$$

由式（5-39）得：

$$\Phi(z)=z^{-(d+m-n)}\left[\prod_{i=1}^{u}(1-b_iz^{-1})\right]F(z)=z^{-1}(f_0+f_1z^{-1})$$

因为 $\Phi_e(z)=1-\Phi(z)$，所以有：

$$(1-z^{-1})^2=1-z^{-1}(f_0+f_1z^{-1})$$

得：

$$\begin{cases}f_0=2\\f_1=-1\end{cases}$$

故：

$$\Phi(z)=2z^{-1}-z^{-2}$$

$$D(z)=\frac{1}{G(z)}\times\frac{\Phi(z)}{1-\Phi(z)}=\frac{0.5434(1-0.5z^{-1})(1-0.3679z^{-1})}{(1-z^{-1})(1+0.718z^{-1})}$$

进一步求得：

$$E(z)=\Phi_e(z)R(z)=z^{-1}$$

$$Y(z)=R(z)\Phi(z)=2z^{-2}+3z^{-3}+4z^{-4}+\cdots$$

$$U(z)=E(z)D(z)=0.54z^{-1}-0.32z^{-2}+0.40z^{-3}-0.12z^{-4}+\cdots$$

由此可画出控制器输出和系统输出的波形，如图 5-6 所示。

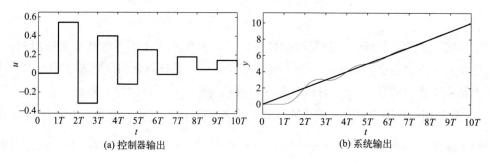

(a) 控制器输出　　　　　　　　(b) 系统输出

图 5-6　输出序列波形图

5.4

最少拍无波纹随动系统的设计

最少拍有纹波系统的输出值跟随输入值，在非采样点存在纹波现象。主要是因为数字控制器的输出序列 $u(k)$ 经过若干拍之后，当偏差为零时，$u(k)$ 不为常数或者零，而是振荡收敛的。根据采样系统稳定判断条件，一个控制系统的极点均在单位圆内，那这个系统就是稳定的，但是系统的离散脉冲响应受到极点的位置影响。一旦离散脉冲响应出现剧烈的振荡，系统的采样点之间的输出就会引起波纹。如果使偏差为 0 时，控制器的输出就为常值，且输出完全跟随输入，那么输出响应就不会在非采样点之间产生纹波了。因此，在设计最少拍无纹波控制器时应附加限定条件。

（1）确定被控对象的约束

最少拍无纹波系统要求系统的输出信号在采样点之间不出现纹波，因此被控对象需要满足以下必要条件。

当 $t \geqslant nT$ 时：

① 对阶跃输入，当 $t \geqslant NT$ 时，有 $y(t)$ 为常数。

② 对速度输入，当 $t \geqslant NT$ 时，有 $y'(t)$ 为常数。

③ 对加速度输入，当 $t \geqslant NT$ 时，有 $y''(t)$ 为常数。

因此，设计最少拍无纹波系统时，若输入为速度函数，则稳态时被控对象 $G(z)$ 的输出也应为速度函数，当 $G(z)$ 的输入为恒值而希望其输出是速度函数时，则 $G(z)$ 必须至少包含一个积分环节。同理，若输入为加速度函数，则 $G(z)$ 必须至少包含两个积分环节。

（2）确定 $\Phi(z)$ 的约束条件

系统经过若干个过渡过程结束，并且达到稳态，那么可以正好是输出函数完全跟随输入函数。

由于控制信号为：

$$U(z)=\frac{D(z)E(z)}{R(z)}=D(z)\Phi_e(z)=\frac{D(z)}{1+D(z)G(z)}=\frac{D(z)G(z)}{1+D(z)G(z)}\times\frac{1}{G(z)}=\frac{\Phi(z)}{G(z)}$$

$$(5\text{-}44)$$

$U(z)$ 的多项展开式为：

$$U(z)=\sum_{k=0}^{\infty}u(k)=u(0)+u(1)z^{-1}+\cdots+u(l+1)z^{-(l+1)}+\cdots \quad (5\text{-}45)$$

式中，l 表示经过 l 个周期过渡过程结束。

那么：

$$u(l)=u(l+1)=u(l+2)=\cdots=常数 \quad (5\text{-}46)$$

设：

$$G(z) = z^{-d} \frac{B(z)}{A(z)} \tag{5-47}$$

得到：

$$\frac{U(z)}{R(z)} = \frac{\Phi(z)}{G(z)} = \Phi_u(z) \tag{5-48}$$

式中，$\Phi_u(z) = \dfrac{\Phi(z)}{z^{-d}B(z)}A(z)$。

要使控制信号 $u(k)$ 在稳态过程中为常数或零，那么 $\Phi_u(z)$ 只能是关于 z^{-1} 的有限多项式。此时，$\Phi(z)$ 必须包含 $G(z)$ 的分子多项式 $z^{-d}B(z)$，也就是 $\Phi(z)$ 必须包含 $G(z)$ 中的圆内圆外全部零点及滞后环节 z^{-d}。

因此可以令：

$$\Phi(z) = z^{-d}B(z)F(z) = z^{-d}\left[\prod_{i=1}^{w}(1-b_i z^{-1})\right]F(z) \tag{5-49}$$

式中，w 为 $G(z)$ 所有零点数（包括单位圆内、单位圆上以及单位圆外的零点）；b_1、b_2、$\cdots$、b_w 为其所有零点。

$F(z)$ 具有以下形式：

$$F(z) = f_0 + f_1 z^{-1} + f_2 z^{-2} + \cdots + f_p z^{-p} \tag{5-50}$$

式中，f_0、f_1、$\cdots$、f_p 为待定系数。

(3) 确定 $\Phi(z)$ 和 $F(z)$ 阶次

因 $\Phi_e(z) = 1 - \Phi(z)$，故 $\Phi_e(z)$ 和 $\Phi(z)$ 关于 z^{-1} 的多项式阶次相同。对于最少拍控制，式(5-36) 中的 k 是使 $\Phi_e(z)$ 和 $\Phi(z)$ 阶次相同时的最小值。又因式(5-49) 与式(5-37) 或与式(5-38) 的阶次相同，因此待定系数 f_0、f_1、$\cdots$、f_p 可由以下关系求得。

若 $G(z)$ 中有 j 个极点在单位圆上，当 $j \leqslant q$ 时，有：

$$p = q + v - j - w - d - m + n + k$$

$$F(z) = f_0 + f_1 z^{-1} + f_2 z^{-2} + \cdots + f_{q+v-j-w-d-m+n+k}z^{-(q+v-j-w-d-m+n+k)}$$

$$\tag{5-51}$$

若 $G(z)$ 中有 j 个极点在单位圆上，当 $j > q$ 时，有：

$$p = v - w - d - m + n + k$$

$$F(z) = f_0 + f_1 z^{-1} + f_2 z^{-2} + \cdots + f_{v-w-d-m+n+k}z^{-(v-w-d-m+n+k)}$$

$$\tag{5-52}$$

(4) 确定 $\Phi(z)$ 和 $F(z)$ 待定系数

$\Phi(z)$ 和 $F(z)$ 阶次确定以后，利用等式 $\Phi_e(z) = 1 - \Phi(z)$ 两边对应 z^{-1} 指数项系数相等的方法求取 $\Phi(z)$ 和 $F(z)$ 中的待定系数。

无纹波系统的调整时间要增加若干拍，增加的拍数等于 $G(z)$ 在单位圆内的零点数。

[例 5-2] 针对 [例 5-1] 中的广义被控对象

$$G(z) = \frac{3.679z^{-1}(1+0.718z^{-1})}{(1-z^{-1})(1-0.3679z^{-1})}$$

以采样周期 $T=1s$，针对单位速度输入函数设计最少拍无纹波系统，画出数字控制器和系统的输出波形。

解：

由 $G(z)$ 和 $G_0(z)$ 表达式可知，满足无纹波设计的必要条件，$d=0, m=2$，$n=1, q=2, u=0, v=1, j=1$ 且 $j < q$。由于选择 $k=0$，有 $\Phi_e(z) \neq 1-\Phi(z)$。因此根据式(5-34) 只能选择最小的 k 为 $k=1$，于是由式(5-37) 得：

$$\Phi_e(z) = 1-\Phi(z) = \left[\prod_{i=1}^{y-j}(1-a_iz^{-1})\right](1-z^{-1})^q \psi(z) = (1-z^{-1})^2(1+\varphi_1 z^{-1})$$

根据式(5-51)，有：

$$F(z) = f_0 + f_1 z^{-1}$$

由式(5-49) 和式(5-51) 得：

$$\Phi(z) = z^{-(d+m-n)}\left[\prod_{i=1}^{u}(1-b_iz^{-1})\right]F(z) = z^{-1}(1+0.718z^{-1})(f_0 + f_1 z^{-1})$$

因为 $\Phi_e(z) = 1-\Phi(z)$，即：

$$(1-z^{-1})^2(1+\varphi_1 z^{-1}) = 1 - z^{-1}(1+0.718z^{-1})(f_0 + f_1 z^{-1})$$

得：

$$\begin{cases} -f_0 = \varphi_1 - 2 \\ -(f_1 + 0.718f_0) = 1 - 2\varphi_1 \\ -0.718f_1 = \varphi_1 \end{cases} \Rightarrow \begin{cases} \varphi_1 = 0.592 \\ f_0 = 1.408 \\ f_1 = -0.825 \end{cases}$$

故：

$$\Phi(z) = (1+0.718z^{-1})(1.408z^{-1} - 0.825z^{-2})$$

$$\Phi_e(z) = (1-z^{-1})^2(1+0.592z^{-1})$$

$$D(z) = \frac{1}{G(z)} \times \frac{\Phi(z)}{1-\Phi(z)} = \frac{0.272(1-0.3679z^{-1})(1.408-0.825z^{-1})}{(1-z^{-1})(1+0.592z^{-1})}$$

进一步求得：

$$Y(z) = R(z)\Phi(z) = 1.41z^{-2} + 3z^{-3} + 4z^{-4} + \cdots$$

$$U(z) = \frac{Y(z)}{G(z)} = 0.38z^{-1} + 0.02z^{-2} + 0.09z^{-3} + 0.09z^{-4} + \cdots$$

由此可画出控制器输出和系统输出的波形，如图 5-7 所示。

比较 [例 5-1] 和 [例 5-2] 的输出序列波形图可以看出，有纹波系统的调整时间为两个采样周期，无纹波系统的调整时间为三个采样周期，比有纹波系统调整时间增加一拍，因为 $G(z)$ 在单位圆内有一个零点。

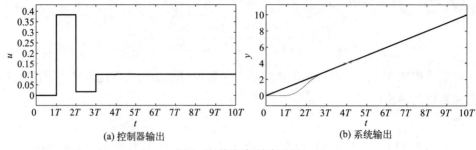

(a) 控制器输出　　　　　　　　(b) 系统输出

图 5-7　输出序列波形图

5.5

大林算法

前面介绍的最小拍控制设计方法，只适合某些计算机控制系统，对于系统输出的超调量有严格限制的控制系统，并不理想。在一些实际工程中，经常遇到纯滞后调节系统，它们的滞后时间比较长。对于这样的系统，人们更感兴趣的是要求系统没有超调量或很少超调量，而调节时间则允许在较多的采样周期内结束，故超调是主要的设计指标。对于这样的系统，用一般的计算机控制系统设计方法是不行的，用 PID 算法效果也欠佳。大林算法是美国 IBM 公司的 E. B. Dahlin 在 1968 年针对具有大纯滞后的一阶和二阶惯性环节所提出的一种直接综合设计方法，具有良好的控制效果。

5.5.1　大林算法的数字控制器基本形式

标准的一阶和二阶纯滞后环节形式如下：

一阶纯滞后环节：

$$G_0(s) = \frac{K}{T_1 s + 1} e^{-\tau s} \tag{5-53}$$

二阶纯滞后环节：

$$G_0(s) = \frac{K}{(T_1 s + 1)(T_2 s + 1)} e^{-\tau s} \tag{5-54}$$

式中，τ 为纯滞后时间；T_1、T_2 为时间常数；K 为放大系数。

大林算法的设计目标是构造闭环系统所期望的传递函数 $\Phi(s)$，使其相当于一个延时环节和一个惯性环节相串联，并期望整个闭环系统的纯滞后时间与被控对象 $G_0(s)$ 的纯滞后时间 τ 相同，即：

$$\Phi(s) = \frac{1}{T_\tau s + 1} e^{-\tau s} \tag{5-55}$$

式中，T_τ 为期望的闭环系统时间常数；τ 为纯滞后时间，τ 与采样周期 T 的关系为 $\tau = NT$，N 为整数。

大林算法是一种极点配置方法，适用于广义对象含有滞后环节且要求等效系统没有超调量的系统（等效为一阶环节，没有超调量）。

数字控制器的设计步骤如下。

① 对式(5-55) 表示的闭环系统进行离散化，得到闭环系统的脉冲传递函数，它等效为零阶保持器与闭环系统的传递函数串联后的 z 变换：

$$\Phi(z) = \frac{Y(z)}{R(z)} = Z\left[\frac{1-\mathrm{e}^{-Ts}}{s} \times \frac{\mathrm{e}^{-\tau s}}{T_\tau s + 1}\right] = \frac{(1-\mathrm{e}^{-T/T_\tau})z^{-d-1}}{1-\mathrm{e}^{-T/T_\tau}z^{-1}} \tag{5-56}$$

② 根据式(5-19) 得数字控制器为：

$$D(z) = \frac{1}{G(z)} \times \frac{\Phi(z)}{1-\Phi(z)} = \frac{1}{G(z)} \times \frac{(1-\mathrm{e}^{-T/T_\tau})z^{-d-1}}{1-\mathrm{e}^{-T/T_\tau}z^{-1}-(1-\mathrm{e}^{-T/T_\tau})z^{-d-1}} \tag{5-57}$$

③ 代入被控对象的脉冲传递函数。

a. 当被控对象为带纯滞后的一阶惯性环节时，其广义脉冲传递函数为：

$$G(z) = Z\left[\frac{1-\mathrm{e}^{-Ts}}{s} \times \frac{K\mathrm{e}^{-\tau s}}{T_1 s + 1}\right] = K\frac{(1-\mathrm{e}^{-T/T_1})z^{-N-1}}{1-\mathrm{e}^{-T/T_1}z^{-1}} \tag{5-58}$$

得数字控制器 $D(z)$ 为：

$$D(z) = \frac{(1-\mathrm{e}^{-T/T_\tau})(1-\mathrm{e}^{-T/T_1}z^{-1})}{K(1-\mathrm{e}^{-T/T_1})\left[1-\mathrm{e}^{-T/T_\tau}z^{-1}-(1-\mathrm{e}^{-T/T_\tau})z^{-N-1}\right]} \tag{5-59}$$

b. 当被控对象为带纯滞后的二阶惯性环节时，其广义脉冲传递函数为：

$$G(z) = Z\left[\frac{1-\mathrm{e}^{-Ts}}{s} \times \frac{K\mathrm{e}^{-\tau s}}{(T_1 s + 1)(T_2 s + 1)}\right] = K\frac{(c_1+c_2)z^{-N-1}}{(1-\mathrm{e}^{-T/T_1}z^{-1})(1-\mathrm{e}^{-T/T_2}z^{-1})} \tag{5-60}$$

式中，$c_1 = 1 + \dfrac{1}{T_2 - T_1}(T_2 \mathrm{e}^{-T/T_1} - T_1 \mathrm{e}^{-T/T_2})$；$c_2 = \mathrm{e}^{-T(1/T_1+1/T_2)} + \dfrac{1}{T_2 - T_1}(T_2 \mathrm{e}^{-T/T_1} - T_1 \mathrm{e}^{-T/T_2})$。

得数字控制器 $D(z)$ 为：

$$D(z) = \frac{(1-\mathrm{e}^{-T/T_\tau})(1-\mathrm{e}^{-T/T_1}z^{-1})(1-\mathrm{e}^{-T/T_2}z^{-1})}{K(c_1+c_2 z^{-1})\left[1-\mathrm{e}^{-T/T_\tau}z^{-1}-(1-\mathrm{e}^{-T/T_\tau})z^{-N-1}\right]} \tag{5-61}$$

5.5.2　振铃现象及其消除

大林算法并不是完全完美的，在设计控制器的时候数字控制器可能出现振铃现象。所谓振铃（ringing）现象，是指数字控制器的输出以 1/2 采样频率大幅度衰减的振荡。由于被控对象中惯性环节的低通特性，使得这种振荡对系统的输出几乎无任何影响。但是振荡现象却会增加执行机构的磨损，在有交互作用的多参数控制系统中，

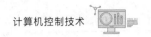

振铃现象还有可能影响到系统的稳定性。

5.5.2.1 振铃现象分析

振铃现象与被控对象的特性、闭环时间常数、采样周期、纯滞后时间的大小等有关，下面对振铃现象产生的原因进行分析。

系统的输出 $Y(z)$ 和数字控制器的输出 $U(z)$ 之间有下列关系：

$$Y(z)=U(z)G(z) \tag{5-62}$$

系统的输出 $Y(z)$ 和参考输入 $R(z)$ 之间有下列关系：

$$Y(z)=R(z)\Phi(z) \tag{5-63}$$

控制器输出 $U(z)$ 与参考输入 $R(z)$ 之间的关系为：

$$\frac{U(z)}{R(z)}=\frac{\Phi(z)}{G(z)} \tag{5-64}$$

令：

$$\Phi_u(z)=\frac{\Phi(z)}{G(z)} \tag{5-65}$$

由式可得：

$$U(z)=\Phi_u(z)R(z) \tag{5-66}$$

$\Phi_u(z)$ 表达了数字控制器的输入与输出函数在闭环时的关系，是分析振铃现象的基础。

单位阶跃输入函数 $R(z)=1/(1-z^{-1})$，由于含有极点 $z=1$，如果 $\Phi_u(z)$ 的极点在 z 平面的负实轴上，且与 $z=-1$ 点接近，那么数字控制器的输出序列 $u(k)$ 中将含有这两种幅值相近的瞬态项，而且瞬态项的符号在不同时刻是不相同的。当两瞬态项符号相同时，数字控制器的输出控制作用加强，符号相反时，控制作用减弱，从而造成数字控制器的输出序列大幅度波动。分析 $\Phi_u(z)$ 在 z 平面负实轴上的极点分布情况，就可得出振铃现象的有关结论。下面分析带纯滞后的一阶或二阶惯性系统中的振铃现象。

对于带纯滞后的一阶惯性环节，有：

$$\Phi_u(z)=\frac{\Phi(z)}{G(z)}=\frac{(1-\mathrm{e}^{-T/T_\tau})(1-\mathrm{e}^{-T/T_1}z^{-1})}{K(1-\mathrm{e}^{-T/T_1})(1-\mathrm{e}^{-T/T_\tau}z^{-1})} \tag{5-67}$$

它的极点 $z=\mathrm{e}^{-T/T_\tau}$ 永远大于零，故得出结论：在带纯滞后的一阶惯性环节组成的系统中，数字控制器输出对输入的脉冲传递函数不存在负实轴上的极点，这种关系不存在振铃现象。

对于带纯滞后的二阶惯性环节，有：

$$\Phi_u(z)=\frac{\Phi(z)}{G(z)}=\frac{(1-\mathrm{e}^{-T/T_\tau})(1-\mathrm{e}^{-T/T_1}z^{-1})(1-\mathrm{e}^{-T/T_2}z^{-1})}{Kc_1\left(1+\dfrac{c_2}{c_1}z^{-1}\right)(1-\mathrm{e}^{-T/T_\tau}z^{-1})} \tag{5-68}$$

式(5-68)中有两个极点，第一个极点在 $z=\mathrm{e}^{-T/T_\tau}$，不会引起振铃现象；第二

个极点在 $z=-c_2/c_1$。由式(5-60) 知，在 $T\to 0$ 时，有：

$$\lim_{T\to 0}\left(-\frac{c_2}{c_1}\right)=-1 \tag{5-69}$$

这说明可能出现负实轴上与 $z=-1$ 相近的极点，这一极点将引起振铃现象。

5.5.2.2　振铃幅度 RA

振铃现象的强度用振铃幅度 RA 来衡量，通常采用在单位阶跃作用下数字控制器第 0 拍输出与第 1 拍输出的差值来衡量振铃现象强烈的程度。

由式(5-65) 可知，$\Phi_u(z)=\Phi(z)/G(z)$ 是 z 的有理分式，写成一般形式为：

$$\Phi_u(z)=\frac{1+b_1z^{-1}+b_2z^{-2}+\cdots}{1+a_1z^{-1}+a_2z^{-2}+\cdots} \tag{5-70}$$

在单位阶跃输入函数的作用下，数字控制器的输出量的 z 变换是：

$$
\begin{aligned}
U(z)=\Phi_u(z)R(z)&=\frac{1+b_1z^{-1}+b_2z^{-2}+\cdots}{1+a_1z^{-1}+a_2z^{-2}+\cdots}\times\frac{1}{1-z^{-1}}\\
&=\frac{1+b_1z^{-1}+b_2z^{-2}+\cdots}{1+(a_1-1)z^{-1}+(a_2-1)z^{-2}+\cdots}\\
&=1+(b_1-a_1+1)z^{-1}+\cdots
\end{aligned} \tag{5-71}
$$

所以：

$$RA=1-(b_1-a_1+1)=a_1-b_1 \tag{5-72}$$

对于带纯滞后的二阶惯性环节组成的系统，其振铃幅度为：

$$RA=\frac{c_2}{c_1}\mathrm{e}^{-T/T_\tau}+\mathrm{e}^{-T/T_1}+\mathrm{e}^{-T/T_2} \tag{5-73}$$

根据式(5-60) 和式(5-73)，当 $T\to 0$ 时，有：

$$\lim_{T\to 0}RA=2 \tag{5-74}$$

5.5.2.3　振铃现象的消除

有两种方法可用来消除振铃现象。第一种方法是，先找出 $D(z)$ 中引起振铃现象的因子（$z=-1$ 附近的极点），然后令其中的 $z=1$。根据终值定理，这样不影响输出的稳态值，但往往可以有效地消除振铃现象。

对于带纯滞后的二阶惯性环节系统，数字控制器 $D(z)$ 如式(5-61) 所示，其极点 $z=-c_2/c_1$ 将引起振铃现象。令极点因子（$c_1+c_2z^{-1}$）中 $z=1$，就可消除这个振铃极点。由式(5-60) 得：

$$c_1+c_2=(1-\mathrm{e}^{-T/T_1})(1-\mathrm{e}^{-T/T_2}) \tag{5-75}$$

消除振铃极点后控制器的形式为：

$$D(z)=\frac{(1-\mathrm{e}^{-T/T_\tau})(1-\mathrm{e}^{-T/T_1}z^{-1})(1-\mathrm{e}^{-T/T_2}z^{-1})}{K(1-\mathrm{e}^{-T/T_1})(1-\mathrm{e}^{-T/T_2})[1-\mathrm{e}^{-T/T_0}z^{-1}-(1-\mathrm{e}^{-T/T_0})z^{-(N+1)}]} \tag{5-76}$$

这种消除振铃现象的方法虽然不影响输出稳态值，但却改变了数字控制器的动态特性，将影响闭环系统的暂态性能。

第二种方法是从保证闭环系统的特性出发，选择合适的采样周期 T 及系统闭环时间常数 T_τ，使得数字控制器的输出避免产生强烈的振铃现象。从式(5-73)中可以看出，带纯滞后的二阶惯性环节组成的系统中，振铃幅度与被控对象的参数 T_1、T_2 有关，与闭环系统期望的时间常数 T_τ 以及采样周期 T 有关。通过适当选择 T_τ 和 T，可以把振铃幅度抑制在最低限度内。有的情况下，系统闭环时间常数 T_τ 作为控制系统的性能指标被首先确定了，但仍可通过式(5-73)选择采样周期 T 抑制振铃现象。

5.5.3 大林算法的设计步骤

对具有纯滞后的系统，直接设计数字控制器时，考虑的主要性能是控制系统不允许产生超调并要求系统稳定。系统设计中一个值得注意的问题是振铃现象。考虑振铃现象影响时，设计数字控制器的一般步骤如下。

① 根据系统的性能，确定闭环系统的参数 T_τ，给出振铃幅度 RA 的指标。

② 根据式(5-73)确定的振铃幅度 RA 与采样周期 T 的关系，解出给定振铃幅度下对应的采样周期，如果 T 有多个解，则选择较大的采样周期。

③ 确定纯滞后时间 τ 与采样周期 T 之比 τ/T 的最大整数 N。

④ 求广义对象的脉冲传递函数 $G(z)$ 及闭环系统的脉冲传递函数 $\Phi(z)$。

⑤ 求数字控制器的脉冲传递函数 $D(z)$。

练习题

1. 有限拍设计中如何选择闭环 z 传递函数和误差传递函数？它们与哪些因素有关？

2. 有限拍有纹波和无纹波设计有什么异同？

3. 对于图 5-1 所示的系统，设 $G_0(s) = \dfrac{1}{s(s+3)}$，输入为单位阶跃函数，要求系统为无稳态误差和过渡过程时间为最少拍，试确定数字控制器 $D(z)$。给出系统的输出响应曲线和误差响应曲线。

4. 对于图 5-1 所示的系统，设 $G(z) = \dfrac{0.5z^{-1}(1+0.6z^{-1})}{(1-z^{-1})(1-0.4z^{-1})}$，输入为单位阶跃函数，确定无波纹最少拍系统的数字控制器 $D(z)$。

第 **6** 章 离散系统状态空间分析与设计

第 3 章～第 5 章采用 z 传递函数分别对计算机控制系统进行了分析和设计。基于 z 传递函数的控制系统分析和设计法是经典的方法，是处理单输入单输出线性定常系统的一种非常有效的方法。本章讨论基于状态空间的离散系统分析和设计方法，与经典方法相比，该方法有以下优点：适用于多输入-多输出系统；系统可以是线性的，也可以是非线性的；系统可以是定常的，也可以是时变的；能考虑系统的任意初始条件。本章限于讨论线性定常离散系统的状态空间分析与设计。

6.1
线性离散系统的状态空间描述

对于线性连续系统，我们用状态变量 $x_i(i=1,2,\cdots,n)$、控制变量 $u_j(j=1,2,\cdots,m)$ 和输出变量 $y_l(l=1,2,\cdots,p)$ 来表征系统的动态特性。将状态变量、控制变量和输出变量表示成如下列向量形式：

$$\boldsymbol{x}(t)=\begin{bmatrix}x_1(t)\\x_2(t)\\\vdots\\x_n(t)\end{bmatrix}\quad \boldsymbol{u}(t)=\begin{bmatrix}u_1(t)\\u_2(t)\\\vdots\\u_m(t)\end{bmatrix}\quad \boldsymbol{y}(t)=\begin{bmatrix}y_1(t)\\y_2(t)\\\vdots\\y_p(t)\end{bmatrix}\tag{6-1}$$

则线性连续系统的状态空间表达式为：

$$\begin{cases}\dot{\boldsymbol{x}}(t)=\boldsymbol{A}\boldsymbol{x}(t)+\boldsymbol{B}\boldsymbol{u}(t)\\\boldsymbol{y}(t)=\boldsymbol{C}\boldsymbol{x}(t)+\boldsymbol{D}\boldsymbol{u}(t)\end{cases}\tag{6-2}$$

其中，$\boldsymbol{A}$、$\boldsymbol{B}$、$\boldsymbol{C}$、$\boldsymbol{D}$ 分别是 $n\times n$、$n\times m$、$p\times n$、$p\times m$ 维定常的系数矩阵。系统（6-2）的第一个方程称为状态方程，第二个方程称为输出方程。

与线性连续系统类似，线性离散系统状态空间方程可以表示为：

$$\begin{cases}\boldsymbol{x}(kT+T)=\boldsymbol{F}\boldsymbol{x}(kT)+\boldsymbol{G}\boldsymbol{u}(kT)\\\boldsymbol{y}(kT)=\boldsymbol{C}\boldsymbol{x}(kT)+\boldsymbol{D}\boldsymbol{u}(kT)\end{cases}\tag{6-3}$$

其中，$\boldsymbol{F}$ 是 $n\times n$ 维系数矩阵，称为离散系统的状态转移矩阵；$\boldsymbol{G}$ 是 $n\times m$ 维系数矩阵，称为离散系统的输入矩阵或驱动矩阵；$\boldsymbol{C}$ 是 $p\times n$ 维系数矩阵，称为输出矩阵；$\boldsymbol{D}$ 是 $p\times m$ 维系数矩阵，称为直接传输矩阵。线性离散系统的状态空间模型框图如图 6-1 所示。

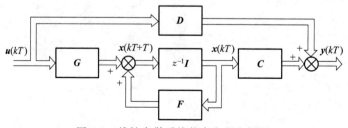

图 6-1　线性离散系统状态方程方框图

线性离散系统的状态空间表达式可以由离散系统差分方程或者 z 传递函数得到。

6.1.1 由差分方程建立离散状态方程

对于单输入单输出的线性离散系统，可以用如下 n 阶线性定常差分方程来描述：

$$y(kT+nT)+a_1 y(kT+nT-T)+\cdots+a_n y(kT)$$

$$=b_0 u(kT+mT)+b_1 u(kT+mT-T)+\cdots+b_m u(kT) \tag{6-4}$$

其中，a_i、$b_j(i=1,2,\cdots,n;j=0,1,\cdots,m)$ 为由系统结构参数决定的常系数，一般满足 $m \leqslant n$。当 $m < n$ 时，为了方便讨论，将式(6-4) 改写成如下形式：

$$y(kT+nT)+a_1 y(kT+nT-T)+\cdots+a_n y(kT)$$

$$=\widetilde{b}_0 u(kT+nT)+\widetilde{b}_1 u(kT+nT-T)+\cdots+\widetilde{b}_{n-m} u(kT+mT)$$

$$+\cdots+\widetilde{b}_n u(kT) \tag{6-5}$$

其中

$$\widetilde{b}_j=\begin{cases}0, & \text{当 } 0 \leqslant j \leqslant n-m-1 \text{ 时} \\ b_{j-n+m}, & \text{当 } n-m \leqslant j < n \text{ 时}\end{cases}$$

当 $m=n$ 时，同样可以写成如下的形式：

$$y(kT+nT)+a_1 y(kT+nT-T)+\cdots+a_n y(kT)$$

$$=\widetilde{b}_0 u(kT+nT)+\widetilde{b}_1 u(kT+nT-T)+\cdots+\widetilde{b}_n u(kT)$$

此时，$\widetilde{b}_j=b_j(j=1,2,\cdots,n)$。

通过选择适当的状态变量，将高阶差分方程式(6-5) 转化为一阶差分方程组，进而可以得到线性离散状态空间表达式。

令：

$$\begin{cases}x_1(kT)=y(kT)-h_0 u(kT) \\ x_2(kT)=x_1(kT+T)-h_1 u(kT) \\ x_3(kT)=x_2(kT+T)-h_2 u(kT) \\ \quad\quad\vdots \\ x_n(kT)=x_{n-1}(kT+T)-h_{n-1} u(kT)\end{cases} \tag{6-6}$$

式中：

$$\begin{cases}h_0=\widetilde{b}_0 \\ h_1=\widetilde{b}_1-a_1 h_0 \\ h_2=\widetilde{b}_2-a_1 h_1-a_2 h_0 \\ h_3=\widetilde{b}_3-a_1 h_2-a_2 h_1-a_3 h_0 \\ \quad\quad\vdots \\ h_n=\widetilde{b}_n-a_1 h_{n-1}-a_2 h_{n-2}-\cdots-a_n h_0\end{cases} \tag{6-7}$$

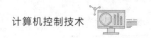

系统的离散状态空间表达式为：

$$\begin{cases} \boldsymbol{x}(kT+T)=\boldsymbol{F}\boldsymbol{x}(kT)+\boldsymbol{G}\boldsymbol{u}(kT) \\ \boldsymbol{y}(kT)=\boldsymbol{C}\boldsymbol{x}(kT)+\boldsymbol{D}\boldsymbol{u}(kT) \end{cases} \tag{6-8}$$

其中：

$$\boldsymbol{F}=\begin{bmatrix} 0 & 1 & 0 & \cdots & 0 & 0 \\ 0 & 0 & 1 & \cdots & 0 & 0 \\ \vdots & \vdots & \vdots & & \vdots & \vdots \\ 0 & 0 & 0 & \cdots & 0 & 1 \\ -a_n & -a_{n-1} & -a_{n-2} & \cdots & -a_2 & -a_1 \end{bmatrix} \quad \boldsymbol{G}=\begin{bmatrix} h_1 \\ h_2 \\ \vdots \\ h_{n-1} \\ h_n \end{bmatrix}$$

$$\boldsymbol{C}=\begin{bmatrix} 1 & 0 & 0 & \cdots & 0 & 0 \end{bmatrix} \qquad\qquad \boldsymbol{D}=\begin{bmatrix} h_0 \end{bmatrix}=\begin{bmatrix} \tilde{b}_0 \end{bmatrix}$$

［例 6-1］ 设线性离散系统差分方程为

$$y(kT+2T)+0.2y(kT+T)+0.1y(kT)=u(kT+T)+2u(kT)$$

试写出离散状态空间表达式。

解：系统的阶数 $n=2$，系数 $a_1=0.2$，$a_2=0.1$，$\tilde{b}_0=0$，$\tilde{b}_1=1$，$\tilde{b}_2=2$。故有 $h_0=\tilde{b}_0=0$，$h_1=\tilde{b}_1-a_1h_0=1$，$h_2=\tilde{b}_2-a_1h_1-a_2h_0=1.8$。设状态变量：

$$\begin{cases} x_1(kT)=y(kT) \\ x_2(kT)=x_1(kT+T)-u(kT) \end{cases}$$

系统的离散状态空间表达式为：

$$\begin{cases} \boldsymbol{x}(kT+T)=\begin{bmatrix} 0 & 1 \\ -0.1 & -0.2 \end{bmatrix}\boldsymbol{x}(kT)+\begin{bmatrix} 1 \\ 1.8 \end{bmatrix}\boldsymbol{u}(kT) \\ \boldsymbol{y}(kT)=\begin{bmatrix} 1 & 0 \end{bmatrix}\boldsymbol{x}(kT) \end{cases}$$

6.1.2 由 z 传递函数建立离散状态空间表达式

对于一个线性离散系统，可以用 z 传递函数来表示。当系统的 z 传递函数已知时，可以建立该系统的离散状态空间表达式。常用的方法有直接程序法、并行程序法、串行程序法等。

（1）直接程序法

当线性离散系统的 z 传递函数 $G(z)$ 为有理分式且零极点不便于求出时，用直接程序法比较方便。

设：

$$G(z)=\frac{Y(z)}{U(z)}=b_0+H(z) \tag{6-9}$$

其中，$H(z)$ 为真分式，即分子的阶次 m 小于分母的阶次 $n(m<n)$。特别地，当 $G(z)$ 为真分式时，$b_0=0$，$G(z)=H(z)$。设：

$$H(z) = \frac{b_1 z^{-1} + b_2 z^{-2} + \cdots + b_n z^{-n}}{1 + a_1 z^{-1} + a_2 z^{-2} + \cdots + a_n z^{-n}} \tag{6-10}$$

其中分子的某些系数可以为 0。

令：

$$Q(z) = \frac{Y(z)}{(b_1 z^{-1} + b_2 z^{-2} + \cdots + b_n z^{-n}) + b_0(1 + a_1 z^{-1} + a_2 z^{-2} + \cdots + a_n z^{-n})} \tag{6-11}$$

$$= \frac{U(z)}{1 + a_1 z^{-1} + a_2 z^{-2} + \cdots + a_n z^{-n}} \tag{6-12}$$

由式(6-11)、式(6-12) 可得：

$$Q(z) = U(z) - a_1 z^{-1} Q(z) - a_2 z^{-2} Q(z) - \cdots - a_n z^{-n} Q(z) \tag{6-13}$$

$$\begin{aligned} Y(z) &= (b_1 z^{-1} + b_2 z^{-2} + \cdots + b_n z^{-n}) Q(z) \\ &\quad + b_0(1 + a_1 z^{-1} + a_2 z^{-2} + \cdots + a_n z^{-n}) Q(z) \\ &= b_1 z^{-1} Q(z) + b_2 z^{-2} Q(z) + \cdots + b_n z^{-n} Q(z) + b_0 U(z) \end{aligned} \tag{6-14}$$

选择状态变量：

$$\begin{cases} X_1(z) = z^{-1} Q(z) \\ X_2(z) = z^{-2} Q(z) = z^{-1} X_1(z) \\ \quad\vdots \\ X_n(z) = z^{-n} Q(z) = z^{-1} X_{n-1}(z) \end{cases} \tag{6-15}$$

对式(6-15) 做 z 反变换得到：

$$\begin{cases} x_2(kT+T) = x_1(kT) \\ x_3(kT+T) = x_2(kT) \\ \quad\vdots \\ x_n(kT+T) = x_{n-1}(kT) \end{cases} \tag{6-16}$$

由式(6-13) 和式(6-15) 可得：

$$x_1(kT+T) = q(kT) = u(kT) - a_1 x_1(kT) - a_2 x_2(kT) - \cdots - a_n x_n(kT) \tag{6-17}$$

由式(6-14) 可得输出方程为：

$$y(kT) = b_1 x_1(kT) + b_2 x_2(kT) + \cdots + b_n x_n(kT) + b_a U(kT) \tag{6-18}$$

因此，由式(6-16)~式(6-18) 可得出状态空间表达式：

$$\begin{cases} \boldsymbol{x}(kT+T) = \boldsymbol{Fx}(kT) + \boldsymbol{Gu}(kT) \\ \boldsymbol{y}(kT) = \boldsymbol{Cx}(kT) + \boldsymbol{Du}(kT) \end{cases} \tag{6-19}$$

其中：

$$\boldsymbol{F} = \begin{bmatrix} -a_1 & -a_2 & \cdots & -a_{n-1} & -a_n \\ 1 & 0 & \cdots & 0 & 0 \\ \vdots & \vdots & & \vdots & \vdots \\ 0 & 0 & \cdots & 1 & 0 \end{bmatrix} \quad \boldsymbol{G} = \begin{bmatrix} 1 \\ 0 \\ \vdots \\ 0 \end{bmatrix}$$

$$C = \begin{bmatrix} b_1 & b_2 & \cdots & b_{n-1} & b_n \end{bmatrix} \quad D = \begin{bmatrix} b_0 \end{bmatrix}$$

[例 6-2] 设线性离散系统的 z 传递函数为：

$$G(z) = \frac{Y(z)}{U(z)} = \frac{z^2 + 2z + 1}{z^2 + 5z + 6}$$

试用直接程序法求状态方程和输出方程。

解：将 $G(z)$ 表示成如下形式：

$$G(z) = \frac{Y(z)}{U(z)} = 1 + \frac{-3z^{-1} - 5z^{-2}}{1 + 5z^{-2} + 6z^{-2}}$$

令：

$$Q(z) \triangleq \frac{Y(z)}{1 + 2z^{-1} + z^{-2}} = \frac{U(z)}{1 + 5z^{-2} + 6z^{-2}}$$

由上式可得到：

$$Q(z) = U(z) - 5z^{-1}Q(z) - 6z^{-2}Q(z)$$

$$Y(z) = U(z) - 3z^{-1}Q(z) - 5z^{-2}Q(z)$$

则对应的方块图如图 6-2 所示。

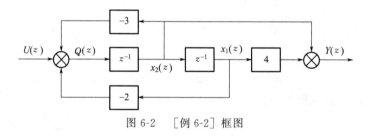

图 6-2 [例 6-2] 框图

选取状态变量：

$$X_1(z) = z^{-1}Q(z)$$

$$X_2(z) = z^{-2}Q(z) = z^{-1}X_1(z)$$

则对应的状态方程和输出方程为：

$$\begin{cases} \boldsymbol{x}(kT+T) = \begin{bmatrix} -5 & -6 \\ 1 & 0 \end{bmatrix} \boldsymbol{x}(kT) + \begin{bmatrix} 1 \\ 0 \end{bmatrix} \boldsymbol{u}(kT) \\ \\ \boldsymbol{y}(kT) = \begin{bmatrix} -3 & -5 \end{bmatrix} \boldsymbol{x}(kT) + \boldsymbol{u}(kT) \end{cases}$$

（2）并行程序法

并行程序法也称为部分分式法。设线性离散系统的 z 传递函数为：

$$G(z) = \frac{Y(z)}{U(z)} = \frac{b_0 z^m + b_1 z^{m-1} + \cdots + b_m}{(z - p_1)(z - p_2) \cdots (z - p_n)} \quad (m \leqslant n)$$

$G(z)$ 的极点已知时，将 $G(z)$ 表示成部分分式和的形式，用这种方法比较简便。下面分单极点和重极点两种情况分别说明用并行程序法如何求线性离散系统状态方程和输出方程。

① $G(z)$ 的极点都是单极点。

设 $G(z)$ 有 n 个单极点 p_1、p_2、$\cdots$、p_n，则 $G(z)$ 可以写成如下部分分式和的形式：

$$G(z)=b_0+\frac{d_1}{z-p_1}+\frac{d_2}{z-p_2}+\cdots+\frac{d_n}{z-p_n} \tag{6-20}$$

其中，$d_i=\left[(z-p_i)G(z)\right]_{z=p_i}(i=1,2,\cdots,n)$。进而得到：

$$Y(z)=\left(b_0+\sum_{i=1}^{n}\frac{d_i}{z-p_i}\right)U(z) \tag{6-21}$$

选择状态变量：

$$X_i(z)=\frac{1}{z-p_i}U(z),\quad i=1,2,\cdots,n \tag{6-22}$$

求 z 反变换，可得：

$$x_i(kT+T)=p_ix_i(kT)+u(kT),\quad i=1,2,\cdots,n \tag{6-23}$$

由式(6-21)～式(6-23) 可得离散系统的状态空间表达式为：

$$\begin{cases} \boldsymbol{x}(kT+T)=\boldsymbol{F}\boldsymbol{x}(kT)+\boldsymbol{G}u(kT) \\ \boldsymbol{y}(kT)=\boldsymbol{C}\boldsymbol{x}(kT)+\boldsymbol{D}u(kT) \end{cases} \tag{6-24}$$

其中：

$$\boldsymbol{F}=\begin{bmatrix} p_1 & 0 & \cdots & 0 & 0 \\ 0 & p_2 & \cdots & 0 & 0 \\ \vdots & \vdots & & \vdots & \vdots \\ 0 & 0 & \cdots & p_{n-1} & 0 \\ 0 & 0 & \cdots & 0 & p_n \end{bmatrix} \qquad \boldsymbol{G}=\begin{bmatrix} 1 \\ 1 \\ \vdots \\ 1 \\ 1 \end{bmatrix}$$

$$\boldsymbol{C}=\begin{bmatrix} d_1 & d_2 & \cdots & d_{n-1} & d_n \end{bmatrix} \qquad \boldsymbol{D}=\begin{bmatrix} b_0 \end{bmatrix}$$

[例 6-3]　设线性离散系统的 z 传递函数为：

$$G(z)=\frac{Y(z)}{U(z)}=\frac{z^2+2z+1}{z^2+5z+6}$$

试用并行程序法求状态方程和输出方程。

解：将 $G(z)$ 表示成如下形式：

$$G(z)=\frac{Y(z)}{U(z)}=1+\frac{1}{z+2}-\frac{4}{z+3}$$

于是得到：

$$Y(z)=U(z)+\frac{1}{z+2}U(z)-\frac{4}{z+3}U(z) \tag{6-25}$$

对应的方块图如图 6-3 所示。

选取的状态变量为：

$$\begin{cases} X_1(z)=\dfrac{1}{z+2}U(z) \\ \\ X_2(z)=\dfrac{1}{z+3}U(z) \end{cases} \tag{6-26}$$

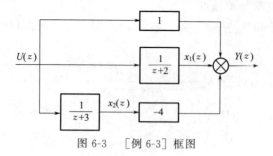

图 6-3 [例 6-3] 框图

求 z 反变换，可得状态方程为：

$$x_1(kT+T) = -2x_1(kT) + u(kT)$$

$$x_2(kT+T) = -3x_2(kT) + u(kT)$$

由式(6-25) 和式(6-26) 可得输出方程：

$$y(kT) = x_1(kT) - 4x_2(kT) + u(kT)$$

因此状态空间表达式为：

$$\begin{cases} \boldsymbol{x}(kT+T) = \begin{bmatrix} -2 & 0 \\ 0 & -3 \end{bmatrix} \boldsymbol{x}(kT) + \begin{bmatrix} 1 \\ 1 \end{bmatrix} u(kT) \\ y(kT) = \begin{bmatrix} 1 & -4 \end{bmatrix} \boldsymbol{x}(kT) + u(kT) \end{cases}$$

② $G(z)$ 含有重极点。

不妨假设 $G(z)$ 在 $z=p_n$ 处有 r 重极点，则 $G(z)$ 有如下形式：

$$G(z) = \frac{Y(z)}{U(z)} = \frac{b_0 z^m + b_1 z^{m-1} + \cdots + b_m}{(z-p_1)(z-p_2)\cdots(z-p_{n-r})(z-p_n)^r} \quad (m \leqslant n)$$

$G(z)$ 可以写成如下部分分式和的形式：

$$G(z) = b_0 + \frac{d_1}{z-p_1} + \frac{d_2}{z-p_2} + \cdots + \frac{d_{n-r}}{z-p_{n-r}} + \frac{h_r}{z-p_n} + \frac{h_{r-1}}{(z-p_n)^2} + \cdots + \frac{h_1}{(z-p_n)^r}$$

$$(6-27)$$

其中：

$$d_i = \left[(z-p_i)G(z)\right]_{z=p_i}, \quad i = 1,2,\cdots,n-r$$

$$h_i = \frac{1}{(j-1)!} \left[\frac{d^{j-1}}{dz^{j-1}}(z-p_n)^r G(z)\right]_{z=p_n}$$

进而得到：

$$Y(z) = \left(b_0 + \sum_{i=1}^{n-r} \frac{d_i}{z-p_i} + \sum_{j=1}^{r} \frac{h_{r+1-j}}{(z-p_n)^j}\right) U(z) \quad (6-28)$$

选择状态变量：

$$X_i(z) = \frac{1}{z-p_i} U(z), \quad i = 1,2,\cdots,n-r \quad (6-29)$$

$$X_{n-r+j}(z) = \frac{1}{(z-p_n)^j} U(z), \quad j=1,2,\cdots,r \tag{6-30}$$

对式(6-28)～式(6-30) 求 z 反变换，可得：

$$x_i(kT+T) = p_i x_i(kT) + u(kT), \quad i=1,2,\cdots,n-r$$

$$x_{n-r+1}(kT+T) = p_n x_{n-r+1}(kT) + u(kT)$$

$$x_{n-r+j}(kT+T) = p_n x_{n-r+j}(kT) + x_{n-r+j-1}(kT), \quad j=2,3,\cdots,r$$

$$y(kT) = \sum_{i=1}^{n-r} d_i x_i(kT) + \sum_{j=1}^{r} h_{r+1-j} x_{n-r+j}(kT) + b_0 u(kT)$$

离散系统的状态空间表达式为：

$$\begin{cases} \boldsymbol{x}(kT+T) = \boldsymbol{F}\boldsymbol{x}(kT) + \boldsymbol{G}u(kT) \\ y(kT) = \boldsymbol{C}\boldsymbol{x}(kT) + \boldsymbol{D}u(kT) \end{cases} \tag{6-31}$$

其中：

$$\boldsymbol{F} = \begin{bmatrix} \boldsymbol{F}_1 & \boldsymbol{0}_{(n-r)\times r} \\ \boldsymbol{0}_{r\times(n-r)} & \boldsymbol{F}_2 \end{bmatrix} \qquad \boldsymbol{F}_1 = \begin{bmatrix} p_1 & 0 & \cdots & 0 \\ 0 & p_2 & \cdots & 0 \\ \vdots & \vdots & & \vdots \\ 0 & 0 & \cdots & p_{n-r} \end{bmatrix}$$

$$\boldsymbol{F}_2 = \begin{bmatrix} p_n & 0 & \cdots & \cdots & 0 \\ 1 & p_n & \cdots & \cdots & 0 \\ \vdots & \vdots & & \vdots & \vdots \\ 0 & \cdots & 1 & p_n & 0 \\ 0 & \cdots & 0 & 1 & p_n \end{bmatrix} \qquad \boldsymbol{G} = \begin{bmatrix} \boldsymbol{1}_{n-r+1} \\ \boldsymbol{0}_{r-1} \end{bmatrix}$$

$$\boldsymbol{C} = \begin{bmatrix} d_1 & d_2 & \cdots & d_{n-r} & h_r & h_{r-1} & \cdots & h_1 \end{bmatrix} \qquad \boldsymbol{D} = \begin{bmatrix} b_0 \end{bmatrix}$$

式中，$\boldsymbol{0}_{s\times q}$ 表示元素均为 0 的 $s\times q$ 维矩阵；$\boldsymbol{0}_q$ 表示元素均为 0 的 q 维向量；$\boldsymbol{1}_q$ 表示元素均为 1 的 q 维向量。注意到状态矩阵 $\boldsymbol{F}$ 是约当（Jordan）标准形。

［例 6-4］ 设线性离散系统的 z 传递函数为：

$$G(z) = \frac{Y(z)}{U(z)} = \frac{z^3+5z^2+6z+4}{(z+1)^2(z+3)}$$

试用并行程序法求系统的离散状态空间表达式。

解：将 $G(z)$ 表示成如下部分分式和形式：

$$G(z) = \frac{Y(z)}{U(z)} = 1 + \frac{1}{z+3} - \frac{1}{z+1} + \frac{1}{(z+1)^2}$$

于是得到：

$$Y(z) = U(z) + \frac{1}{z+3}U(z) - \frac{1}{z+1}U(z) + \frac{1}{(z+1)^2}U(z) \tag{6-32}$$

选取的状态变量为：

$$X_1(z)=\frac{1}{z+3}U(z)$$

$$X_2(z)=\frac{1}{z+1}U(z) \tag{6-33}$$

$$X_3(z)=\frac{1}{(z+1)^2}U(z)$$

求 z 反变换，可得状态方程为：

$$x_1(kT+T)=-3x_1(kT)+u(kT)$$
$$x_2(kT+T)=-x_2(kT)+u(kT)$$
$$x_3(kT+T)=-x_3(kT)+x_2(kT)$$

由式(6-32)和式(6-33)可得输出方程：

$$y(kT)=x_1(kT)-x_2(kT)+x_3(kT)+u(kT)$$

因此状态空间表达式为：

$$\begin{cases}\boldsymbol{x}(kT+T)=\begin{bmatrix}-3&0&0\\0&-1&0\\0&1&-1\end{bmatrix}\boldsymbol{x}(kT)+\begin{bmatrix}1\\1\\0\end{bmatrix}u(kT)\\y(kT)=\begin{bmatrix}1&-1&1\end{bmatrix}\boldsymbol{x}(kT)+u(kT)\end{cases}$$

(3) 串行程序法

串行程序法也叫迭代程序法。当 $G(z)$ 的零极点都已知时，可用串行程序法求其离散空间表达式。设线性离散系统 z 传递函数为：

$$G(z)=\frac{b_0(z-\hat{z}_1)(z-\hat{z}_2)\cdots(z-\hat{z}_m)}{(z-p_1)(z-p_2)\cdots(z-p_n)}\quad(m\leqslant n)$$

当 $m=n$ 时：

$$G(z)=b_0+\frac{b(z-z_1)(z-z_2)\cdots(z-z_{n-1})}{(z-p_1)(z-p_2)\cdots(z-p_n)}$$
$$=b_0+\frac{b}{z-p_1}\times\frac{z-z_1}{z-p_2}\cdots\frac{z-z_{n-1}}{z-p_n} \tag{6-34}$$

当 $m<n$ 时，式(6-34)中 $b_0=0$，分子可用 1 补齐对应关系。

状态空间表达式为：

$$\begin{cases}x_1(kT+T)=p_1x_1(kT)+bu(kT)\\x_2(kT+T)=p_2x_2(kT)+(p_1-z_1)x_1(kT)+bu(kT)\\x_3(kT+T)=p_3x_3(kT)+(p_1-z_1)x_1(kT)+(p_2-z_2)x_2(kT)+bu(kT)\\\vdots\\x_n(kT+T)=p_nx_n(kT)+(p_1-z_1)x_1(kT)+(p_2-z_2)x_2(kT)\\\qquad+\cdots+(p_{n-1}-z_{n-1})x_{n-1}(kT)+bu(kT)\\y(kT)=x_n(kT)+b_0u(kT)\end{cases}$$

离散系统的状态空间表达式为：

$$\begin{cases} \boldsymbol{x}(kT+T)=\boldsymbol{F}\boldsymbol{x}(kT)+\boldsymbol{G}u(kT) \\ y(kT)=\boldsymbol{C}\boldsymbol{x}(kT)+\boldsymbol{D}u(kT) \end{cases} \tag{6-35}$$

其中：

$$\boldsymbol{F}=\begin{bmatrix} p_1 & 0 & 0 & \cdots & 0 & 0 \\ p_1-z_1 & p_2 & 0 & \cdots & 0 & 0 \\ p_1-z_1 & p_2-z_2 & p_3 & \cdots & 0 & 0 \\ \vdots & \vdots & \vdots & & \vdots & \\ p_1-z_1 & p_2-z_2 & p_3-z_3 & \cdots & p_{n-1} & 0 \\ p_1-z_1 & p_2-z_2 & p_3-z_3 & \cdots & p_{n-1}-z_{n-1} & p_n \end{bmatrix} \qquad \boldsymbol{G}=\begin{bmatrix} b \\ b \\ b \\ \vdots \\ b \\ b \end{bmatrix}$$

$$\boldsymbol{C}=\begin{bmatrix} 0 & 0 & 0 & \cdots & 0 & 1 \end{bmatrix} \qquad \boldsymbol{D}=\begin{bmatrix} b_0 \end{bmatrix}$$

［例 6-5］　设线性离散系统的 z 传递函数为：

$$G(z)=\frac{Y(z)}{U(z)}=\frac{z^2+2z+1}{z^2+5z+6}$$

试用串行法求状态方程和输出方程。

解：将 $G(z)$ 表示成零极点形式：

$$G(z)=\frac{Y(z)}{U(z)}=1+\frac{-3}{z+2}\times\frac{z+\dfrac{5}{3}}{z+3}$$

于是得到：

$$Y(z)=U(z)+\frac{-3}{z+2}\times\frac{z+\dfrac{5}{3}}{z+3}U(z)$$

选取状态变量：

$$\begin{cases} X_1(z)=\dfrac{-3}{z+2}U(z) \\ X_2(z)=\dfrac{z+\dfrac{5}{3}}{z+3}X_1(z) \end{cases}$$

对应的状态方程和输出方程为：

$$\begin{cases} \boldsymbol{x}(kT+T)=\begin{bmatrix} -2 & 0 \\ -\dfrac{1}{3} & -3 \end{bmatrix}\boldsymbol{x}(kT)+\begin{bmatrix} -3 \\ -3 \end{bmatrix}u(kT) \\ y(kT)=\begin{bmatrix} 0 & 1 \end{bmatrix}\boldsymbol{x}(kT)+u(kT) \end{cases}$$

　　从以上三种由 z 传递函数建立离散状态空间表达式的过程可以看到，首先需要把高阶的离散系统分解成若干个一阶环节，然后根据 z 变换的滞后或超前定理以及零初始条件，推导出离散系统的状态空间表达式。

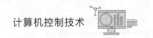

从［例6-2］、［例6-3］和［例6-5］可以看出，对于同一个线性离散系统，由于状态变量的选择不同，不同的方法得到不同的离散状态空间表达式。尽管状态变量的选择不唯一，但是状态变量的个数是相同的，而且状态变量的个数与系统的阶数相同。

6.2
计算机控制系统状态方程

对于一个完整的计算机控制系统，除了有离散部分外还有连续部分，即它是由离散和连续两部分所组成的混合系统。如图6-4所示是一个典型的计算机控制系统，它的离散部分是数字控制器，它的连续部分由保持器与控制对象串联而成。其离散状态方程可由其离散化的差分方程或 z 传递函数用上一节介绍的方法列写，也可由其连续状态方程离散化得到。本节介绍连续状态方程的离散化方法。

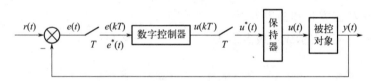

图6-4　计算机控制系统结构图

绝大多数情况下我们使用零阶保持器，其输出特性如图6-5所示，可以看出，零阶保持器将数字控制器输出的数字信号在一个采样周期内保持恒定不变，直至下一个采样时刻才变为新的数值。于是，连续状态方程的离散化问题就变成在阶梯信号作用下控制对象的连续状态方程的离散化问题了。

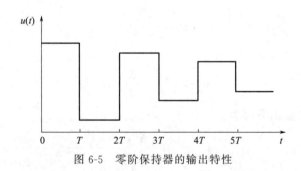

图6-5　零阶保持器的输出特性

被控对象的动态特性可以用如下状态空间表达式表示：

$$\begin{cases} \dot{\boldsymbol{x}}(t)=\boldsymbol{A}\boldsymbol{x}(t)+\boldsymbol{B}\boldsymbol{u}(t) \\ \boldsymbol{y}(t)=\boldsymbol{C}\boldsymbol{x}(t)+\boldsymbol{D}\boldsymbol{u}(t) \\ \boldsymbol{x}(t_0)=\boldsymbol{x}_0 \end{cases} \tag{6-36}$$

其中，t_0 是初始时刻；$\boldsymbol{x}_0$ 是初始状态。对式(6-36)求解可得：

$$\boldsymbol{x}(t) = \mathrm{e}^{\boldsymbol{A}(t-t_0)}\boldsymbol{x}_0 + \int_{t_0}^{t} \mathrm{e}^{\boldsymbol{A}(t-\tau)}\boldsymbol{B}\boldsymbol{u}(\tau)\mathrm{d}\tau \tag{6-37}$$

令 $t_0 = kT$，$t = kT+T$，$k \in \mathbb{N}$，初始条件 $\boldsymbol{x}(t_0) = \boldsymbol{x}_0 = \boldsymbol{x}(kT)$。由式(6-37)可得：

$$\boldsymbol{x}(kT+T) = \mathrm{e}^{\boldsymbol{A}T}\boldsymbol{x}(kT) + \left[\int_{kT}^{kT+T} \mathrm{e}^{\boldsymbol{A}(kT+T-\tau)}\boldsymbol{B}\mathrm{d}\tau\right]\boldsymbol{u}(\tau)\mathrm{d}\tau$$

由于 $\boldsymbol{u}(\tau)$ 在 $[kT,kT+T)$ 之间是常数，且等于 $\boldsymbol{u}(kT)$，因此得到：

$$\boldsymbol{x}(kT+T) = \mathrm{e}^{\boldsymbol{A}T}\boldsymbol{x}(kT) + \left[\int_{kT}^{kT+T} \mathrm{e}^{\boldsymbol{A}(kT+T-\tau)}\boldsymbol{B}\mathrm{d}\tau\right]\boldsymbol{u}(kT) \tag{6-38}$$

做变量替换，令 $t = kT+T-\tau$，则有：

$$\int_{kT}^{kT+T} \mathrm{e}^{\boldsymbol{A}(kT+T-\tau)}\boldsymbol{B}\mathrm{d}\tau = \int_{0}^{T} \mathrm{e}^{\boldsymbol{A}t}\boldsymbol{B}\mathrm{d}t \tag{6-39}$$

将式(6-39)代入式(6-38)可得：

$$\boldsymbol{x}(kT+T) = \mathrm{e}^{\boldsymbol{A}t}\boldsymbol{x}(kT) + \left(\int_{0}^{T} \mathrm{e}^{\boldsymbol{A}t}\boldsymbol{B}\mathrm{d}t\right)\boldsymbol{u}(kT) \tag{6-40}$$

令 $\boldsymbol{F}(T) = \mathrm{e}^{\boldsymbol{A}T}$，$\boldsymbol{G}(T) = \int_{0}^{T} \mathrm{e}^{\boldsymbol{A}T}\boldsymbol{B}\mathrm{d}t$，则我们得到离散化后的状态方程和输出方程：

$$\begin{cases} \boldsymbol{x}(kT+T) = \boldsymbol{F}(T)\boldsymbol{x}(kT) + \boldsymbol{G}(T)\boldsymbol{u}(kT) \\ \boldsymbol{y}(kT) = \boldsymbol{C}\boldsymbol{x}(kT) + \boldsymbol{D}\boldsymbol{u}(kT) \end{cases} \tag{6-41}$$

可以看出，系数矩阵 $\boldsymbol{F}(T)$ 和 $\boldsymbol{G}(T)$ 均与采样周期 T 有关，是 T 的函数矩阵。但当采样周期 T 为恒定值时，$\boldsymbol{F}(T)$ 和 $\boldsymbol{G}(T)$ 就是常数矩阵，此时可表示成常数矩阵形式 $\boldsymbol{F}(T) = \boldsymbol{F}$，$\boldsymbol{G}(T) = \boldsymbol{G}$，得到：

$$\begin{cases} \boldsymbol{x}(kT+T) = \boldsymbol{F}\boldsymbol{x}(kT) + \boldsymbol{G}\boldsymbol{u}(kT) \\ \boldsymbol{y}(kT) = \boldsymbol{C}\boldsymbol{x}(kT) + \boldsymbol{D}\boldsymbol{u}(kT) \end{cases} \tag{6-42}$$

由式(6-41)可以看出，状态转移矩阵 $\boldsymbol{F}(T)$ 是得到离散状态方程的关键。通过拉氏变换法可以求出状态转移矩阵 $\boldsymbol{F}(T)$。

$$\boldsymbol{F}(T) = \boldsymbol{F}(t)\big|_{t=T} = \mathcal{L}^{-1}\left[(s\boldsymbol{I}-\boldsymbol{A})^{-1}\right]\big|_{t=T} \tag{6-43}$$

[例 6-6]　设连续被控对象的状态空间表达式为

$$\begin{cases} \dot{\boldsymbol{x}}(t) = \begin{bmatrix} -3 & 1 \\ -2 & 0 \end{bmatrix}\boldsymbol{x}(t) + \begin{bmatrix} 0 \\ 1 \end{bmatrix}\boldsymbol{u}(t) \\ \boldsymbol{y}(t) = \begin{bmatrix} 1 & 0 \end{bmatrix}\boldsymbol{x}(t) \end{cases}$$

使用零阶保持器，采样周期 $T=1\mathrm{s}$，试求离散状态空间表达式。

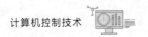

解： 设

$$\boldsymbol{A} = \begin{bmatrix} -3 & 1 \\ -2 & 0 \end{bmatrix}, \quad \boldsymbol{B} = \begin{bmatrix} 0 \\ 1 \end{bmatrix}, \quad \boldsymbol{C} = \begin{bmatrix} 1 & 0 \end{bmatrix}$$

用拉氏反变换求状态转移矩阵 $\boldsymbol{F}(T)$：

$$s\boldsymbol{I} - \boldsymbol{A} = \begin{bmatrix} s+3 & -1 \\ 2 & s \end{bmatrix}$$

$$(s\boldsymbol{I} - \boldsymbol{A})^{-1} = \begin{bmatrix} \dfrac{s}{s^2+3s+2} & \dfrac{1}{s^2+3s+2} \\ -\dfrac{2}{s^2+3s+2} & \dfrac{s+3}{s^2+3s+2} \end{bmatrix} = \begin{bmatrix} \dfrac{2}{s+2} - \dfrac{1}{s+1} & \dfrac{1}{s+1} - \dfrac{2}{s+2} \\ \dfrac{2}{s+2} - \dfrac{2}{s+1} & \dfrac{2}{s+1} - \dfrac{1}{s+2} \end{bmatrix}$$

$$\boldsymbol{F}(t) = \mathcal{L}^{-1}\left[(s\boldsymbol{I} - \boldsymbol{A})^{-1}\right] = \begin{bmatrix} 2e^{-2t} - e^{-t} & e^{-t} - e^{-2t} \\ 2e^{-2t} - 2e^{-t} & 2e^{-t} - e^{-2t} \end{bmatrix}$$

$$\boldsymbol{F}(T) = \boldsymbol{F}(t)\big|_{t=T} = \begin{bmatrix} 2e^{-2T} - e^{-T} & e^{-T} - e^{-2T} \\ 2e^{-2T} - 2e^{-T} & 2e^{-T} - e^{-2T} \end{bmatrix}$$

$$\boldsymbol{G}(T) = \int_0^T e^{\boldsymbol{A}t}\boldsymbol{B}\,\mathrm{d}t$$

$$= \int_0^T \begin{bmatrix} 2e^{-2t} - e^{-t} & e^{-t} - e^{-2t} \\ 2e^{-2t} - 2e^{-t} & 2e^{-t} - e^{-2t} \end{bmatrix} \mathrm{d}t \begin{bmatrix} 0 \\ 1 \end{bmatrix}$$

$$= \begin{bmatrix} e^{-T} - \dfrac{1}{2}e^{-2T} - \dfrac{1}{2} & \dfrac{1}{2}e^{-2T} - e^{-T} + \dfrac{1}{2} \\ 2e^{-T} - e^{-2T} - 1 & \dfrac{1}{2}e^{-2T} - 2e^{-T} + \dfrac{3}{2} \end{bmatrix} \begin{bmatrix} 0 \\ 1 \end{bmatrix}$$

$$= \begin{bmatrix} \dfrac{1}{2}e^{-2T} - e^{-T} + \dfrac{1}{2} \\ \dfrac{1}{2}e^{-2T} - 2e^{-T} + \dfrac{3}{2} \end{bmatrix}$$

由于采样周期 $T = 1\mathrm{s}$，可得：

$$\boldsymbol{F} = \boldsymbol{F}(1) = \begin{bmatrix} -0.0972 & 0.2325 \\ -0.4651 & 0.6004 \end{bmatrix}, \quad \boldsymbol{G} = \boldsymbol{G}(1) = \begin{bmatrix} 0.1998 \\ 0.8319 \end{bmatrix}$$

则离散状态空间表达式：

$$\begin{cases} \boldsymbol{x}(kT+T) = \begin{bmatrix} -0.0972 & 0.2325 \\ -0.4651 & 0.6004 \end{bmatrix} \boldsymbol{x}(kT) + \begin{bmatrix} 0.1998 \\ 0.8319 \end{bmatrix} \boldsymbol{u}(kT) \\ \boldsymbol{y}(kT) = \begin{bmatrix} 1 & 0 \end{bmatrix} \boldsymbol{x}(kT) \end{cases}$$

[例 6-7] 试列写图 6-6 离散系统的闭环离散状态方程。

解： 由图 6-6 可知连续控制对象的传递函数 $\dfrac{K}{s(s+1)}$，所对应的连续状态方程和

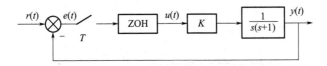

图 6-6　［例 6-7］计算机控制系统

输出方程为：

$$\begin{cases}\begin{bmatrix}\dot{x}_1(t)\\\dot{x}_2(t)\end{bmatrix}=\begin{bmatrix}0&1\\0&-1\end{bmatrix}\begin{bmatrix}x_1(t)\\x_2(t)\end{bmatrix}+\begin{bmatrix}0\\K\end{bmatrix}u(t)\end{cases}$$

由于控制对象的输入信号是零阶保持器的输出信号 $u(t)$，它是阶梯形分段常值的连续函数。因此，可求出连续部分的离散化状态方程，系数矩阵为：

$$\boldsymbol{F}(T)=\begin{bmatrix}1&1-\mathrm{e}^{-T}\\0&\mathrm{e}^{-T}\end{bmatrix}$$

$$\boldsymbol{G}(T)=\int_0^T\begin{bmatrix}1&1-\mathrm{e}^{-T}\\0&\mathrm{e}^{-T}\end{bmatrix}\mathrm{d}t\begin{bmatrix}0\\K\end{bmatrix}=\begin{bmatrix}K(T+\mathrm{e}^{-T}-1)\\K(1-\mathrm{e}^{-T})\end{bmatrix}$$

于是，得到连续部分的离散化状态方程为：

$$\begin{bmatrix}x_1(kT+T)\\x_2(kT+T)\end{bmatrix}=\begin{bmatrix}1&1-\mathrm{e}^{-T}\\0&\mathrm{e}^{-T}\end{bmatrix}\begin{bmatrix}x_1(kT)\\x_2(kT)\end{bmatrix}+\begin{bmatrix}K(T+\mathrm{e}^{-T}-1)\\K(1-\mathrm{e}^{-T})\end{bmatrix}u(kT)$$

$$(6\text{-}44)$$

式(6-44) 中考虑了在一个采样周期 T 内，零阶保持器的输出 $u(t)$ 的值恒定不变，且等于采样周期 T 时间区间开始瞬时的 $e(kT)$ 的值。

由图 6-6 可知：

$$e(t)=r(t)-y(t)$$

$$u(kT)=e(kT)=r(kT)-y(kT) \qquad (6\text{-}45)$$

将式(6-45) 和 $y(kT)=x_1(kT)$ 代入式(6-44)，可得到闭环离散状态方程为：

$$\begin{bmatrix}x_1(kT+T)\\x_2(kT+T)\end{bmatrix}=\begin{bmatrix}1&1-\mathrm{e}^{-T}\\0&\mathrm{e}^{-T}\end{bmatrix}\begin{bmatrix}x_1(kT)\\x_2(kT)\end{bmatrix}+\begin{bmatrix}K(T+\mathrm{e}^{-T}-1)\\K(1-\mathrm{e}^{-T})\end{bmatrix}(r(kT)-y(kT))$$

$$=\begin{bmatrix}1-K(T+\mathrm{e}^{-T}-1)&1-\mathrm{e}^{-T}\\K(1-\mathrm{e}^{-T})&\mathrm{e}^{-T}\end{bmatrix}\begin{bmatrix}x_1(kT)\\x_2(kT)\end{bmatrix}+\begin{bmatrix}K(T+\mathrm{e}^{-T}-1)\\K(1-\mathrm{e}^{-T})\end{bmatrix}r(kT)$$

输出方程为：

$$y(kT)=x_1(kT)=\begin{bmatrix}1&0\end{bmatrix}\begin{bmatrix}x_1(kT)\\x_2(kT)\end{bmatrix}$$

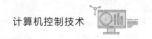

6.3
线性离散系统的 z 特征方程和稳定性

6.3.1 线性离散系统的 z 特征方程

设线性定常离散系统状态方程和输出方程的一般形式为：

$$\begin{cases} \boldsymbol{x}(kT+T) = \boldsymbol{F}\boldsymbol{x}(kT) + \boldsymbol{G}\boldsymbol{u}(kT) \\ \boldsymbol{y}(kT) = \boldsymbol{C}\boldsymbol{x}(kT) + \boldsymbol{D}\boldsymbol{u}(kT) \end{cases}$$

式中，$\boldsymbol{x}(kT)$ 为 n 维状态向量；$\boldsymbol{u}(kT)$ 为 m 维控制向量；$\boldsymbol{y}(kT)$ 为 p 维输出向量；系数矩阵 $\boldsymbol{F}$、$\boldsymbol{G}$、$\boldsymbol{C}$、$\boldsymbol{D}$ 分别为 $n\times n$、$n\times m$、$p\times n$ 和 $p\times m$ 矩阵。对状态方程取 z 变换，得到：

$$\boldsymbol{X}(z) = (z\boldsymbol{I}-\boldsymbol{F})^{-1}\big[z\boldsymbol{x}(0)+\boldsymbol{G}\boldsymbol{U}(z)\big]$$

$$\begin{aligned}\boldsymbol{Y}(z) &= \boldsymbol{C}\boldsymbol{X}(z)+\boldsymbol{D}\boldsymbol{U}(z)\\ &= \boldsymbol{C}(z\boldsymbol{I}-\boldsymbol{F})^{-1}\big[z\boldsymbol{x}(0)+\boldsymbol{G}\boldsymbol{U}(z)\big]+\boldsymbol{D}\boldsymbol{U}(z)\end{aligned}$$

我们常常考虑初始状态 $x(0)=0$，因此可得：

$$\boldsymbol{X}(z) = (z\boldsymbol{I}-\boldsymbol{F})^{-1}\boldsymbol{G}\boldsymbol{U}(z)$$

$$\boldsymbol{Y}(z) = \big[\boldsymbol{C}(z\boldsymbol{I}-\boldsymbol{F})^{-1}\boldsymbol{G}+\boldsymbol{D}\big]\boldsymbol{U}(z)$$

设：

$$\begin{cases} \mathcal{G}_x(z) = (z\boldsymbol{I}-\boldsymbol{F})^{-1}\boldsymbol{G} \\ \mathcal{G}_y(z) = \boldsymbol{C}(z\boldsymbol{I}-\boldsymbol{F})^{-1}\boldsymbol{G}+\boldsymbol{D} \\ \mathcal{G}(z) = \boldsymbol{G}_y(z) \end{cases}$$

式中，矩阵 $\mathcal{G}_x(z)$ 为输入-状态传递函数矩阵；矩阵 $\mathcal{G}_y(z)$ 为输入-输出传递函数矩阵；而方程 $\det(z\boldsymbol{I}-\boldsymbol{F})=0$ 称为离散系统的特征方程。特征方程的根为特征值，也为系统的极点。

[例 6-8] 设已知离散系统的状态空间表达式为

$$\begin{bmatrix} x_1(kT+T) \\ x_2(kT+T) \end{bmatrix} = \begin{bmatrix} 0 & 1 \\ -0.16 & -1 \end{bmatrix}\begin{bmatrix} x_1(kT) \\ x_2(kT) \end{bmatrix} + \begin{bmatrix} 1 \\ 1 \end{bmatrix}u(kT)$$

$$y(kT) = \begin{bmatrix} 1 & -1 \end{bmatrix}\begin{bmatrix} x_1(kT) \\ x_2(kT) \end{bmatrix}$$

试求 z 传递函数。

解：由已知条件得到系数矩阵分别为：

$$\boldsymbol{F} = \begin{bmatrix} 0 & 1 \\ -0.16 & -1 \end{bmatrix}, \boldsymbol{G} = \begin{bmatrix} 1 \\ 1 \end{bmatrix}, \boldsymbol{C} = \begin{bmatrix} 1 & -1 \end{bmatrix}$$

可以求得逆矩阵为：

$$(z\bm{I}-\bm{F})^{-1}=\frac{\begin{bmatrix} z+1 & 1 \\ -0.16 & z \end{bmatrix}}{(z+0.2)(z+0.8)}$$

本例为单输入单输出离散系统，因此，输出与输入之间的 z 传递函数矩阵就是通常的 z 传递函数，是标量函数而不是函数矩阵。其传递函数求得如下：

$$G(z)=\frac{Y(z)}{U(z)}=\bm{C}(z\bm{I}-\bm{F})^{-1}\bm{G}$$

$$=\begin{bmatrix} 1 & -1 \end{bmatrix}\frac{\begin{bmatrix} z+1 & 1 \\ -0.16 & z \end{bmatrix}}{(z+0.2)(z+0.8)}\begin{bmatrix} 1 \\ 1 \end{bmatrix}$$

$$=\frac{2.16}{(z+0.2)(z+0.8)}$$

6.3.2　线性离散系统的稳定性

线性离散系统稳定的充要条件是系统的全部特征值位于单位圆内，或全部特征值的模小于 1。设线性离散系统的特征方程为：

$$|z\bm{I}-\bm{F}|=0$$

其特征值为 z_i，则线性离散系统稳定的充要条件是：

$$|z_i|<1,i=1,2,\cdots,n$$

[例 6-9]　试确定 [例 6-7] 中离散系统在如下情况下的稳定性。

（1）$K=1$，$T=1$ （2）$K=5$，$T=1$ （3）$K=1$，$T=4$ （4）$K=1$，$T=0.1$
（5）$K=5$，$T=0.1$

解：闭环离散状态方程为：

$$\begin{bmatrix} x_1(kT+T) \\ x_2(kT+T) \end{bmatrix}=\begin{bmatrix} 1 & 1-e^{-T} \\ 0 & e^{-T} \end{bmatrix}\begin{bmatrix} x_1(kT) \\ x_2(kT) \end{bmatrix}+\begin{bmatrix} K(T+e^{-T}-1) \\ K(1-e^{-T}) \end{bmatrix}(r(kT)-y(kT))$$

$$=\begin{bmatrix} 1-K(T+e^{-T}-1) & 1-e^{-T} \\ K(1-e^{-T}) & e^{-T} \end{bmatrix}\begin{bmatrix} x_1(kT) \\ x_2(kT) \end{bmatrix}+\begin{bmatrix} K(T+e^{-T}-1) \\ K(1-e^{-T}) \end{bmatrix}r(kT)$$

可得闭环离散系统的系数矩阵为：

$$\bm{F}=\begin{bmatrix} 1-K(T+e^{-T}-1) & 1-e^{-T} \\ K(1-e^{-T}) & e^{-T} \end{bmatrix}$$

则系统的特征方程为：

$$|z\bm{I}-\bm{F}|=\begin{vmatrix} z-K(T+e^{-T}-1)+1 & e^{-T}-1 \\ K(e^{-T}-1) & z-e^{-T} \end{vmatrix}$$

$$=z^2+[(K-1)e^{-T}+K(T-1)-1]z+[K+(1-K-KT)e^{-T}]$$

$$=0$$

（1）当 $K=1$，$T=1$ 时，该闭环系统的特征值为：

$$z_1=0.5+0.618j, z_2=0.5-0.618j$$

此时有 $|z_1|=|z_2|=0.795<1$，故该系统是稳定的。

（2）当 $K=5$，$T=1$ 时，该闭环系统的特征值为：

$$z_1=-0.236+1.728j, z_2=-0.236-1.728j$$

此时有 $|z_1|=|z_2|=1.744>1$，故该系统是不稳定的。

（3）当 $K=1$，$T=4$ 时，该闭环系统的特征值为：

$$z_1=-0.765, z_2=-1.235$$

此时有 $|z_2|=1.235>1$，故该系统是不稳定的。

（4）当 $K=1$，$T=0.1$ 时，该闭环系统的特征值为：

$$z_1=0.95+0.0866j, z_2=0.95-0.0866j$$

此时有 $|z_1|=|z_2|=0.954<1$，且 z_1、z_2 几乎在正实轴上，故该系统是稳定的且几乎没有超调。

（5）当 $K=5$，$T=0.1$ 时，该闭环系统的特征值为：

$$z_1=0.94+0.21j, z_2=0.94-0.21j$$

此时有 $|z_1|=|z_2|=0.963<1$，和（4）相比，特征值的虚部增大，会使系统的阶跃响应出现超调现象，但该系统是稳定的。

上述各种情况说明，线性离散系统的稳定性与系统的 K 和 T 有关。一般来说，K 增大或 T 增大，系统的稳定性变差；反之，K 减小或 T 减小，系统的稳定性变好。因此，为了使线性离散系统有良好的动态特性，必须适当选择 K 和 T。

6.4

线性离散状态方程的求解

常用的离散状态方程的求解方法有迭代法和 z 变换法。

（1）迭代法

设线性定常离散系统状态空间表达式为：

$$\begin{cases} x(kT+T)=Fx(kT)+Gu(kT) \\ y(kT)=Cx(kT)+Du(kT) \end{cases} \tag{6-46}$$

式中，$x(kT)$ 为 n 维状态向量；$u(kT)$ 为 m 维控制向量；$y(kT)$ 为 p 维输出向量；系数矩阵 F、G、C、D 分别为 $n \times n$、$n \times m$、$p \times n$ 和 $p \times m$ 矩阵。初始条件为 $x(0)$ 和 $u(0)$。式(6-46)表明了系统状态是怎样随离散时间的增加而转移。因此，已知初始状态 $x(0)$ 以及输入量 $u(0), u(1), u(2), \cdots, u(k)$，就能求出 $x(kT)$。按照式(6-46)中的状态方程依次迭代 $k=0,1,2\cdots$ 就可以得到以下方程：

$$x(kT)=F^k x(0)+\sum_{j=0}^{k-1} F^{k-j-1} Gu(jT) \tag{6-47}$$

或者：

$$x(kT) = F^k x(0) + \sum_{i=0}^{k-1} F^i G u(kT - iT - T) \tag{6-48}$$

从式(6-47) 或式(6-48) 可以看出，状态方程的解所表达的状态轨迹是由初始状态和输入控制作用两部分所引起的状态转移而构成的离散轨迹。

有了离散状态方程的解的表达式，可得输出方程满足：

$$y(kT) = CF^k x(0) + C \sum_{j=0}^{k-1} F^{k-j-1} G u(jT) + Du(kT) \tag{6-49}$$

或者：

$$y(kT) = CF^k x(0) + C \sum_{i=0}^{k-1} F^i G u(kT - iT - T) + Du(kT) \tag{6-50}$$

用迭代法求解离散状态方程并不能得到状态变量和输出变量的数学解析表达式，只能得到有限项的时间序列。

[**例 6-10**]　用迭代法求如下线性离散系统的解

$$\begin{bmatrix} x_1(kT+T) \\ x_2(kT+T) \end{bmatrix} = \begin{bmatrix} 0.632 & 0.632 \\ -0.632 & 0.368 \end{bmatrix} \begin{bmatrix} x_1(kT) \\ x_2(kT) \end{bmatrix} + \begin{bmatrix} 0.368 \\ 0.632 \end{bmatrix} u(kT)$$

$$y(kT) = \begin{bmatrix} 1 & 0 \end{bmatrix} \begin{bmatrix} x_1(kT) \\ x_2(kT) \end{bmatrix}$$

初始条件 $x_1(0) = x_2(0) = 0$，输入变量 $u(kT) = 1, k = 0, 1, 2, \cdots$

解：由初始条件，对状态方程进行迭代求解，则可得到：

$$x(T) = \begin{bmatrix} 0.632 & 0.632 \\ -0.632 & 0.368 \end{bmatrix} \begin{bmatrix} 0 \\ 0 \end{bmatrix} + \begin{bmatrix} 0.368 \\ 0.632 \end{bmatrix} = \begin{bmatrix} 0.368 \\ 0.632 \end{bmatrix}$$

$$y(T) = \begin{bmatrix} 1 & 0 \end{bmatrix} \begin{bmatrix} 0.368 \\ 0.632 \end{bmatrix} = 0.368$$

$$x(2T) = \begin{bmatrix} 0.632 & 0.632 \\ -0.632 & 0.368 \end{bmatrix} \begin{bmatrix} 0.368 \\ 0.632 \end{bmatrix} + \begin{bmatrix} 0.368 \\ 0.632 \end{bmatrix} = \begin{bmatrix} 1 \\ 0.632 \end{bmatrix}$$

$$y(2T) = \begin{bmatrix} 1 & 0 \end{bmatrix} \begin{bmatrix} 1 \\ 0.632 \end{bmatrix} = 1$$

$$x(3T) = \begin{bmatrix} 0.632 & 0.632 \\ -0.632 & 0.368 \end{bmatrix} \begin{bmatrix} 1 \\ 0.632 \end{bmatrix} + \begin{bmatrix} 0.368 \\ 0.632 \end{bmatrix} = \begin{bmatrix} 1.399 \\ 0.233 \end{bmatrix}$$

$$y(3T) = \begin{bmatrix} 1 & 0 \end{bmatrix} \begin{bmatrix} 1.399 \\ 0.233 \end{bmatrix} = 1.399$$

$$\cdots$$

(2) z 变换法

对式(6-46) 做 z 变换得：

$$zX(z) - zx(0) = FX(z) + GU(z)$$
$$X(z) = (zI - F)^{-1} [zx(0) + GU(z)] \tag{6-51}$$

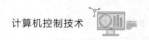

对式(6-51)进行 z 反变换可得：

$$x(kT) = Z^{-1}\left[(z\boldsymbol{I}-\boldsymbol{F})^{-1}z\right]x(0) + Z^{-1}\left[(z\boldsymbol{I}-\boldsymbol{F})^{-1}\boldsymbol{G}U(z)\right] \qquad (6\text{-}52)$$

将式(6-47)和式(6-52)进行对比可得：

$$\boldsymbol{F}^k = Z^{-1}\left[(z\boldsymbol{I}-\boldsymbol{F})^{-1}z\right]$$

$$\sum_{j=0}^{k-1}\boldsymbol{F}^{k-j-1}\boldsymbol{G}u(jT) = Z^{-1}\left[(z\boldsymbol{I}-\boldsymbol{F})^{-1}\boldsymbol{G}U(z)\right]$$

[例 6-11] 用 z 变换法求解线性离散状态方程

$$\begin{bmatrix} x_1(kT+T) \\ x_2(kT+T) \end{bmatrix} = \begin{bmatrix} 0 & 1 \\ -0.16 & -1 \end{bmatrix}\begin{bmatrix} x_1(kT) \\ x_2(kT) \end{bmatrix} + \begin{bmatrix} 1 \\ 1 \end{bmatrix}u(kT)$$

$$\begin{bmatrix} x_1(0) \\ x_2(0) \end{bmatrix} = \begin{bmatrix} 1 \\ -1 \end{bmatrix}, \quad u(kT)=1, \quad k=0,1,2\cdots$$

解：

$$(z\boldsymbol{I}-\boldsymbol{F})-1 = \begin{bmatrix} z & -1 \\ 0.16 & z+1 \end{bmatrix}^{-1} = \frac{\begin{bmatrix} z+1 & 1 \\ -0.16 & z \end{bmatrix}}{(z+0.2)(z+0.8)}$$

$$z\boldsymbol{x}(0)+\boldsymbol{G}U(z) = z\begin{bmatrix} 1 \\ -1 \end{bmatrix} + \begin{bmatrix} 1 \\ 1 \end{bmatrix}\frac{z}{z-1} = \begin{bmatrix} \dfrac{z^2}{z-1} \\ \dfrac{-z^2+2z}{z-1} \end{bmatrix}$$

$$(z\boldsymbol{I}-\boldsymbol{F})^{-1}\left[z\boldsymbol{x}(0)+\boldsymbol{G}U(z)\right] = \frac{\begin{bmatrix} z^3+2z \\ -z^3+1.84z^2 \end{bmatrix}}{(z+0.2)(z+0.8)(z-1)}$$

求 z 反变换可得：

$$\boldsymbol{x}(kT) = \begin{bmatrix} -\dfrac{17}{6}(-0.2)^k + \dfrac{22}{9}(-0.8)^k + \dfrac{25}{18} \\ -\dfrac{41}{30}(-0.2)^k - \dfrac{104}{135}(-0.8)^k + \dfrac{7}{18} \end{bmatrix}$$

6.5

线性离散系统的能控性和能观测性

系统的能控性和能观测性是系统状态空间描述的基本特性。设线性离散系统为：

$$\begin{cases} \boldsymbol{x}(kT+T) = \boldsymbol{F}\boldsymbol{x}(kT) + \boldsymbol{G}u(kT) \\ \boldsymbol{y}(kT) = \boldsymbol{C}\boldsymbol{x}(kT) + \boldsymbol{D}u(kT) \end{cases} \qquad (6\text{-}53)$$

式中，$\boldsymbol{x}(kT)$ 为 n 维状态向量；$\boldsymbol{u}(kT)$ 为 m 维控制向量；$\boldsymbol{y}(kT)$ 为 p 维输出向量；系数矩阵 $\boldsymbol{F}$、$\boldsymbol{G}$、$\boldsymbol{C}$、$\boldsymbol{D}$ 分别为 $n\times n$、$n\times m$、$p\times n$ 和 $p\times m$ 矩阵；T 为采样

周期。

状态能控性定义：对于线性离散系统式(6-53)，如果存在着一组无约束的控制序列 $u(kT), k=0,1,2,\cdots,N-1$，能把系统从给定的初始状态 $x(0)$ 转移到终态 $x(NT)$，其中 N 是有限值，则称该线性离散系统是能控的；如果系统对于任意一个初始状态都能控，则称系统是状态完全能控的。

定理 6.1　线性离散系统式(6-53)状态完全能控的充分必要条件是由矩阵 F、G 构成的状态能控性矩阵的秩等于系统状态的维数 n，即：

$$\text{rank}\begin{bmatrix} G & FG & F^2G & \cdots & F^{n-1}G \end{bmatrix}=n$$

证明　用迭代法求解系统式(6-53)，可得：

$$x(NT)=F^N x(0)+\sum_{j=0}^{N-1}F^{N-j-1}Gu(jT)$$

进而推出：

$$x(NT)-F^N x(0)=\begin{bmatrix} G & FG & \cdots & F^{N-1}G \end{bmatrix}\begin{bmatrix} u(NT-T) \\ u(NT-2T) \\ \vdots \\ u(0) \end{bmatrix} \tag{6-54}$$

式(6-54)是线性方程组。对于任意的初始状态 $x(0)$ 和终值状态 $x(N)$，为了使控制序列 $u(0)$、$u(T)$、$\cdots$、$u(NT-T)$ 存在唯一，应满足如下充分必要条件：

① 由于 x 是 n 维向量，因此方程必须是 n 维线性方程，故 $N=n$。

② 该线性方程组的系数矩阵应满足行满秩，即：

$$\text{rank}\begin{bmatrix} G & FG & F^2G & \cdots & F^{N-1}G \end{bmatrix}=n$$

证毕。

[**例 6-12**]　分析 [例 6-11] 中系统的状态能控性。

解

$$F=\begin{bmatrix} 0 & 1 \\ -0.16 & -1 \end{bmatrix}, \quad G=\begin{bmatrix} 1 \\ 1 \end{bmatrix}$$

因此，系统状态变量的维数 $n=2$，则状态能控性矩阵的秩为：

$$\text{rank}\begin{bmatrix} G & FG \end{bmatrix}=\text{rank}\begin{bmatrix} 1 & 1 \\ 1 & -1.16 \end{bmatrix}=2$$

因此，该系统是状态完全能控的。

输出能控性定义：对于线性离散系统式(6-53)，如果存在着一组无约束的控制序列 $u(kT), k=0,1,\cdots,N-1$，能把系统任意的初始输出值 $y(0)$，在有限时间 N 内转移到任意的终值输出值 $y(N)$，则称该系统是输出完全可控的。

定理 6.2　线性离散系统式(6-53)输出完全能控的充分必要条件是由矩阵 F、G、C、D 构成的输出能控性矩阵的秩等于系统输出的维数 p，即：

$$\text{rank}\begin{bmatrix} CG & CFG & \cdots & CF^{n-1}G & D \end{bmatrix}=p$$

能观性定义：对于线性离散系统式(6-53)，如果在有限的时间区间 $[0,NT]$ 内，

通过观测 $y(kT),k=0,1,\cdots,N-1$，能够唯一地确定系统的初始状态 $x(0)$，则称该线性离散系统在 $t=0$ 是能观测的。如果系统对于任意一个初始状态都能观测，则称系统是状态完全能观测的。

定理 6.3 线性离散系统式(6-53)状态完全能观测的充分必要条件是由矩阵 F、C 构成的状态能观测性矩阵的秩等于系统状态的维数 n，即：

$$\text{rank}\begin{bmatrix} C \\ CF \\ \vdots \\ CF^{n-1} \end{bmatrix} = n$$

证明 用迭代法解系统式(6-53)可得：

$$y(kT) = CF^k x(0) + C\sum_{j=0}^{k-1} F^{k-j-1} Gu(jT) + Du(kT) \tag{6-55}$$

设 $u(kT)=0$，$k \in \mathbb{N}$，则由式(6-55)推出：

$$y(kT) = CF^k x(0), \quad k=0,1,\cdots,N-1$$

进而可以得到

$$\begin{bmatrix} y(0) \\ y(T) \\ \vdots \\ y(NT-T) \end{bmatrix} = \begin{bmatrix} C \\ CF \\ \vdots \\ CF^{N-1} \end{bmatrix} x(0) \tag{6-56}$$

式(6-56)是一个线性方程组，由于需要在时间区间 $[0,NT]$ 内才能够唯一地确定系统的初始状态 $x(0)$，应满足如下充分必要条件：

① 由于 x 是 n 维向量，因此方程必须是 n 维线性方程，故 $N=n$。

② 该线性方程组的系数矩阵应满足列满秩，即：

$$\text{rank}\begin{bmatrix} C \\ CF \\ \vdots \\ CF^{N-1} \end{bmatrix} = n$$

证毕。

[**例 6-13**] 系统的离散状态空间表达式为

$$\begin{bmatrix} x_1(kT+T) \\ x_2(kT+T) \end{bmatrix} = \begin{bmatrix} 0.632 & 0.632 \\ -0.632 & 0.368 \end{bmatrix} \begin{bmatrix} x_1(kT) \\ x_2(kT) \end{bmatrix} + \begin{bmatrix} 0.368 \\ 0.632 \end{bmatrix} u(kT)$$

$$y(kT) = \begin{bmatrix} 1 & 0 \end{bmatrix} \begin{bmatrix} x_1(kT) \\ x_2(kT) \end{bmatrix}$$

分析该系统的能观测性。

解：

$$F = \begin{bmatrix} 0.632 & 0.632 \\ -0.632 & 0.368 \end{bmatrix}, \quad C = \begin{bmatrix} 1 & 0 \end{bmatrix}$$

因此，系统状态变量的维数 $n=2$，则状态能控性矩阵的秩为：

$$\text{rank}\begin{bmatrix} \boldsymbol{C} \\ \boldsymbol{CF} \end{bmatrix} = \text{rank}\begin{bmatrix} 1 & 0 \\ 0.632 & 0.632 \end{bmatrix} = 2$$

因此，该系统是能观测的。

6.6
状态反馈控制与状态观测器设计

状态反馈控制设计方法是指当系统满足能控观测性时，利用状态反馈，进行系统闭环设计的方法。

6.6.1　状态反馈控制

设线性离散系统状态空间表达式为：

$$\begin{cases} \boldsymbol{x}(kT+T) = \boldsymbol{Fx}(kT) + \boldsymbol{Gu}(kT) \\ \boldsymbol{y}(kT) = \boldsymbol{Cx}(kT) + \boldsymbol{Du}(kT) \end{cases} \tag{6-57}$$

式中，$\boldsymbol{x}(kT)$ 为 n 维状态向量；$\boldsymbol{u}(kT)$ 为 m 维控制向量；$\boldsymbol{y}(kT)$ 为 p 维输出向量；系数矩阵 $\boldsymbol{F}$、$\boldsymbol{G}$、$\boldsymbol{C}$、$\boldsymbol{D}$ 分别为 $n\times n$、$n\times m$、$p\times n$、$p\times m$ 矩阵；T 为采样周期。

若采取线性状态反馈控制，则控制作业可表示为：

$$\boldsymbol{u}(kT) = \boldsymbol{r}(kT) - \boldsymbol{Kx}(kT) \tag{6-58}$$

其中，$\boldsymbol{r}(kT)$ 是 m 维参考输入向量；$\boldsymbol{K}$ 是 $m\times n$ 维状态反馈增益矩阵。将式(6-58) 代入系统式(6-57) 中可得：

$$\begin{cases} \boldsymbol{x}(kT+T) = (\boldsymbol{F}-\boldsymbol{GK})\boldsymbol{x}(kT) + \boldsymbol{Gr}(kT) \\ \boldsymbol{y}(kT) = (\boldsymbol{C}-\boldsymbol{DK})\boldsymbol{x}(kT) + \boldsymbol{Dr}(kT) \end{cases} \tag{6-59}$$

从式(6-59) 可以看出，引入状态反馈控制后，整个闭环系统的特性发生了变化，具体如下：

① 闭环系统状态的维数不变，特征方程由矩阵 $\boldsymbol{F}-\boldsymbol{GK}$ 决定。由于系统的稳定性取决于特征方程的特征值是否在单位圆内，因此，通过选取状态反馈增益矩阵 $\boldsymbol{K}$ 可以改变闭环系统的稳定性。

② 闭环系统的能控性由矩阵 $\boldsymbol{F}-\boldsymbol{GK}$ 和 $\boldsymbol{G}$ 决定。原开环系统和闭环系统的能控性矩阵分别为 $\boldsymbol{W}$ 和 $\boldsymbol{W}_\text{c}$：

$$\boldsymbol{W} = \begin{bmatrix} \boldsymbol{G} & \boldsymbol{FG} & \boldsymbol{F}^2\boldsymbol{G} & \cdots & \boldsymbol{F}^{n-1}\boldsymbol{G} \end{bmatrix}$$

$$\boldsymbol{W}_\text{c} = \begin{bmatrix} \boldsymbol{G} & (\boldsymbol{F}-\boldsymbol{GK})\boldsymbol{G} & (\boldsymbol{F}-\boldsymbol{GK})^2\boldsymbol{G} & \cdots & (\boldsymbol{F}-\boldsymbol{GK})^{n-1}\boldsymbol{G} \end{bmatrix}$$

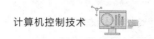

通过对矩阵 $\boldsymbol{W}_c$ 做初等变换，可以推出：

$$\mathrm{rank}\boldsymbol{W}_c = \mathrm{rank}\boldsymbol{W}$$

因此，若原开环系统能控，则闭环系统也能控，反之亦然。

③ 闭环系统的能观测性由矩阵 $\boldsymbol{F}-\boldsymbol{GK}$ 和 $\boldsymbol{C}-\boldsymbol{DK}$ 决定。当选取不同的反馈增益矩阵 $\boldsymbol{K}$，即使原开环系统能观测，闭环系统也可能失去能观测性。

6.6.2 状态观测器设计

在实际工程系统中，由于客观物理条件或者经济成本限制常常无法采用全状态反馈。因此，为了实现状态反馈，除了采用不完全状态反馈或者输出反馈，常用观测器（估计器）来观测和估计系统的状态。

对于给定的线性系统：

$$\begin{cases} \boldsymbol{x}(kT+T) = \boldsymbol{F}\boldsymbol{x}(kT) + \boldsymbol{G}\boldsymbol{u}(kT) \\ \boldsymbol{y}(kT) = \boldsymbol{C}\boldsymbol{x}(kT) \end{cases} \tag{6-60}$$

其中，矩阵 $\boldsymbol{F}$、$\boldsymbol{G}$、$\boldsymbol{C}$ 以及 $\boldsymbol{u}(kT)$ 已知，且系统的初始状态满足 $\hat{\boldsymbol{x}}(0)=\boldsymbol{x}(0)$。若 $\hat{\boldsymbol{x}}(kT)$ 和 $\hat{\boldsymbol{y}}(kT)$ 分别是系统状态和输出在 kT 时刻的估计值，则可以构造如下开环观测估计系统：

$$\begin{cases} \hat{\boldsymbol{x}}(kT+T) = \boldsymbol{F}\hat{\boldsymbol{x}}(kT) + \boldsymbol{G}\boldsymbol{u}(kT) \\ \hat{\boldsymbol{y}}(kT) = \boldsymbol{C}\hat{\boldsymbol{x}}(kT) \end{cases} \tag{6-61}$$

令 $\tilde{\boldsymbol{x}}(kT)=\boldsymbol{x}(kT)-\hat{\boldsymbol{x}}(kT)$，$\forall k \in \mathbf{N}$ 为系统的状态估计误差，则有：

$$\tilde{\boldsymbol{x}}(kT+T) = \boldsymbol{F}\tilde{\boldsymbol{x}}(kT) \tag{6-62}$$

由式(6-62)可见，开环观测的估计误差 $\tilde{\boldsymbol{x}}$ 的转移矩阵是原系统的状态转移矩阵 $\boldsymbol{F}$，因此若原系统是不稳定的，则观测误差 $\tilde{\boldsymbol{x}}$ 将随时间的增加而发散，这是不希望的。因此在实际应用中，人们利用原系统的输出信号构造出一种闭环估计器。

用观测误差修正模型的输入，可以克服上述开环估计的缺点。基本思想是根据测量的输出值 $\boldsymbol{y}(kT)$ 去预估下一时刻的状态 $\hat{\boldsymbol{x}}(kT+T)$，观测器方程如下：

$$\hat{\boldsymbol{x}}(kT+T) = \boldsymbol{F}\hat{\boldsymbol{x}}(kT) + \boldsymbol{G}\boldsymbol{u}(kT) + \boldsymbol{L}\left[\boldsymbol{y}(kT) - \boldsymbol{C}\hat{\boldsymbol{x}}(kT)\right]$$

$$= [\boldsymbol{F}-\boldsymbol{LC}]\hat{\boldsymbol{x}}(kT) + \boldsymbol{G}\boldsymbol{u}(kT) + \boldsymbol{L}\boldsymbol{y}(kT) \tag{6-63}$$

其中，$\boldsymbol{L}$ 是观测器的反馈转移矩阵。根据式(6-61)和式(6-63)可以得到如下闭环观测误差方程：

$$\tilde{\boldsymbol{x}}(kT+T) = [\boldsymbol{F}-\boldsymbol{LC}]\tilde{\boldsymbol{x}}(kT) \tag{6-64}$$

从式(6-64)可以看出，闭环观测误差与 $\boldsymbol{u}(kT)$ 无关，其动态特性由矩阵 $\boldsymbol{F}-\boldsymbol{LC}$ 决定。适当选取矩阵 $\boldsymbol{L}$ 使得对任意初始误差 $\tilde{\boldsymbol{x}}(0)$，观测误差 $\tilde{\boldsymbol{x}}(kT)$ 快速收敛于 0，即观测值 $\hat{\boldsymbol{x}}(kT)$ 快速收敛到原系统状态 $\boldsymbol{x}(kT)$。

练习题

1. 已知以下离散系统差分方程，求系统的状态空间表达式。

（1）$y(kT) + 0.7y(kT - T) - y(kT - 2T) + 0.7y(kT - 3T) = 4u(kT)$。

（2）$y(kT + 3T) + a_1 y(kT + 2T) + a_2 y(kT) = b_1 u(kT + 2T) + b_2 u(kT + T) + b_3 u(kT)$。

2. 线性离散系统的 z 传递函数为

$$G(z) = \frac{2z^2 + 5z + 1}{z^2 + 3z + 2}$$

试求线性离散系统的状态空间表达式。

3. 设线性离散系统如图 6-7 所示，其中 $K = 1$，$T = 1\text{s}$，判断系统的稳定性。

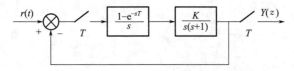

图 6-7　习题图

4. 已知系统的方框图如图 6-7，$r(t) = 1(t), T = 1\text{s}, K = 1, x_1(0) = x_2(0) = 0$，求连续控制对象传递函数 $\dfrac{1}{s(s+1)}$ 的离散状态空间表达式。

5. 线性离散系统的状态方程为

$$\boldsymbol{x}(kT + T) = \boldsymbol{F}\boldsymbol{x}(kT) + \boldsymbol{G}\boldsymbol{u}(kT)$$

其中

$$\boldsymbol{F} = \begin{bmatrix} 1 & 0 & 0 \\ 0 & 2 & -2 \\ -1 & 1 & 0 \end{bmatrix}, \quad \boldsymbol{G} = \begin{bmatrix} 1 \\ 0 \\ 1 \end{bmatrix}$$

判断系统的能控性。

6. 线性离散系统的状态方程为

$$\boldsymbol{x}(kT + T) = \boldsymbol{F}\boldsymbol{x}(kT) + \boldsymbol{G}\boldsymbol{u}(k)$$
$$\boldsymbol{y}(kT) = \boldsymbol{C}\boldsymbol{x}(kT)$$

其中

$$\boldsymbol{F} = \begin{bmatrix} 1 & 0 & 0 \\ 3 & -1 & 1 \\ 0 & 2 & 0 \end{bmatrix}, \quad \boldsymbol{G} = \begin{bmatrix} 2 \\ 1 \\ 1 \end{bmatrix}, \quad \boldsymbol{C} = \begin{bmatrix} 0 & 0 & 1 \end{bmatrix}$$

判断系统的能观测性。

第 **7** 章 预测PI控制及工程实践

在许多工业对象中，时滞是普遍存在的现象。当系统的滞后时间相对于主要时间常数比较大时，传统 PID 控制器的控制性能将会严重恶化。近来提出一种预测 PI（PPI）控制器，这种控制器将预测控制算法和 PI 控制算法融合在一起。PPI 控制器是基于一阶加纯滞后这种能够代表大部分实际工业过程模型设计而成的，它由两部分组成：标准的 PI 控制器部分和动态依赖于过程模型滞后时间的预测部分。PPI 控制器的主要优点是：设计容易，整定方便，工程实施成本低，并且具有 MPC 算法的良好控制品质。PPI 控制器继承了 PID 算法的思想体系，它的特性为操作人员所熟悉，有利于发挥其良好的控制性能。尽管 PPI 控制器结构简单，但在滞后补偿方面，它比 Smith 预估补偿器和 PID 控制器有很大性能上的提高。

7.1
一阶对象的预测 PI 控制器的结构

考虑单输入单输出（SISO）参数不确定过程，其传递函数为：

$$G_p = \frac{K_p}{Ts+1}e^{-Ls} \tag{7-1}$$

式中，K_p、T、L 为不确定性参数，它们的标称值分别用 K_{p0}、T_0、L_0 表示。

假如所期望的闭环传递函数规定如下：

$$G_0 = \frac{e^{-L_0 s}}{\lambda T_0 s + 1} \tag{7-2}$$

其中，λ 为可调参数。当 $\lambda = 1$ 时，系统的开环时间常数和闭环时间常数相同；当 $\lambda > 1$ 时，系统的闭环响应速度比开环响应速度慢；当 $\lambda < 1$ 时，系统的闭环响应速度比开环响应速度要快。于是便可以得到控制器的传递函数：

$$G_C = \frac{T_0 s + 1}{K_{p0}(\lambda T_0 s + 1 - e^{-L_0 s})} \tag{7-3}$$

控制器的输入、输出关系为：

$$u(s) = \frac{1}{\lambda K_{p0}}(1 + \frac{1}{T_0 s})e(s) - \frac{1}{\lambda T_0 s}(1 - e^{-L_0 s})u(s) \tag{7-4}$$

式中，$\frac{1}{\lambda K_{p0}}(1 + \frac{1}{T_0 s})e(s)$ 项具有 PI 控制器的结构形式，而 $-\frac{1}{\lambda T_0 s}(1 - e^{-L_0 s})u(s)$ 项可以解释为控制器在 t 时刻的输出是基于在时间区间 $(t - L_0, t)$ 的控制作用的。因此，这种控制器被称为预测 PI(PPI) 控制器。

预测 PI 控制器的结构图见图 7-1。

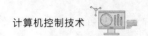

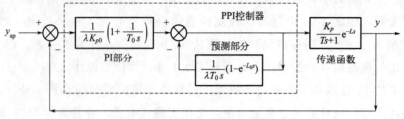

图 7-1　预测 PI 控制系统的结构图

7.2

预测 PI 控制系统的离散化及状态空间形式

式(7-1) 所代表的连续过程的离散化形式为：

$$G(z) = \frac{b}{z+a} z^{-h} \tag{7-5}$$

令 $e = y_{sp} - y$，它表示参考信号 y_{sp} 和实际过程输出值 y 的差值。式(7-5) 对应的差分等式如下：

$$e(k+1) = -ae(k) - bu(k-h) + [y_{sp}(k+1) + ay_{sp}(k)] \tag{7-6}$$

式(7-1) 和式(7-5) 的参数关系可由以下等式表示：

$$a = -e^{-\frac{T_s}{T}}, b = K_p(1 - e^{-\frac{T_s}{T}}), h = \frac{L}{T_s} \tag{7-7}$$

其中，T_s 为采样时间。

离散化式(7-4)，有：

$$u(k+1) = \frac{1}{\lambda K_{p0}} e(k+1) + \frac{T_s}{\lambda K_{p0} T_0} \sum_{i=0}^{k+1} e(i) - \frac{T_s}{\lambda T_0} \sum_{i=0}^{k} \left[u(i) - u\left(i - \frac{L_0}{T_s}\right) \right] \tag{7-8}$$

通过选择适当的采样时间 T_s 使 h、$\frac{L_0}{T_s}$ 为正整数。

假设 $u(i) = 0, i < 0$，那么：

$$u(k+1) = \frac{1}{\lambda K_{p0}} e(k+1) + \frac{T_s}{\lambda K_{p0} T_0} \sum_{i=0}^{k+1} e(i) - \frac{T_s}{\lambda T_0} \sum_{i=k-\frac{L_0}{T_s}+1}^{k} u(i) \tag{7-9}$$

令：

$$\theta(k+1) = \sum_{i=0}^{k+1} e(i), s(k+1) = \sum_{i=k-\frac{L_0}{T_s}+1}^{k} u(i) \tag{7-10}$$

得到：

$$\theta(k+1)=e(k)+\theta(k) \tag{7-11}$$

$$s(k+1)=s(k)+u(k)-u\left(k-\frac{L_0}{T_s}\right) \tag{7-12}$$

$$u(k+1)=\frac{1}{\lambda K_{p0}}e(k+1)+\frac{T_s}{\lambda K_{p0}T_0}\theta(k+1)-\frac{T_s}{\lambda T_0}s(k+1) \tag{7-13}$$

将式(7-6)、式(7-11)、式(7-12)组成状态空间的形式，有：

$$
\begin{bmatrix} e(k+1) \\ \theta(k+1) \\ s(k+1) \end{bmatrix} = \begin{bmatrix} -a & 0 & 0 \\ 1 & 1 & 0 \\ 0 & 0 & 1 \end{bmatrix} \begin{bmatrix} e(k) \\ \theta(k) \\ s(k) \end{bmatrix} + \begin{bmatrix} 0 \\ 0 \\ 1 \end{bmatrix} u(k) + \begin{bmatrix} -b \\ 0 \\ 0 \end{bmatrix} u(k-h)
$$

$$
+ \begin{bmatrix} 0 \\ 0 \\ -1 \end{bmatrix} u\left(k-\frac{L_0}{T_s}\right) + \begin{bmatrix} 1 \\ 0 \\ 0 \end{bmatrix} w(k)
$$

$$y(k+1)=y_{sp}(k+1)-e(k+1) \tag{7-14}$$

式(7-14) 中的 u 用式(7-13) 中的右边部分替换，那么：

$$
\begin{bmatrix} e(k+1) \\ \theta(k+1) \\ s(k+1) \end{bmatrix} = \begin{bmatrix} -a & 0 & 0 \\ 1 & 1 & 0 \\ \dfrac{1}{\lambda K_{p0}} & \dfrac{T_s}{\lambda K_{p0}T_0} & 1-\dfrac{T_s}{\lambda T_0} \end{bmatrix} \begin{bmatrix} e(k) \\ \theta(k) \\ s(k) \end{bmatrix} + \begin{bmatrix} \dfrac{-b}{\lambda K_{p0}} & \dfrac{-bT_s}{\lambda K_{p0}T_0} & \dfrac{bT_s}{\lambda T_0} \\ 0 & 0 & 0 \\ 0 & 0 & 0 \end{bmatrix} \begin{bmatrix} e(k-h) \\ \theta(k-h) \\ s(k-h) \end{bmatrix}
$$

$$
+ \begin{bmatrix} 0 & 0 & 0 \\ 0 & 0 & 0 \\ -\dfrac{1}{\lambda K_{p0}} & -\dfrac{T_s}{\lambda K_{p0}T_0} & \dfrac{T_s}{\lambda T_0} \end{bmatrix} \begin{bmatrix} e\left(k-\dfrac{L_0}{T_s}\right) \\ \theta\left(k-\dfrac{L_0}{T_s}\right) \\ s\left(k-\dfrac{L_0}{T_s}\right) \end{bmatrix} + \begin{bmatrix} 1 \\ 0 \\ 0 \end{bmatrix} w(k)
$$

$$y(k+1)=y_{sp}(k+1)-e(k+1) \tag{7-15}$$

其中，$w(k)=y_{sp}(k+1)+ay_{sp}(k)$。

现在讨论 PPI 控制器参数固定，即：$\lambda=1$，$T_s=1$，$K_{p0}=13$，$T_0=12$，$L_0=8$。过程参数变化时，在标称过程参数下的响应见图 7-2，这是一种理想状态，但在实际情况下，过程参数是围绕标称值上下波动的。当在 $K_p=20$、$T=38$、$L=12$ 和 $K_p=6$、$T=4$、$L=4$ 两种过程参数偏离标称值比较严重的情况下，控制系统也具有可接受的闭环响应特性，见图 7-3。

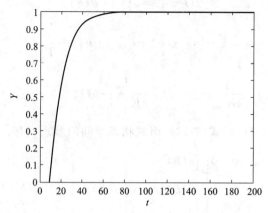

图 7-2　在标称过程参数下系统的闭环响应

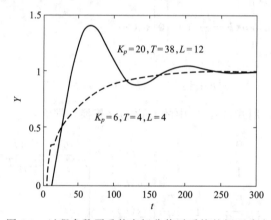

图 7-3　过程参数严重偏离标称值时系统的闭环响应

7.3

PPI 控制器和 PID 控制器的比较

7.3.1　PID 控制器简介

毫无疑问，PID 控制器是常用的具有反馈形式的控制器，工业上有 90％的控制回路运用 PID 控制算法。运用 PID 控制器的领域包括：过程控制、电机驱动、汽车行业、飞行控制、仪器仪表等等。它具体表现为以下几种形式：标准的单回路控制器、在可编程控制器中和集散控制系统中以软件的形式出现。

在一些工业过程中，对象的滞后时间相对于主导时间常数比较大，这种大滞后过程如果运用 PID 控制器进行控制，将会导致控制性能的严重恶化。为了使 PID 控制器起到一定的作用并保证控制系统的稳定，通常的做法是设置控制器参数，使控制作用比较微弱，这样又达不到所要求的控制品质，跟踪设定值比较缓慢。

7.3.2　PID 控制系统的结构及其状态空间形式

在这里选择线性 PID 控制器来进行分析，控制器的结构具有如下形式：

$$G_C = K\left(1 + \frac{1}{T_I s} + T_D s\right) \tag{7-16}$$

其中控制器参数为：比例常数 K，积分常数 T_I 和微分常数 T_D。

PID 控制器的参数整定方法有很多，基于过程对象传递函数模型的方法为常用整定方法。这种方法包括极点配置方法和内模（IMC）原则方法。极点配置方法是通过选择适当的控制器参数，来确定闭环反馈系统的极点。运用这种思想，Cohen 和 Coon 分别推导出了基于模型［式(7-1)］的 PI 和 PID 参数整定公式；Clark 给出了另一组 PI 控制器的整定公式。基于内模算法的 PID 参数整定公式由 Riviera、Morari 和 Skogestad 提出。Clark 的整定方法和 Riviera 的整定方法都有一个可调参数 ξ。几种 PID 控制器参数的整定公式集中列于表 7-1 中。

表 7-1　不同 PID 控制器参数的整定公式

整定方法	K	T_I	T_D
Cohen，Coon	$\dfrac{1}{K_p}(1.35T/L + 0.27)$	$\dfrac{2.5L + 0.5L^2/T}{1 + 0.6L/T}$	$\dfrac{0.37L}{1 + 0.2L/T}$
Clark	$0.7T/(K_p L)$	$\xi(T + L)$	0
IMC	$\dfrac{(2T + L)}{K_p(2\xi + L)}$	$(T + 0.5L)$	$\dfrac{TL}{2T + L}$

连续过程对象式(7-1) 相应的离散化形式为：

$$G(z) = \frac{b}{z + a} z^{-h} \tag{7-17}$$

令 $e = y_{sp} - y$ 为给定值 y_{sp} 和实际过程输出 y 的误差。式(7-17) 所对应的时间域差分等式如下：

$$e(k+1) = -ae(k) - bu(k-h) + [y_{sp}(k+1) + ay_{sp}(k)] \tag{7-18}$$

式(7-1) 和式(7-17) 参数之间的关系可以用以下等式表示：

$$a = -e^{-\frac{T_s}{T}}, \quad b = K_p(1 - e^{-\frac{T_s}{T}}), \quad h = \frac{L}{T_s} \tag{7-19}$$

其中，T_s 为采样时间。

离散化式(7-16) 有如下差分控制策略：

$$u(k+1) = K\left(1 + \frac{T_D}{T_s}\right)e(k+1) + (KT_s/T_I)\sum_{i=0}^{k+1} e(i) - K(T_D/T_s)e(k-1)$$

$$\tag{7-20}$$

令：

$$\theta(k+1)=\sum_{i=0}^{k+1}e(i) \tag{7-21}$$

有：

$$\theta(k+1)=e(k)+\theta(k) \tag{7-22}$$

$$u(k+1)=K\left(1+\frac{T_D}{T_s}\right)e(k+1)+(KT_s/T_I)\theta(k+1)-K(T_D/T_s)e(k-1) \tag{7-23}$$

将式(7-18)、式(7-22) 和式(7-23) 组成状态空间的形式，有：

$$\begin{bmatrix} e(k+1) \\ \theta(k+1) \end{bmatrix} = \begin{bmatrix} -a & 0 \\ 1 & 1 \end{bmatrix} \begin{bmatrix} e(k) \\ \theta(k) \end{bmatrix} - \begin{bmatrix} bK\left(1+\dfrac{T_D}{T_s}\right) & bKT_s/T_I \\ 0 & 0 \end{bmatrix} \begin{bmatrix} e(k-h) \\ \theta(k-h) \end{bmatrix}$$

$$+ \begin{bmatrix} bKT_D/T_s & 0 \\ 0 & 0 \end{bmatrix} \begin{bmatrix} e(k-h-2) \\ \theta(k-h-2) \end{bmatrix} + \begin{bmatrix} 1 \\ 0 \end{bmatrix} w(k)$$

$$y(k+1)=y_{sp}(k+1)-e(k+1) \tag{7-24}$$

其中，$w(k)=y_{sp}(k+1)+ay_{sp}(k)$。

7.3.3 仿真比较

因为控制系统的动态性能与过程对象的滞后时间和时间常数的比值有关，所以我们分别分析在小滞后对象（滞后时间和时间常数的比值较小）和大滞后对象（滞后时间和时间常数的比值大）条件下 PID 控制系统与 PPI 控制系统的动态性能。参数不确定对象的传递函数仍为式(7-1)，控制器的参数设计基于标称过程对象。

(1) L_0 和 T_0 的比值较小时

假设不确定对象式(7-1) 的标称值为 $K_{p0}=13$，$T_0=12$，$L_0=8$，并令 $T_s=1$，$\lambda=1$，$\xi=1$（对 Clark 方法），$\xi=12$（对 IMC 整定方法），分别由式（7-8）、式(7-20) 可以得到 PID、PPI 的具体表达式。

不同控制策略在标称模型下的阶跃响应曲线见图 7-4，其性能评价指标积分平方误差（ISE）也列于表 7-2。

表 7-2　不同控制系统的稳定参数空间的体积和阶跃响应的 ISE

方法	L_0 和 T_0 的比值较小时		L_0 和 T_0 的比值较大时	
	体积	ISE	体积	ISE
Cohen、Coon PID	15468	15.80	43332	39.72
Clark PI	38532	13.96	149778	85.55
IMC PID	32256	12.24	36570	44.18
PPI	46104	12.18	37032	36.27

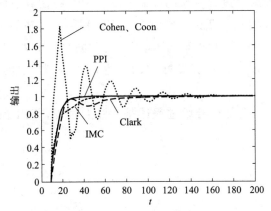

图 7-4　不同控制系统的阶跃响应曲线（小 L_0/T_0）

Cohen-Coon 整定的 PID 控制系统的过程参数性能指标 ISE 最大，这就说明了此种控制方法的控制性能是最不理想的。相反，PPI 控制系统的性能指标 ISE 最小。毫无疑问，对于小时滞对象来说，它是最理想的控制系统。PPI 控制系统的阶跃响应快速且无超调，非常适合实际工业应用。

（2）L_0 和 T_0 的比值较大时

在过程的滞后时间 L_0 相对于时间常数 T_0 比较大的情况下，过程是比较难于控制的，过程参数的稳定区间和前一种情况相比要小得多。为了分析问题的方便，我们仅仅增加过程式(7-1) 滞后时间的标称值 L_0 到 32，K_{p0}、T_0 的值不作改变。控制器的参数同样基于标称过程模型，其它参数和（1）相同。

这些控制系统的稳定参数空间体积也列于表 7-2。在标称模型下的阶跃响应曲线见图 7-5，对应的 ISE 同样列于表 7-2。

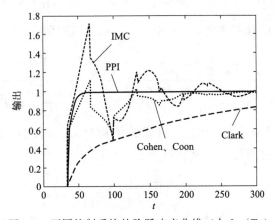

图 7-5　不同控制系统的阶跃响应曲线（大 L_0/T_0）

在这些控制算法中，虽然 Clark 方法的稳定参数空间是最大的，但它的阶跃响应速度非常缓慢，动态性能指标 ISE 是最大的。Cohen、Coon 方法和 IMC 方法的阶跃响应曲线在设定点上下均发生了严重的振荡。由此可知，不论哪种整定形式的 PID

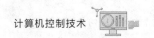

控制方法都不适合大滞后过程对象的控制。尽管 PPI 控制算法的稳定参数空间不是最大的，但在过程参数 K_p、T、L 同时在它们标称值±50％的区间变化时，系统仍然保持稳定，它的鲁棒稳定性同样令人满意。与此同时，图 7-5 显示了 PPI 控制系统阶跃响应速度快且无超调，具有良好的动态性能，表 7-2 中的 ISE 更加证实了这一点。

经过以上分析，无论是小滞后过程还是大滞后过程，PPI 控制算法均优于传统 PID 控制算法。

7.4

预测 PI 控制器和简化的预测 PI 控制器的比较

假如过程的滞后时间比较长，PPI 控制器的预测项将需要较大的内存来存储过去的控制作用，这样使得其在实际应用上很不方便，特别是在控制器开始投用和故障后重新启动时。为了使控制算法简单，将预测 PI 控制器的 e^{-Ls} 部分用一阶 Pade 近似来替换，这样就得到了简化的预测 PI 控制器（SPPI）。SPPI 控制器具有 PID 控制器的结构形式，但在参数设置上与 PID 控制器有很大的差别。尽管 SPPI 控制器结构简单，但具有很好的鲁棒稳定性和性能指标，适合于传统 PID 控制器不适用的大时滞工业过程。

7.4.1　SPPI 控制器的结构和状态空间形式

对式(7-3) 中的 G_C 分析比较困难，由于 $e^{-L_0 s}$ 项的存在，系统的极点为无穷多个。运用一阶 Pade 近似来替换 $e^{-L_0 s}$ 项，我们就可以得到：

$$G_C = \frac{T_0 s + 1}{K_{p0}(\lambda T_0 s + 1 - \frac{1 - L_0 s/2}{1 + L_0 s/2})} = \frac{(T_0 s + 1)\left(1 + \frac{L_0 s}{2}\right)}{K_{p0}\left[\frac{\lambda T_0 L_0 s^2}{2} + (\lambda T_0 + L_0)s\right]} \quad (7\text{-}25)$$

这样控制器便具有一般 PID 控制器的结构形式，我们称之为简化的预测 PI（SPPI）控制器。和可实现的一种 PID 控制器相比较：

$$G_C = K_C\left(1 + \frac{1}{T_I s} + \frac{T_D s}{T_F s + 1}\right) \quad (7\text{-}26)$$

控制器的四个参数可以表示如下：

$$K_C = \frac{\lambda T_0^2 + L_0 T_0 + L_0^2/2}{K_{p0}(\lambda T_0 + L_0)^2}, T_I = \frac{\lambda T_0^2 + L_0 T_0 + L_0^2/2}{\lambda T_0 + L_0}$$

$$T_D = \frac{L_0 T_0(\lambda L_0 T_0 + L_0^2 - \lambda L_0^2/2)}{2(\lambda T_0 + L_0)(\lambda T_0^2 + L_0 T_0 + L_0^2/2)}, T_F = \frac{\lambda L_0 T_0}{2(\lambda T_0 + L_0)} \quad (7\text{-}27)$$

离散化式(7-26)，我们得到：

$$u(k+1) = K_C\left(1+\frac{T_D}{T_F}\right)e(k+1) + \theta(k+1) + s(k+1) \tag{7-28}$$

$$\theta(k+1) = \frac{K_C}{T_I}e(k+1) + \theta(k) \tag{7-29}$$

$$s(k+1) = -\frac{K_C T_D}{T_F^2}e(k+1) + e^{-\frac{T_s}{T_F}}s(k) \tag{7-30}$$

式(7-29)和式(7-30)中的 $e(k+1)$ 用式(7-18)替换，可以得到如下等式：

$$\theta(k+1) = -\frac{K_C a}{T_I}e(k) - \frac{K_C b}{T_I}u(k-h) + \frac{K_C}{T_I}\left[y_{sp}(k+1) + ay_{sp}(k)\right] + \theta(k) \tag{7-31}$$

$$s(k+1) = \frac{K_C T_D a}{T_F^2}e(k) + \frac{K_C T_D b}{T_F^2}u(k-h) - \frac{K_C T_D}{T_F^2}\left[y_{sp}(k+1) + ay_{sp}(k)\right] + e^{-\frac{T_s}{T_F}}s(k) \tag{7-32}$$

将式(7-18)、式(7-28)、式(7-31)和式(7-32)组合为状态空间形式，有：

$$
\begin{bmatrix} e(k+1) \\ \theta(k+1) \\ s(k+1) \end{bmatrix} =
\begin{bmatrix} -a & 0 & 0 \\ -\dfrac{K_C a}{T_I} & 1 & 0 \\ \dfrac{K_C T_D a}{T_F^2} & 0 & e^{-\frac{T_s}{T_F}} \end{bmatrix}
\begin{bmatrix} e(k) \\ \theta(k) \\ s(k) \end{bmatrix}
$$

$$
+ \begin{bmatrix} -bK_C\left(1+\dfrac{T_D}{T_F}\right) & -b & -b \\ -bK_C^2\dfrac{T_F+T_D}{T_I T_F} & \dfrac{-K_C b}{T_I} & \dfrac{-K_C b}{T_I} \\ bK_C^2 T_D\dfrac{T_F+T_D}{T_F^3} & \dfrac{K_C T_D b}{T_F^2} & \dfrac{K_C T_D b}{T_F^2} \end{bmatrix}
\begin{bmatrix} e(k-h) \\ \theta(k-h) \\ s(k-h) \end{bmatrix}
+ \begin{bmatrix} 1 \\ \dfrac{K_C}{T_I} \\ -\dfrac{K_C T_D}{T_F^2} \end{bmatrix} w(k)
$$

$$y(k+1) = y_{sp}(k+1) - e(k+1) \tag{7-33}$$

其中，$w(k) = y_{sp}(k+1) + ay_{sp}(k)$。它的特征多项式比较复杂、烦琐，在这里不再列出。

7.4.2　PPI 和 SPPI 控制系统的性能分析

我们对两种控制系统进行了设定点阶跃闭环仿真，并且计算了在不同过程参数的积分平方误差（ISE）的性能指标。当 $L_0/T_0 = 0.667$ 时，SPPI 控制系统所有的 ISE 均大于 PPI 系统的，见图 7-6、图 7-7 和图 7-8，阶跃响应曲线见图 7-9（控制器参数基于过程标称参数 $K_{p0} = 13$，$T_0 = 12$，$L_0 = 8$，且 $\lambda = 1$）。

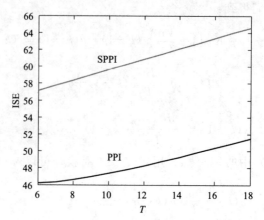

图 7-6　在不同 T 时，两系统的 ISE（小滞后）

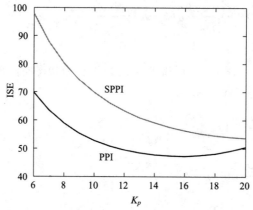

图 7-7　在不同 K_p 时，两系统的 ISE（小滞后）

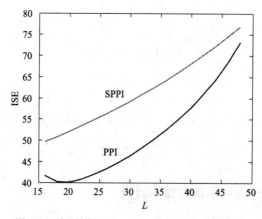

图 7-8　在不同 L 时，两系统的 ISE（小滞后）

当过程标称参数 $L_0/T_0 = 2.667$，SPPI 控制系统的 ISE 和 PPI 控制系统的类似，见图 7-10、图 7-11 和图 7-12（控制器参数基于过程标称参数 $K_{p0} = 13$，$L_0 = 32$，$T_0 = 12$，且 $\lambda = 1$）。这就表明了 SPPI 的控制性能和 PPI 的控制性能相同，因而是有

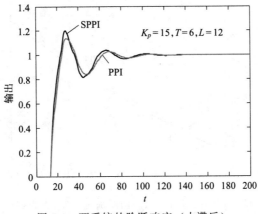

图 7-9　两系统的阶跃响应（小滞后）

效的。图 7-13 为两系统的阶跃响应曲线。从图可以看出，尽管过程参数严重偏离标称值，但两控制系统均具有快速的响应时间和较小的超调。

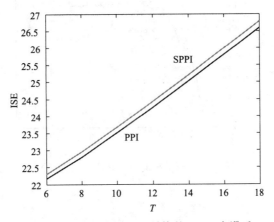

图 7-10　在不同 T 时，两系统的 ISE（大滞后）

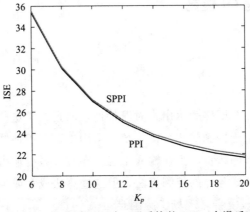

图 7-11　在不同 K_p 时，两系统的 ISE（大滞后）

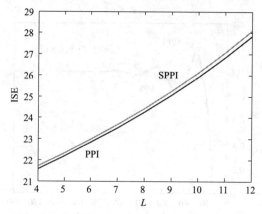

图 7-12　在不同 L 时，两系统的 ISE（大滞后）

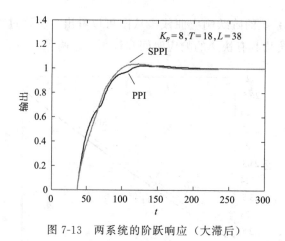

图 7-13　两系统的阶跃响应（大滞后）

7.5

积分系统的双预测 PI 控制

7.5.1　简介

　　化学过程中许多控制回路表示出大时滞特性，而且经常这些回路的动态响应具有积分特性，这是比较难于控制的非自衡系统。运用史密斯预估器来控制该过程时，控制性能受模型失配的影响严重，且在输入干扰存在时，系统输出存在余差。一些文献对这一类系统提出了各式各样的控制算法，但这些算法或多或少存在如下问题：

　　① 控制器设计比较复杂，现场实施困难。

　　② 控制的整定比较烦琐，参数无直观的物理意义。

　　③ 对模型失配非常敏感，鲁棒性能差。

④ 控制器输出极不稳定，发生严重的振荡现象。

本节提出了一种针对积分加纯滞后这类非自衡系统的双预测 PI（DPPI）控制器，这种控制器由内环和外环两个预测 PI 控制器叠合而成。每一个预测 PI 控制器均由两部分组成：PI 控制项和预测控制项。内环预测 PI 控制器将系统闭环为稳定的一阶加纯滞后过程，而外环预测 PI 控制器针对该一阶加纯滞后稳定过程设计而成。这种 DPPI 控制器可调参数少，参数有明确的实际意义，设置不同的参数，便有不同的闭环响应速度。

仿真结果表明，DPPI 控制器抑制干扰能力强；在模型失配时仍然能够保持良好的控制特性，鲁棒稳定性好；控制作用平滑，振荡小。

7.5.2　双预测 PI 控制系统的结构及状态空间形式

考虑以下积分加纯滞后对象，其模型具有如下传递函数：

$$G'(s) = \frac{K'}{s} e^{-L's} \tag{7-34}$$

其中，K'、L' 为不确定性参数。

在正常工作状态下，式(7-34) 所对应的标称模型为：

$$G(s) = \frac{K}{s} e^{-Ls} \tag{7-35}$$

控制器的设计基于对象的标称模型，假设所期望的系统闭环传递函数规定如下：

$$G_{q1}(s) = \frac{1}{\lambda_1 s + 1} e^{-Ls} \tag{7-36}$$

式中，λ_1 为可调参数，其越大所期望的闭环响应速度越慢，反之则越快。因此，控制器的传递函数可由下式来表示：

$$G_{C1}(s) = \frac{s}{K(\lambda_1 s + 1 - e^{-Ls})} \tag{7-37}$$

控制器 $G_{C1}(s)$ 的输入输出关系为：

$$u_1(s) = \frac{1}{K\lambda_1} e_1(s) - \frac{1 - e^{-Ls}}{\lambda_1 s} u_1(s) \tag{7-38}$$

式中，$\frac{1}{K\lambda_1} e_1(s)$ 部分具有比例控制器的结构形式；$-\frac{1 - e^{-Ls}}{\lambda_1 s} u_1(s)$ 具有预测功能。尽管这里没有积分作用，但为了方便起见，称这种控制器为预测 PI（PPI）控制器。

这种控制器有着良好的闭环响应性能和鲁棒稳定性能，但在干扰存在时，设定值和过程输出存在静态余差，没有实际应用的价值。针对这种情况，将上述整个预测 PI 控制系统视为一个对象，其传递函数同式(7-36)，对该对象设计预测 PI 控制器。假如所期望的闭环传递函数为：

$$G_{q2}(s) = \frac{1}{\lambda_2 s + 1} e^{-Ls} \tag{7-39}$$

控制器的传递函数可由下式来表示：

$$G_{C2}(s) = \frac{\lambda_1 s + 1}{\lambda_2 s + 1 - e^{-Ls}} \tag{7-40}$$

控制器 $G_{C2}(s)$ 的输入输出关系为：

$$u_2(s) = \frac{\lambda_1 s + 1}{\lambda_2 s} e_2(s) - \frac{1 - e^{-Ls}}{\lambda_2 s} u_2(s) \tag{7-41}$$

从式(7-41) 可以看出，$G_{C2}(s)$ 为典型的预测 PI 控制器，将 $G_{C1}(s)$、$G_{C2}(s)$ 和对象 $G'_p(s)$ 所构成的新型控制系统，称之为双预测 PI 控制系统（DPPI），$G_{C2}(s)$ 为主控制器，$G_{C1}(s)$ 为副控制器，其结构见图 7-14。

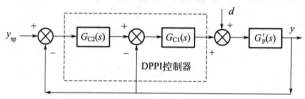

图 7-14　积分加纯滞后对象双预测 PI 控制系统的结构

系统对设定点 y_{sp} 响应的传递函数为：

$$H_r(s) = \frac{G_{C2}(s) G_{C1}(s) G'_p(s)}{1 + G_{C1}(s) G'_p(s) + G_{C2}(s) G_{C1}(s) G'_p(s)} \tag{7-42}$$

将式(7-34)、式(7-37)、式(7-40) 代入式(7-42) 得到：

$$H_r(s) = \frac{K'(\lambda_1 s + 1) e^{-L's}}{K\{\lambda_1 \lambda_2 s^2 + (\lambda_1 + \lambda_2)s + 1 - [(\lambda_1 + \lambda_2)s + 2] e^{-Ls} + e^{-2Ls}\} + K' e^{-L's}(\lambda_1 s + \lambda_2 s + 2 - e^{-Ls})} \tag{7-43}$$

系统对干扰 d 响应的传递函数为：

$$H_d(s) = \frac{G'_p(s)}{1 + G_{C1}(s) G'_p(s) + G_{C2}(s) G_{C1}(s) G'_p(s)} \tag{7-44}$$

将式(7-34)、式(7-37)、式(7-40) 代入式(7-44) 得到：

$$H_d(s) = \frac{K'K(\lambda_1 s + 1 - e^{Ls})(\lambda_2 s + 1 - e^{Ls}) e^{-L's}}{s(K\{\lambda_1 \lambda_2 s^2 + (\lambda_1 + \lambda_2)s + 1 - [(\lambda_1 + \lambda_2)s + 2] e^{-Ls} + e^{-2Ls}\} + K' e^{-L's}(\lambda_1 s + \lambda_2 s + 2 - e^{-Ls}))} \tag{7-45}$$

且：

$$\lim_{s \to 0} H_r(s) = 1, \lim_{s \to 0} H_d(s) = 0 \tag{7-46}$$

所以系统输出在稳态时不存在余差。

在无模型失配，即 $K' = K$、$L' = L$ 时，系统对设定点和干扰的响应分别为：

$$H_{r0}(s) = \frac{e^{-Ls}}{\lambda_2 s + 1}, H_{d0}(s) = \frac{K(\lambda_1 s + 1 - e^{-Ls})(\lambda_2 s + 1 - e^{-Ls})e^{-Ls}}{s(\lambda_1 s + 1)(\lambda_2 s + 1)} \tag{7-47}$$

$G_{C1}(s)$ 的参数 λ_1 和抗干扰强弱有关，λ_1 越小，系统的抗干扰能力越强，但系统的鲁棒稳定性越差；λ_1 越大，系统的抗干扰能力越弱，而系统的鲁棒稳定性越强。

由于过程和控制器均具有滞后环节，所以分析双预测 PI 控制系统的鲁棒稳定性比较困难。为了分析方便，将该系统化为状态空间的形式。

式(7-34) 所对应离散线性系统为：

$$G'(z) = \frac{K'T_s}{z-1} z^{-\frac{L'}{T_s}} \tag{7-48}$$

令 $e_1(k+1) = u_2(k) - y(k+1)$，表示控制器 $G_{C2}(s)$ 的输出 u_2 和实际过程输出 y 的差值。式(7-48) 相应的时间域差分等式如下：

$$e_1(k+1) = u_2(k) + e_1(k) - u_2(k-1) - K'T_s u_1\left(k - \frac{L'}{T_s}\right) \tag{7-49}$$

其中，T_s 为采样时间。

离散化式(7-38)，我们得到：

$$u_1(k+1) = \frac{1}{\lambda_1 K} e_1(k+1) - \frac{T_s}{\lambda_1} \sum_{i=0}^{k} \left[u_1(i) - u_1\left(i - \frac{L}{T_s}\right) \right] \tag{7-50}$$

通过选择适当的采样时间 T_s 使得 $\frac{L'}{T_s}$、$\frac{L}{T_s}$ 为整数。假设 $u_1(i) = 0, i < 0$，那么：

$$u_1(k+1) = \frac{1}{\lambda_1 K} e_1(k+1) - \frac{T_s}{\lambda_1} \sum_{i=k-\frac{L}{T_s}+1}^{k} u_1(i) \tag{7-51}$$

令：

$$s_1(k+1) = \sum_{i=k-\frac{L}{T_s}+1}^{k} u_1(i) \tag{7-52}$$

那么：

$$s_1(k+1) = s_1(k) + u_1(k) - u_1\left(k - \frac{L}{T_s}\right) \tag{7-53}$$

$$u_1(k+1) = \frac{1}{\lambda_1 K} e_1(k+1) - \frac{T_s}{\lambda_1} s_1(k+1) \tag{7-54}$$

将式(7-54) 代入式(7-53) 得到：

$$s_1(k+1) = s_1(k) + \frac{1}{\lambda_1 K} e_1(k) - \frac{T_s}{\lambda_1} s_1(k) - \frac{1}{\lambda_1 K} e_1\left(k - \frac{L}{T_s}\right) + \frac{T_s}{\lambda_1} s_1\left(k - \frac{L}{T_s}\right) \tag{7-55}$$

同样，离散化式(7-41)，我们得到：

$$u_2(k+1) = \frac{\lambda_1}{\lambda_2} e_2(k+1) + \frac{T_s}{\lambda_2} \sum_{i=0}^{k} e_2(i) - \frac{T_s}{\lambda_2} \sum_{i=0}^{k} \left[u_2(i) - u_2\left(i - \frac{L}{T_s}\right) \right]$$

$$(7\text{-}56)$$

其中，$e_2(k+1) = y_{sp}(k+1) - y(k+1)$，表示系统设定值 y_{sp} 和实际过程输出 y 的差值。设：

$$s_2(k+1) = \sum_{i=k-\frac{L}{T_s}+1}^{k} u_2(i) \tag{7-57}$$

$$\theta(k+1) = \sum_{i=0}^{k} e_2(i) \tag{7-58}$$

则：

$$\theta(k+1) = \theta(k) + e_2(k) \tag{7-59}$$

$$s_2(k+1) = s_2(k) + u_2(k) - u_2\left(k - \frac{L}{T_s}\right) \tag{7-60}$$

这样，式(7-56) 可以变换为以下形式：

$$u_2(k+1) = \frac{\lambda_1}{\lambda_2} e_2(k+1) + \frac{T_s}{\lambda_2} \theta(k+1) - \frac{T_s}{\lambda_2} s_2(k+1) \tag{7-61}$$

将式(7-61) 分别代入式(7-49)、式(7-50) 得到：

$$e_1(k+1) = \frac{\lambda_1}{\lambda_2} e_2(k) + \frac{T_s}{\lambda_2} \theta(k) - \frac{T_s}{\lambda_2} s_2(k) + e_1(k) - \frac{\lambda_1}{\lambda_2} e_2(k-1) - \frac{T_s}{\lambda_2} \theta(k-1)$$

$$+ \frac{T_s}{\lambda_2} s_2(k-1) - \frac{K' T_s}{\lambda_1 K} e_1\left(k - \frac{L'}{T_s}\right) + \frac{K' T_s^2}{\lambda_1} s_1\left(k - \frac{L'}{T_s}\right) \tag{7-62}$$

$$s_2(k+1) = s_2(k) + \frac{\lambda_1}{\lambda_2} e_2(k) + \frac{T_s}{\lambda_2} \theta(k) - \frac{T_s}{\lambda_2} s_2(k) - \frac{\lambda_1}{\lambda_2} e_2\left(k - \frac{L}{T_s}\right)$$

$$- \frac{T_s}{\lambda_2} \theta\left(k - \frac{L}{T_s}\right) + \frac{T_s}{\lambda_2} s_2\left(k - \frac{L}{T_s}\right) \tag{7-63}$$

同时我们还可以得到：

$$e_2(k+1) = y_{sp}(k+1) - y_{sp}(k) + e_2(k) - \frac{K' T_s}{\lambda_1 K} e_1\left(k - \frac{L'}{T_s}\right) + \frac{K' T_s^2}{\lambda_1} s_1\left(k - \frac{L'}{T_s}\right)$$

$$(7\text{-}64)$$

由式(7-55)、式(7-59)、式(7-62)、式(7-63)、式(7-64) 组成的控制系统的离散状态空间形式如下：

$$
\begin{bmatrix} e_1(k+1) \\ s_1(k+1) \\ e_2(k+1) \\ \theta(k+1) \\ s_2(k+1) \end{bmatrix} =
\begin{bmatrix}
1 & 0 & \lambda_1/\lambda_2 & T_s/\lambda_2 & -T_s/\lambda_2 \\
1/(\lambda_1 K) & 1 - T_s/\lambda_1 & 0 & 0 & 0 \\
0 & 0 & 1 & 0 & 0 \\
0 & 0 & 1 & 1 & 0 \\
0 & 0 & \lambda_1/\lambda_2 & T_s/\lambda_2 & 1 - T_s/\lambda_2
\end{bmatrix}
\begin{bmatrix} e_1(k) \\ s_1(k) \\ e_2(k) \\ \theta(k) \\ s_2(k) \end{bmatrix}
$$

$$+\begin{bmatrix} 0 & 0 & -1 & -T_s/\lambda_2 & T_s/\lambda_2 \\ 0 & 0 & 0 & 0 & 0 \\ 0 & 0 & 0 & 0 & 0 \\ 0 & 0 & 0 & 0 & 0 \\ 0 & 0 & 0 & 0 & 0 \end{bmatrix}\begin{bmatrix} e_1(k-1) \\ s_1(k-1) \\ e_2(k-1) \\ \theta(k-1) \\ s_2(k-1) \end{bmatrix}$$

$$+\begin{bmatrix} -K'T_s/(\lambda_1 K) & K'T_s^2/\lambda_1 & 0 & 0 & 0 \\ 0 & 0 & 0 & 0 & 0 \\ -K'T_s/(\lambda_1 K) & K'T_s^2/\lambda_1 & 0 & 0 & 0 \\ 0 & 0 & 0 & 0 & 0 \\ 0 & 0 & 0 & 0 & 0 \end{bmatrix}\begin{bmatrix} e_1(k-L'/T_s) \\ s_1(k-L'/T_s) \\ e_2(k-L'/T_s) \\ \theta(k-L'/T_s) \\ s_2(k-L'/T_s) \end{bmatrix}$$

$$+\begin{bmatrix} 0 & 0 & 0 & 0 & 0 \\ -1/\lambda_1 K & T_s/\lambda_1 & 0 & 0 & 0 \\ 0 & 0 & 0 & 0 & 0 \\ 0 & 0 & 0 & 0 & 0 \\ 0 & 0 & -\lambda_1/\lambda_2 & -T_s/\lambda_2 & T_s/\lambda_2 \end{bmatrix}\begin{bmatrix} e_1(k-L/T_s) \\ s_1(k-L/T_s) \\ e_2(k-L/T_s) \\ \theta(k-L/T_s) \\ s_2(k-L/T_s) \end{bmatrix}$$

$$+\begin{bmatrix} 0 \\ 0 \\ y_{sp}(k+1)-y_{sp}(k) \\ 0 \\ 0 \end{bmatrix} \tag{7-65}$$

　　这样双预测 PI 控制系统的鲁棒稳定性分析就转化为式(7-65) 所表示的状态空间方程的稳定性分析，并可得到其特征多项式。对状态空间方程的特征多项式进行双线性变换，对于任意给定的参数 K'、L' 区间，就可以运用边缘理论和 Frazer-Duncan 理论来分析此多项式的 Hurwitz 稳定性。

7.5.3　仿真比较

　　在这一节，将双预测 PI 控制器的控制性能和其他控制器的性能进行仿真比较。在 $t=0$ 时，设定值进行单位阶跃；在 $t=70$ 时，对于仿真 1 引入 $d(s)=-0.1/s$ 干扰，而对于仿真 2 引入 $d(s)=-1/s$ 干扰。

　　仿真 1. 考虑具有如下传递函数的过程对象：

$$G'(s)=\frac{1}{s}e^{-5s} \tag{7-66}$$

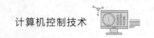

Watanabe 控制器的参数 $G_1(s) = 1/(5s^2 + s)$，当主控制器为 PI 的结构形式时，$C(s) = 0.1(1 + 1/27s)$；当主控制器为 PID 的结构形式时，$C(s) = 1.5(1 + 1/10s + 2s)$。Astrom 控制器的参数设置为 $K = 0.5$，$M(s)$ 中的参数分别为 $k_1 = 4$、$k_2 = 3$、$k_3 = 0.6$、$k_4 = 6$。Zhang 方法中的参数设置为 $K = 0.5$，$M(s) = s(13s + 1)/[(4s + 1)^2 - (13s + 1)e^{-5s}]$。DPPI 方法的参数设置为 $\lambda_1 = 5.5$，$\lambda_2 = 6$。

从图 7-15 可以看出 Watanabe-PI 方法，对设定点响应有明显的超调，抗干扰能力差；Watanabe-PID 方法虽然抗干扰速度快，但对设定点响应超调严重；Astrom 方法对设定点响应快速且无超调，有较好的抗干扰特性；Zhang 方法和 DPPI 方法的动态特性基本一致，它们的抗干扰能力要比 Astrom 方法稍差一些。

假如对象模型的增益从 1 变为 1.1，滞后时间从 5 增加到 5.5，但控制器的参数不作任何改变，即实际模型和估计模型失配了，它们的设定点响应和干扰响应见图 7-16，从图中看到 Watanabe-PID 所控制的系统不稳定；Watanabe-PI 方法，仍对设定点响应有明显的超调，抗干扰能力也很差；Astrom 方法对干扰响应有较大的超调，控制作用发生了振荡（见图 7-17），这在实际控制过程中是不利的；Zhang 方法除了对设定点响应超调稍大一点外，响应曲线和 DPPI 方法是一致的。

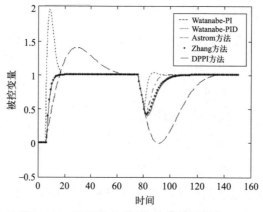

图 7-15 标称模型下的响应曲线（仿真 1）

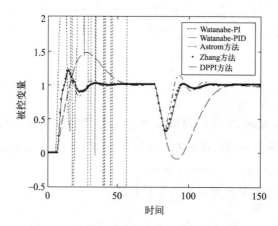

图 7-16 在模型失配时的响应曲线（仿真 1）

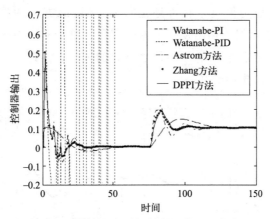

图 7-17　在模型失配时控制器的输出（仿真 1）

仿真 2. 考虑具有如下传递函数的过程对象：

$$G'(s) = \frac{0.2}{s} e^{-7.4s} \tag{7-67}$$

在此仿真中控制器的参数设置均使在标称对象模型下期望的闭环控制系统的时间响应常数为 6。Mantausek 方法的史密斯预估器的参数为 $K = 1/1.2$，$M(s) = 1/2.96$。改进的 Mantausek 史密斯预估器的参数设置为 $K = 1/1.2$，$M(s) = 1.1495(2.96s+1)/(0.296s+1)$。Chien 方法的参数设置为 $G_0(s) = (-7.4s+1)/5s$，$K_c = 1/1.96$，$\tau_i = 13.4/0.6$，$\beta = 0.4$。DPPI 方法的参数设置为 $\lambda_1 = 12$，$\lambda_2 = 6$。

在无模型失配时，这几种控制系统对设定点的响应和对干扰的响应见图 7-18。从图中可以知道，这些控制系统对设定点的响应是完全一致的，但对干扰的响应各不相同，Mantausek 方法抗干扰能力差，改进的 Mantausek 方法抗干扰能力好，但有一些超调，Chien 方法在抗干扰能力方面稍比 DPPI 方法差一些。

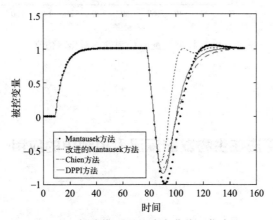

图 7-18　标称模型下的响应曲线（仿真 2）

在有模型失配时，即增益从 0.2 增加到 0.24，滞后时间从 7.4 增加到 8.88，系统响应见图 7-19。改进的 Mantausek 方法鲁棒性能很差，控制系统已经不稳定；

Mantausek 方法虽然稳定但抗干扰性还是很差；Chien 方法的控制性能最好，但从图 7-20 可以看到，控制器的输出发生了振荡现象，难于实际应用。综合考虑，DPPI 控制方法对积分加纯滞后系统是一种行之有效的方法，跟踪设定值快，抗干扰能力强，控制作用平缓，鲁棒性能好。

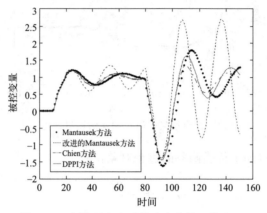

图 7-19　在模型失配时的响应曲线（仿真 2）

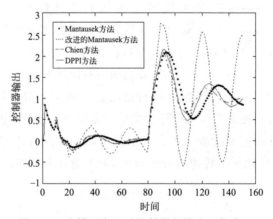

图 7-20　在模型失配时控制器的输出（仿真 2）

7.6
双预测 PI 控制算法在生物发酵罐温度控制中的应用

7.6.1　过程描述

发酵工业是国民经济中的重要行业，利用发酵可以生产啤酒、医药、化工中间产品等。在发酵生产过程中，每台发酵罐都有压力、温度、流量、溶氧量、pH

值、搅拌速度等若干个需要控制的工艺参数，这些工艺参数直接影响产品质量的好坏。

上海交通大学自动化研究所过程控制实验室在 2003 年 7 月成功地开发了一套生物发酵罐系统。该系统具有操作界面友好、算法精练、自动化程度高等特点，特别是在控制方面采用了各种先进的控制算法，提高了控制的精度，进而提高了产品质量。在搅拌速度控制方面，采用 PID 自整定控制算法，能够将转速平稳、快速地控制在设定值上；在 pH 值控制上，采用非线性 PID 控制算法，克服过程的非线性特性，将 pH 值控制在所期望的酸碱度上；在温度控制上，针对过程的大滞后和积分特性，采用双预测 PI 控制算法，使被控制温度跟踪设定值平稳且无超调，抗干扰速度快。

温度控制系统的主要结构见图 7-21。该温度采用分程控制，当控制阀位在 50%时，冷却水和电加热器均处于关闭状态；当控制阀位在 100%时，冷却水处于关闭状态，而电加热器均处于全开状态；当控制阀位在 0%时，冷却水处于全开状态，电加热器关闭。电加热器采用晶闸管控制其占空比，达到控制加热的强弱的目的。

由于发酵罐利用夹套进行加热和冷却，滞后时间比较长，且加热过程具有积分特性，因此常规的控制算法达不到所要求的控制品质。

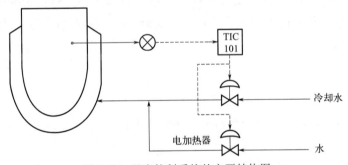

图 7-21　温度控制系统的主要结构图

7.6.2　模型的建立

在熟悉发酵过程的基础上，采用阶跃测试方法，对温度系统进行了建模。

首先，将电加热器的阀位手动控制在 10%上，温度的响应曲线见图 7-22，其中时间单位为秒。从图中可以看出，该过程具有较大的纯滞后时间，大约在 240s，经过纯滞后以后，系统具有十分清楚的积分特性。

然后，根据阶跃响应数据，将过程模型确定为一阶积分加纯滞后对象。把测试数据和该模型进行拟合，在拟合误差最小的情况下，求得的模型为 $\dfrac{0.000525e^{-240s}}{s}$（整个过程在 Matlab 软件中完成）。

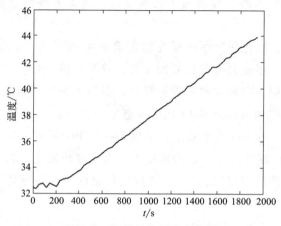

图 7-22　温度的阶跃响应曲线

7.6.3　控制系统的设计

由于被控过程的滞后时间为 240s，属于大滞后对象，因此在选择内环、外环系统的闭环响应时间常数 λ_1、λ_2 时要稍微大一些，均为 360s。这样选择的目的是保证控制系统有一定的鲁棒性。同时采样时间设定为 10s，根据式(7-37)，得到内环控制器的传递函数为：

$$G_{C1}(s)=\frac{s}{0.000525(360s+1-\mathrm{e}^{-240s})} \tag{7-68}$$

根据式(7-40)，得到外环控制器的传递函数为：

$$G_{C2}(s)=\frac{360s+1}{(360s+1-\mathrm{e}^{-240s})} \tag{7-69}$$

从这里可以看到，控制器的设计是非常方便和容易的。在实际情况下必须将控制器离散化，首先对外环控制器进行离散化，有：

$$u_2(k+1)=e_2(k+1)+\frac{1}{36}\sum_{i=0}^{k+1}e_2(i)-\frac{1}{36}\sum_{i=0}^{k}\big[u_2(i)-u_2(i-24)\big] \tag{7-70}$$

其中，$e_2(k+1)=y_{\mathrm{sp}}(k+1)-y(k+1)$。对内环控制器离散化有：

$$u_1(k+1)=5.291e_1(k+1)-\frac{1}{36}\sum_{i=0}^{k}\big[u_1(i)-u_1(i-24)\big] \tag{7-71}$$

其中，$e_1(k+1)=u_2(k+1)-y(k+1)$。

在离散化时，考虑了控制器的实现问题，否则，式(7-70) 和式(7-71) 右边最后一项的 k 便为 $k+1$。参数的初始化也是在控制器实现时需要考虑的一个重要问题，要不然的话，控制器将无法正常工作。

7.6.4　仿真实验

控制器设计完成以后，要进行仿真实验，对控制系统的各项性能，如阶跃响应速度、控制器输出的大小以及在模型失配时的控制性能等进行检查。

在标称模型下，控制器的输出和过程的响应曲线见图 7-23。从图中可以看出，控制器的输出在开始时由 0 升到 5.29，所以对于实际对象不允许设定值作大于 9.45 的突然阶跃，否则控制器的输出将会达到饱和。当模型的 K 升高 20%，即从 0.000525 变化到 0.00063，滞后时间升高 20%，即从 240 变化到 288，控制器的输出和过程的响应曲线见图 7-24。控制器的输出和被控变量的响应都是比较令人满意的。

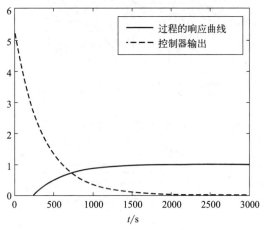

图 7-23　标称模型下的响应曲线

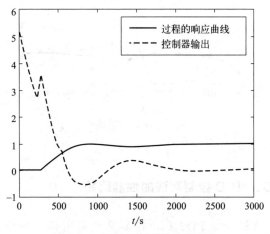

图 7-24　模型失配下的响应曲线

在实际测量过程中，测量值不可避免地要受到外界的干扰，混入一定的噪声，故在被控变量中引入在 $[-0.2, 0.2]$ 区间随机取值的测量白噪声，以检查控制器的性能。仍然保持模型失配，控制器的输出和过程的响应曲线见图 7-25。在该图中，我们看到控制器的输出波动稍微大一些，但可以满足实际需要，被控变量比较平稳，总体上能够满足实际性能指标。

克服干扰能力也是检查控制器性能的一项重要指标。我们在 2000s 时引入幅度为 -1 的干扰，控制器的输出和过程的响应曲线见图 7-26。由此看到被控变量偏离设定值比较小，抗干扰的速度比较快，在干扰存在时控制器的作用快速而平滑。

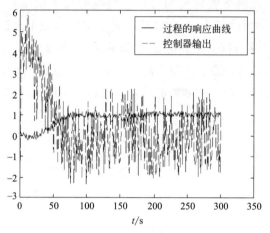

图 7-25　在噪声和模型失配下的响应曲线

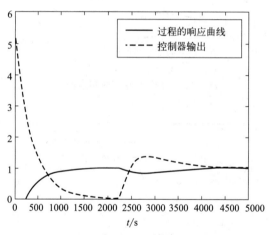

图 7-26　在干扰下的响应曲线

7.6.5　与 PI、 PD、 PID 控制算法的性能比较

当前，有很多学者将 PI、PD、PID 控制算法应用到了积分滞后对象的控制中，为此将这些算法和双预测 PI 控制算法一一比较分析，并指出它们的控制性能的优劣。

（1）与 PI 控制算法的比较

Zhang 运用 H_∞ 性能准则设计了一种 PI 控制器，这种控制器的特点是控制器参数仅和过程参数以及所期望的系统闭环响应时间有关，参数设计比较方便。Tyreus 和

Luyben 基于经典的频率响应方法，给出了 PI 控制器的参数设置（称之为 T-L 方法）：

$$k_C = \frac{0.487}{KL}, \tau_I = 8.75L \tag{7-72}$$

式中，k_C 为比例系数；K 为积分系数；L 为纯滞后时间；τ_I 为积分时间。

针对发酵罐温度这个具体对象，Zhang 方法的 PI 控制器的参数为：$k_C = 5.7905$，$\tau_I = 761.9$，T-L 方法的参数为 $k_C = 3.8651$，$\tau_I = 2100$。在标称模型下，系统输入、输出响应分别见图 7-27、图 7-28。

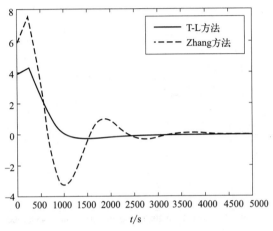

图 7-27　两种 PI 控制器的输出曲线

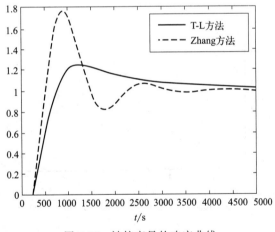

图 7-28　被控变量的响应曲线

将图 7-27、图 7-28 和图 7-23 进行比较，T-L 方法上升的速度较快，但恢复的速度非常缓慢，长时间达不到设定值；Zhang 方法控制变量和被控变量均出现了明显振荡，超调的幅度大。这两种方法有一定的实用价值，但控制性能不如双预测 PI 算法。

（2）与 PD 控制算法的比较

PD 控制器在干扰存在时，被控变量有余差，实际应用的意义不大，但 D 的出现可以改善控制系统的性能，具有一定的研究价值。Chidambaram 提出了一种 PD 参数

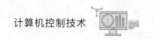

设置方法，参数设置如下：

$$k_C = \frac{1}{KL}, \tau_D = 0.5L \qquad (7-73)$$

对于发酵罐温度对象，有 $k_C = 7.9365$，$\tau_D = 120$。在 0s 时设定值作阶跃，在 2000s 时引入 -1 的干扰，系统输入、输出响应分别见图 7-29、图 7-30。从这两个图可以看出，在开始时控制器的输出达到了 10^4（为了显示方便，图中未标出），非常之大，实际无法满足该要求；同时在干扰存在时也存在较大的余差。这两点限制了它的实际应用。

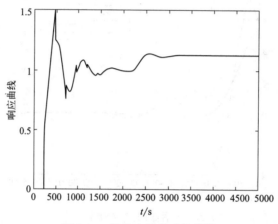

图 7-29　被控变量的响应曲线

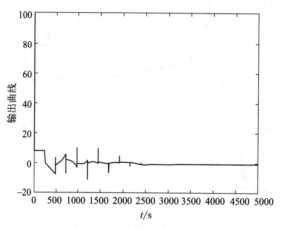

图 7-30　PD 控制器的输出曲线

（3）与 PID 控制算法的比较

在这里，主要讨论三种 PID 控制算法，它们的共同点是 τ_D 都设置得比较大，积分作用比较微弱。Wang 和 Cluett 根据频率域方法，给出了 PID 参数的设计公式。它有两个可调参数 β、ζ：β 越大，闭环响应的速度越慢，反之，则比较快；ζ 为阻尼因子，一般在 0.707 和 1 之间选择。Visioli 利用遗传算法来使 ISE 最小，其 PID 参数整定公式为：

$$k_C = \frac{1.37}{KL}, \tau_I = 1.49L, \tau_D = 0.59L \qquad (7\text{-}74)$$

Chidambaram 则根据闭环传递函数来设计 PID 的参数：

$$k_C = \frac{4a^2}{KL(1+a)^2}, \tau_I = 0.5L\left(\frac{1+a}{a-1}\right), \tau_D = 0.25L\left(\frac{1+a}{a}\right) \qquad (7\text{-}75)$$

其中，a 为大于 1 的可调参数。

对于发酵罐温度对象，Wang-Cluett 方法的 PID 参数为：$k_C = 5.7$，$\tau_I = 1010$，$\tau_D = 72.2$（$\beta = 1.5$，$\zeta = 1$）；Visioli 方法的参数为：$k_C = 10.9$，$\tau_I = 357.6$，$\tau_D = 141.6$；Chidambaram 方法的参数为：$k_C = 9.8$，$\tau_I = 1080$，$\tau_D = 108$（$a = 1.25$）。这些控制系统输入、输出响应分别见图 7-31、图 7-32。

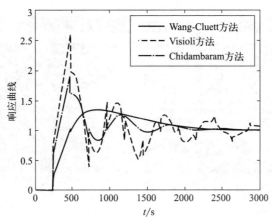

图 7-31　被控变量的响应曲线

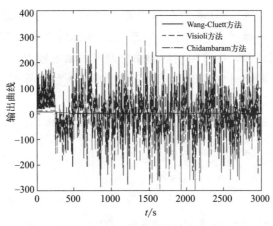

图 7-32　PID 控制器的输出曲线

这三种方法中，Wang-Cluett 方法控制效果比其他两种方法的控制效果要好，被控变量的响应比较平稳，超调较小，其他两种方法出现了较大幅度的振荡。它们的控制器输出在开始时都相当大（图中未显示），Visioli 方法控制器的输出一直在 $[-300, 300]$ 范围内大幅度地振荡。和双预测 PI 控制算法相比，此三种 PID 控制算

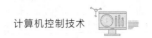

法无论在控制器输出上，还是在被控变量的响应上都要差得多。

综合考虑，除 T-L 方法有一些应用价值外，其他几种 PI、PD、PID 算法都不适合发酵罐的温度控制。

7.6.6　实际控制效果

在考虑一些安全问题（如抗积分饱和）后，我们将控制系统进行投运。将温度的设定值从 34.13℃ 变化到 38℃，温度的响应曲线和控制阀位的变化曲线见图 7-33。其中：图（a）表示前半部分，图（b）表示后半部分；红线表示温度曲线，绿线表示阀位曲线，蓝线表示设定值。

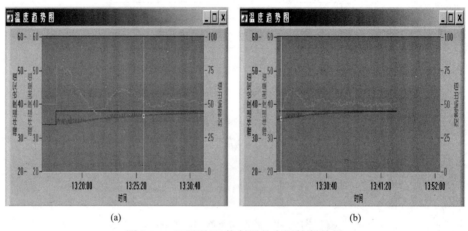

图 7-33　双预测 PI 控制器的实际控制效果

为了观察方便，利用 Matlab 的画图功能，将图 7-33 转化为图 7-34。从图 7-34，我们可以清楚地看到：被控温度跟踪设定点的速度比较快，在 25min 之内就已经达到了设定值，而且无超调，尽管控制器的输出调节的幅度较大，但调节平滑，符合现场控制要求。另外从图中可以发现被控温度中混有较大的白噪声，变化范围 $[-0.6, 0.6]$，尽管如此，控制器的输出仍然比较稳定。

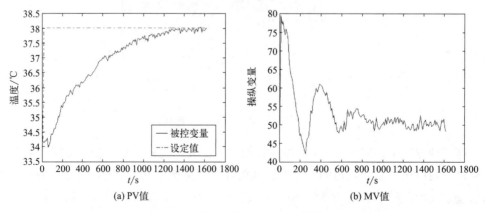

图 7-34　图 7-33 在 Matlab 中的放大

总而言之，利用双预测 PI 控制器控制发酵罐的温度，能够达到令人满意的控制效果：快速的跟踪性能、控制作用平滑、抗干扰速度快。

练习题

1. 请推导一阶对象的预测 PI 控制器的传递函数和差分方程，并画出控制系统的结构图。

2. 预测 PI 控制器和 PID 控制比较有什么优点？简化的预测 PI 控制算法能够有效地控制大纯滞后过程吗？

3. 请推导积分加纯滞后对象的双预测 PI 控制器的传递函数，并画出双预测 PI 控制系统的结构图。

4. 针对积分加纯滞后对象，如果采用单预测 PI 控制算法有什么缺陷，试给出一个具有输入干扰的积分加纯滞后过程的工业案例。

第 8 章 计算机集散控制系统及其前沿技术

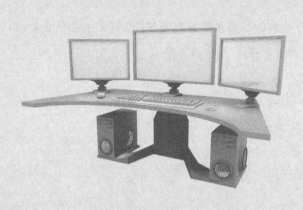

以上各个章节讨论的是如何对计算机控制系统中的某一回路（某一被控变量）进行控制算法的设计，要将计算机控制算法投入实际的控制应用，必须构建由硬件和软件组成的计算机控制系统。计算机控制系统是自动控制理论、计算机、自动化仪表、数字/模拟电路，数字化通信网络互相结合的产物。另外，多数的计算机控制系统需要对很多个位于不同地点的被控量进行控制，这些被控量可能是连续的，也可能是离散的；同时还需对系统中的很多参数或变量进行管理和监视。因此现实中的计算机控制系统是一个复杂的系统。计算机集散控制系统是一种对被控量进行分散控制、对系统数据进行集中管理和显示的计算机控制系统，是目前最常见的计算机控制系统。小规模的计算机控制系统可以看作简化的集散控制系统。因此本章首先阐述集散控制系统的组成，然后由此展开阐述计算机控制系统中的硬件技术、软件技术及通信技术，最后阐述和计算机集散控制系统相关的信息前沿技术。

8.1

集散控制系统的组成

集散控制系统的概念和结构早在以常规仪表和模拟信号方式进行工业自动化控制的时代就已出现，当时采用的方式是将信号检测设备安装于工业现场，将执行控制、指示、记录、报警等功能的仪表设备集中安装于中央控制室，以便于进行控制系统的集中操作、监视和管理。但是设备能力的限制使得这种系统投资大、维护困难、安装调试麻烦。

20 世纪 70 年代，随着计算机被引入工业自动化控制系统，终于实现了成熟的分散控制、集中管理的分散式控制系统（distributed control system，DCS）。在计算机 DCS 中，利用多个专用的智能化设备，分别对生产流程的各局部环节实施控制，每个设备负责几个至几十个控制回路的信号检测、控制运算、控制输出，将一个工业流程的控制功能分散化，以达到"分散控制"的目的。利用通信网络实现负责控制操作的多台智能化设备与操作管理计算机的数据共享，形成全系统的集中管理和信息集成，同时在多台计算机上进行集中的监视、操作和管理，实现"集中管理"的目标。

目前的 DCS 是工业自动化系统的主流控制方式，属于典型的计算机控制系统。它是计算机技术、控制技术、通信技术、人机交互技术等多方面技术的综合体。

8.1.1 DCS 的结构

DCS 的层次结构如图 8-1 所示。这种按功能分层的结构方式，充分体现了 DCS 分散控制和集中管理的设计思想。DCS 的基本组成结构是现场控制层和操作监控层，在其基础上可以扩展到企业的生产管理层和决策层，形成管控一体化的综合控制系统。

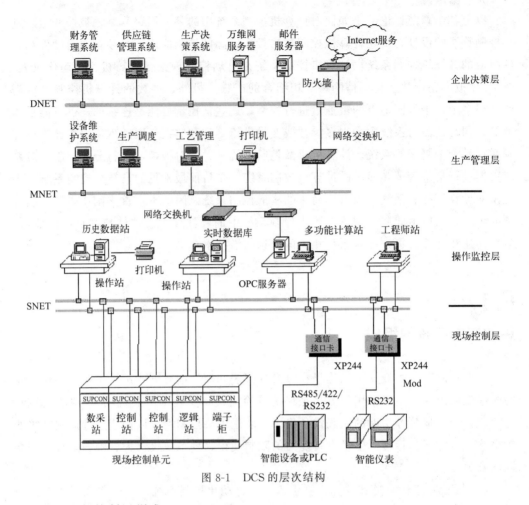

图 8-1 DCS 的层次结构

(1) 现场控制层组成

现场控制层的计算机系统通常是指与现场设备直接连接的智能化装置，其功能设置、信号连接端口、操作模式都是为工业自动化控制专门设计的，本质上就是专用工业控制计算机，具有高集成度、高可靠性、体积小、控制操作响应快、成本较低的特点。现场控制层的计算机系统也称为下位机，典型的下位机设备有智能仪表、可编程控制器 PLC、可编程自动控制器 PAC 等。现场控制层也可以由一个或多个现场控制单元组成，每个现场控制单元包含数据采集站、控制站、逻辑运算站、端子柜。

现场控制层的计算机系统的主要任务如下：

① 进行过程数据采集：对被控设备中的每个过程量和状态信息进行快速采集，为进行数字控制、开环控制、设备监测等获得所需要的输入信息。

② 进行直接数字的过程控制：根据控制组态数据库、控制算法来实施过程量（开关量、模拟量等）的控制。

③ 进行设备监测和系统的测试、诊断：把过程变量和状态信息取出后，分析是否可以接受以及是否可以允许向高层传输；进一步确定是否对被控装置实施调节，并根据状态信息判断计算机系统硬件和控制模块的性能，在必要时实施报警、故障诊断

等措施。

④ 实施安全性、冗余化措施：一旦发现计算机系统硬件或控制模块有故障，立即实施备用件的切换，保证整个系统的安全运行。

组成现场控制层的硬件设备是 DCS 的控制站，有主控（MCU）模块、现场信号输入输出（IO）单元、通信处理器、冗余单元、电源模块、机架和系统底板等组成部分。

（2）操作监控层计算机系统

操作监控层计算机系统通常包括数据服务器、工程师站、操作员站、通信服务器等，这些设备主要选用通用或专用 PC 机作为设备平台，并采用工业以太网连接。为了提高可靠性，一些大规模工业流程的操作监控层计算机控制系统还采用冗余方案，即配置两台以上同样功能的服务器或操作站，当一台出现故障时，系统自动切换到另外一台工作。

对结构复杂的操作监控层计算机控制系统，可能系统除了有一个总的监控中心外还包括多个分监控中心。每一个监控中心通常由完成不同功能的工作站组成一个局域网，这些工作站包括：

• 数据库服务器——负责收集从控制层计算机系统传送来的数据，并进行汇总、存储、管理。

• 网络服务器——负责监控中心的网络管理及与上一级监控中心的连接，提供Web 资源并进行管理。

• 操作员站——在监控中心完成各种生产设备的管理和控制功能，通过组态画面监测现场站点，使整个系统平稳运行，并完成工况图、统计曲线、报表等功能。操作员站通常是系统客户端。

• 工程师站——对控制系统应用软件进行组态和维护，组态、修改控制逻辑等。

（3）生产管理层和企业决策层

这两部分属于企业级 DCS 的扩展部分。其主要设备是具备网络连接、包含若干商用 PC 机和服务器构成的用户平台。生产管理层的主要作用是根据底层控制系统提交的生产信息数据（如产能、消耗、产量、仓储状态等）合理安排生产计划和物流管理，协调企业生产计划。企业决策层则利用这些信息对企业生产、供应、销售、技术、市场、财务等方面进行全面管理。

8.1.2　现场总线控制系统

（1）现场总线控制系统的特点

现场总线控制系统（fieldbus control system，FCS）是在 DCS 技术基础上发展起来的全网络化控制系统。虽然 DCS 全方位地将计算机技术引入了工业自动化领域，但在早期 DCS 中现场控制层传感器、执行器和智能化控制器的主要通信方式是采用 $4\sim20mA/1\sim5VDC$ 的模拟电信号。在这种模式下，每一对导线只能传输一路信号，从现场到中央控制室的连线数量仍旧较多，数字化和网络化的优势不能充分体现。而作为控制器的智能化设备（PLC、IPC 等），一旦出现故障，还是会影响多个控制回路的运行。

20 世纪 90 年代初，用微处理器技术实现过程控制以及智能传感器的发展，研究人员提出了用数字信号取代模拟信号在现场层进行信息传递，这就形成了一种先进工业测控技术——现场总线（fieldbus）。现场总线是连接工业过程现场仪表和控制系统之间的全数字化、双向和多站点的串行通信网络，从各类变送器、传感器、人机接口或有关装置获取数字信息，通过控制器向执行器传送信息，构成现场总线控制系统。

利用微处理器芯片和信号处理转换电路，使传感器、变送器和执行器等现场设备实现智能化和数字化。一方面，将传感器采集的现场信号就地转换为数字信号，利用特定的网络通信协议，经过网络通信线路传输给信号变送器或执行器；另一方面，原来 DCS 现场控制层计算机的控制运算和数据处理功能也由信号变送器或执行器完成。在现场层彻底实现了功能的分散。FCS 技术提高了通信线路的利用效率，同时进一步实现了控制系统设备智能化和功能分散化，简单地说 FCS 实际上就是一个完全数字化的 DCS 计算机控制系统，是一种全数字化、全分散式、全开放和多点通信的计算机控制网络系统。

（2）FCS 的结构

由于 FCS 将原 DCS 的控制站功能分散到现场的检测传感设备和控制执行装置上，因此 FCS 的基本组成就是现场控制层和操作管理层。两种不同系统控制方案的组成对比如图 8-2 所示。

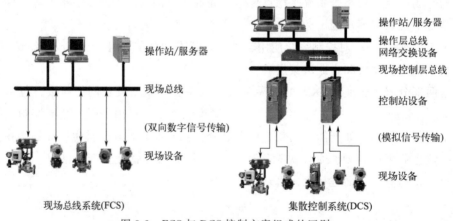

图 8-2　FCS 与 DCS 控制方案组成的区别

FCS 的现场控制层是实现监控功能的基础环节，其重要设备包括智能化的现场总线仪表和现场总线接口 FBI（Fieldbus interface），另外还有现场总线仪表电源、电源阻抗调整器、安全栅等，现场总线仪表组成现场设备控制基本回路，执行信号检测，按 FCS 协议信号的转换及输出检测结果，获取网络中传输给本设备节点的通信数据，按数据内容和控制需求进行控制运算、执行控制操作。FBI 负责与同层或上层现场总线设备的通信。

操作管理层是 FCS 的中心，其主要设备是由 IPC 组成的操作站、工程师站、监控计算机站和计算机网络连接设备（网关、网络交换机等）。操作站（OS）运行的人机操作界面（HMI）程序，为工艺操作人员监视和管理生产流程提供信息；工程师站（ES）供控制系统工程师进行控制软件组态设计和软件运行检查维护；监控计算机执行复杂控制运算，实现多系统多回路的协调控制，优化控制方案，并可对生产过程的故障进行判断、预报和分析。

网络连接设备负责操作管理层设备间的通信和与上层管理决策层的数据通信。

FCS 上层的生产管理和企业决策层的结构、功能和设备组成与 DCS 几乎一致，在此不再赘述。

8.2
集散控制系统现场控制层的硬件设备

现场控制层的硬件设备直接和设备装置相连，在一些只有单回路或少量回路控制的功能简单的计算机控制系统中，集散控制系统可以退化为只有现场控制层。

8.2.1　数据采集设备

在工业生产中，大量的被控制参数需要通过传感器转化为可远距离传送的信号形式，其中最为常见的是电量信号。这些电量信号按照其特点被分为模拟信号和开关信号两种类型。模拟信号用于表示连续变化的被控参数状态，例如管道中蒸汽流量和压力情况，化学反应釜中的物料温度和黏度变化，钢材轧制中钢坯的外形尺寸状况。开关信号则用于表示被控参数是否到达某一特定状态。例如物料储罐物料高度是否达到上限，机械切削装置的位移是否到达端点，密封容器中的压力是否超限。实现这种功能的装置被称为模拟量输入（AI）设备或数字量输入（DI）设备。

进行控制操作时，同样需要提供相应的电气信号对设备进行远距离的操控。控制使用的电气信号也有模拟信号和开关信号两类。例如控制管道里物料流量的稳定，需要调节装置根据不同管道压力调整阀门开度或传送泵转速，调节信号需要在一个范围内变化，这时需要利用模拟信号作为调节的操作信号，实现相应功能的装置被称为模拟量输出（AO）设备。再例如控制储油罐的液位，当加满后要停止加油。控制输油泵的信号只需要采用"开""关"两种选择，这时控制的操作信号采用开关信号即可，实现相应功能的装置被称为数字量输出（DO）设备。

在计算机控制系统中，将执行信号输入输出设备统称为数据采集设备（DAQ）。DAQ 通常有两种组成方式，一种是在一个电路底板上集中安装各类集成电路芯片，制造出一个多功能的板卡或模块，另一类是制造单一功能的模块或板卡，再利用总线

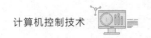

底板、插口、电气线缆将其组合在一起，构成功能完备的数据采集设备。如图 8-3 所示为常见的 DAQ 形式。

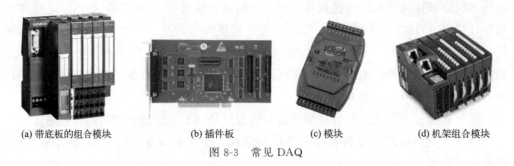

(a) 带底板的组合模块　　　　(b) 插件板　　　　(c) 模块　　　　(d) 机架组合模块

图 8-3　常见 DAQ

工业生产中为便于设备之间的信号交换，通常利用转换电路将模拟信号转换为 $4\sim20\text{mA}$ 或 $1\sim5\text{V}$ 的直流电信号，而开关信号的转换，则利用开关连接的电平或接地端产生对应"1""0"状态的数字电平信号。但是作为计算机控制系统，要和这些类型的信号连接还需要进行进一步的信号转换，使工业信号与计算机系统的信号相匹配。主要的内容包括信号的放大和滤波、模拟信号和计算机数字信号的相互转换、开关信号的电平匹配等。

8.2.1.1　模拟信号输入

计算机系统输入的模拟信号主要是指反映生产流程状态的随时间连续变化的电量信号，这些信号由工业自动化系统的检测元件和变送器产生，在非数字化的自动控制系统中，可直接送给常规的模拟仪表进行处理和传送。但是计算机控制系统只能接收数字信号，因此必须经过特定的环节将模拟信号进行进一步转换后，输入计算机的数据存储单元。完成这一功能的各个环节组成了计算机控制系统的模拟输入通道。

(1) 模拟信号输入通道的组成

计算机控制系统模拟输入设备一般由信号调理电路（信号预处理）、多路选择开关、采样保持器、模数（A/D）转换器、接口电路及输入通道控制电路等环节组成，如图 8-4 所示。

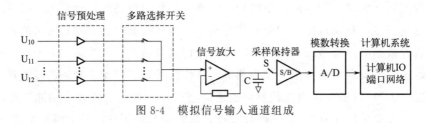

图 8-4　模拟信号输入通道组成

输入的模拟信号首先经过信号调理电路进行放大、滤波、变换和整形等处理后，通过多路选择开关进行逐一采样，采集的信号电平由采样保持器传送 A/D 转换器，并维持一定的时间，A/D 转换器将转换后的结果传送到接口电路，由计算机接收。整个系统的动作、时序控制由计算机系统的控制电路执行。

（2）A/D 转换的主要技术指标

在模拟信号输入通道中，A/D 转换器是将模拟信号转换为数字信号最重要的环节。其性能是影响计算机控制系统控制质量的一个重要因素。A/D 转换器的常用技术指标有以下几种。

分辨率：分辨率是指引起输出数字量变动一个二进制码最低有效位所对应的输入模拟量的最小变化量。它反映了 A/D 转换器对输入模拟量微小变化的分辨能力。在最大输入电压一定时，位数越多，量化单位越小，分辨率越高。例如：一个 8 位的 A/D 转换器对一个 0～5VDC 的信号进行转换，00H 对应 0V，FFH 对应 5V，则该 A/D 转换器的分辨率为 $(5-0)/2^8 \approx 0.02V = 20mV$。

量化误差：量化误差也称转换误差，是由于 A/D 转换将模拟信号进行了离散化处理，其有限的分辨率不能对连续变化的模拟信号进行更精确的跟踪而造成的误差。例如用 8 位 A/D 转换器，对 0～5V 的电压进行转换，当电压为 0.03V 时，转换数字结果可能是 1 或 2。但这两个数字所代表的电压都和实际电压存在一定误差，这个误差就是量化误差。通常量化误差采用分辨率对应的模拟信号大小的 1/2 或 1 倍表示。以上述情况为例，8 位 A/D 转换器转换 0～5V 信号的量化误差为 10mV 或 20mV。

转换时间：转换时间是指从转换控制信号（IL）到来，到 A/D 转换器输出端得到稳定的数字量所需要的时间。转换时间与 A/D 转换器类型有关，并行比较型一般在几十个纳秒，逐次比较型在几十个微秒，双积分型在几十个毫秒数量级。

实际应用中，应根据数据位数、输入信号极性与范围、精度要求和采样频率等几个方面综合考虑 A/D 转换器的选用。

8.2.1.2 模拟信号输出

模拟量输出通道的作用是将计算机系统运算产生的数字控制信号，转换为工业操作设备可以接收的模拟信号，具体形式就是 1～5V 的直流电压或 4～20mA 的直流电流信号。

（1）模拟信号输出通道组成形式

模拟信号输出通道一般由接口电路、D/A 转换器、采样保持器、电压-电流（V-I）转换器组成，其核心环节是数模（D/A）转换器。

模拟量输出通道的结构形式与采用的输出信号保持方式有关，计算机系统将控制量数值传送到输出通道后，主控程序会转向其他的控制操作，因此在输出通道中须具备保存输出控制量数值的能力，这一任务由通道的输出保持器完成。输出保持器一般有数字量保存方案和模拟量保存方案。不同方案的通道结构形式有所不同。

① 每通道独占 D/A 转换器方案。在这种方案中，计算机和输出通道间利用独立的接口缓冲传送信息，每个通道利用各自的锁存器保存输出数值，传送给对应的 D/A 转换器，属于数字式保持方案。其优点是转换速度快，可靠性强，每个通道的 D/A 转换器故障不影响其他通道。但由于每个通道需要使用一个 D/A 转换器，方案实现的经济成本较高。其结构如图 8-5 所示。

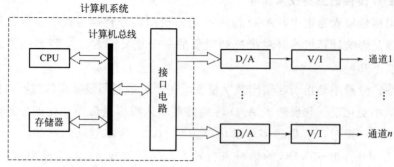

图 8-5　每通道独占 D/A 转换器

② 各通道共享 D/A 转换器方案。这种方案属于模拟量保持，各通道共享一个公用的 D/A 转换器，其结构如图 8-6 所示。

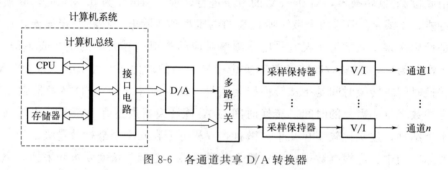

图 8-6　各通道共享 D/A 转换器

在这种结构中，接口通道的各锁存器保存的输出数据，通过控制器操作，被分时地连接到 D/A 转换器上，D/A 转换器的输出通过多路开关的轮流导通，连接到不同的模拟信号采样保持电路，保持电路可在一定时间周期内维持输出模拟信号的稳定，直到下一次刷新时间对输出进行更新。控制器信号可按一定的刷新周期，对每一路模拟输出信号进行刷新。这种结构的优势在于成本低廉，对通道数量多且控制输出更新速率要求不高的系统有一定优势。其缺点是可靠性较低，D/A 输出更新较慢。

D/A 转换器大部分是数字电流转换器，且功率小，不能用于工业设备的直接驱动。实用中通常需增加输出电路，实现信号方式的变换。一般采用的是先将 D/A 转换器的输出电流转换为 1～5V 直流电压，再利用 V-I 转换电路将其转换为 4～20mA 的电流信号。

（2）D/A 转换器的主要技术指标

分辨率：分辨率用以说明 D/A 转换器在理论上可达到的精度，用于表征 D/A 转换器对输入微小量变化的敏感程度。显然输入数字量位数越多，输出电压可分离的等级越多，即分辨率越高。所以实际应用中，往往用输入数字量的位数表示 D/A 转换器的分辨率。此外，D/A 转换器的分辨率也定义为电路所能分辨的最小输出电压 V_{LSB} 与最大输出电压 V_{MAX} 之比，即

$$\text{分辨率} = \frac{V_{\text{LSB}}}{V_{\text{MAX}}} = \frac{-V_{\text{REF}}/2^n}{-(2^n-1)V_{\text{REF}}/2^n} = \frac{1}{2^n-1} \tag{8-1}$$

式中，V_{REF} 为基准电源；n 为转换器位数。

上式说明输入数字量的位数越多，分辨率值越小，分辨能力越高。例如，八位 D/A 转换器的分辨率为：$1/(2^8-1)=1/255\approx0.00392$；十位 D/A 转换器的分辨率为：$1/(2^{10}-1)=1/1023\approx0.000978$。

转换误差：转换误差用以说明 D/A 转换器实际上能达到的转换精度。转换误差可用输出电压满度值的百分数表示，也可用最低有效位（LSB）转换结果的 1/2 表示。例如，一个 8 位 D/A 转换器的转换误差为 LSB/2，对 00000001 数值进行转换后，可输出模拟电压值的 1/2。转换误差又分静态误差和动态误差。产生静态误差的原因有基准电源 V_{REF} 的不稳定，运放的零点漂移，模拟开关导通时的内阻和压降以及电阻网络中阻值的偏差等。动态误差则是在转换的动态过程中产生的附加误差，它是由于电路中的分布参数的影响，使各位的电压信号到达解码网络输出端的时间不同所致的。

转换速率：它是在大信号工作时，即输入数字量的各位由全 0 变为全 1，或由全 1 变为 0 时，输出电压 V_{OUT} 的变化速率。

8.2.1.3　数字量输入通道

数字量输入通道负责开关信号、脉冲量和数码信号的输入。开关信号主要是一些触点型测量信号的输入或开关位置、继电器触点、电磁线圈电流通断等状态的输入。脉冲量主要是指一些以频率表示的传感器信号，常见的有转速、流量等。数码信号则主要来自于一些拨码开关或测量步进电机旋转角度的编码器传感元件。这些信号的特点是都属于离散信号，可用 0 和 1 两种状态表示，所以可以看作一位或多位二进制数据。这些类型的数据可通过数字量输入通道传送到计算机系统。数字输入通道主要解决数字型输入信号的电平转换和缓冲存储问题。例如将开关的机械动作转换为数字 0 或 1 对应的电平信号，将多路数字存储后并行送入计算机系统的数据总线。数字量输入通道的基本功能就是接收外部装置或生产过程的状态信号。这些状态信号的形式可能是电压、电流、开关的触点，因此容易引起瞬时高压、过电压、接触抖动等。为了将其输入计算机中，必须将现场输入的状态信号经转换、保护、滤波、隔离等措施转换成计算机能够接收的逻辑信号，完成这些功能的电路称为信号调理电路。

8.2.1.4　数字量输出通道

在对一些控制设备或报警装置采用启动和停止的方式进行操作时，可采用 1 或 0 状态的数字输出作为操作信号，例如控制电磁阀开闭，操作步进电机转过一定的角度等。实现这一功能的输出通道就是数字量输出通道。

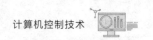

计算机系统输出的开关量大都为 TTL（或 CMOS）电平，这种电平一般不能直接驱动外部设备的开启或关闭。许多外部设备，如大功率直流电动机、接触器等在开关过程中会产生很强的电磁干扰信号，如不加以隔离，可能会导致微型计算机控制系统误动作以至损坏。因此，开关量输出控制中必须考虑信号的放大和隔离。

8.2.2　微处理器系统

微处理器（micro process unit，MPU）系统是最小的计算机控制系统，它可组成 DCS 现场层的控制站，是组成更大规模计算机控制系统的基础。微处理器系统是以微处理器芯片为关键的核心器件，配以适当的外围接口和通信电路组成微型化、一体化的计算机控制装置。微处理器芯片的性能对控制系统的控制能力起着非常重要的作用。微处理器按照性能和结构分为单片机、DSP、嵌入式 ARM 等类型，在控制中侧重点各有不同。

（1）单片机系统

单片机是最早出现的微处理器系统，是在早期单板机基础上，利用大规模集成电路技术，将计算机的 CPU、RAM、ROM、定时数器和多种 I/O 接口集成在一片芯片上，形成芯片级的计算机，又称单片微型计算机（single chip microcomputer），简称单片机，按其存储器类型可分为无片内 ROM 型和带片内 ROM 型两种。

（2）DSP 系统

DSP（digital signal process）系统的中文名称是"数字信号处理"系统。DSP 系统技术是在 MPU 系统技术发展到一定阶段后，对系统进一步升级的产物。

通用 DSP 芯片的代表性产品包括 Tl 公司的 TMS320 系列、AD 公司的 ADSP21×× 系列、Motorola 公司的 DSP56×× 系列和 DSP96×× 系列、AT&T 公司的 DSP16/16A 和 DSP32/32C 等单片器件。被广泛应用于数字控制系统、无线通信系统和通信终端产品以及个人消费电子领域。

（3）嵌入式系统

目前，习惯把 ARM 系列的微处理器芯片作为嵌入式系统的代表，但从一般意义上来说，单片机、DPS、ARM 都属于嵌入式系统。相比于 PC 机这类体积大、功能强的通用系统，嵌入式系统是个专用系统，结构精简，在硬件和软件上都只保留需要的部分，而将不需要的部分裁去。所以嵌入式系统一般都具有便携、低功耗、性能单一等特性。

ARM（adanced RISC machines）系统是英国 ARM 公司开发出的一种嵌入式微处理器结构技术，以这种技术为核心生产的 MPU 芯片被称为 ARM 芯片。由于 ARM 公司并不生产芯片，而是采用技术授权的方式与许多厂商合作开发产品，所以目前在全世界范围内，有 100 多家国际化 IT 厂商都生产采用 ARM 技术知识产权（IP）的 ARM 芯片产品。

目前广泛使用的 ARM 芯片主要采用 ARMv7 架构，这一架构定义了三大分工明确的系列：Cortex-A 系列为高端处理器，面向尖端的基于虚拟内存的操作系统和用户应用，用于具有高计算要求、运行丰富操作系统及提供交互媒体和图形体验的应用领域，如智能手机、平板电脑、汽车娱乐系统、数字电视等；Cortex-R 系列用于高端的嵌入式系统，针对需要运行实时操作的快速系统应用，面向如汽车制动系统、动力传动解决方案、大容量存储控制器等领域；Cortex-M 系列则属于低端处理器，该系列面向微控制器领域，主要针对成本和功耗敏感的应用环境，如智能测量、人机接口设备、汽车和工业控制系统、家用电器、消费性产品和医疗器械等。

ARM 系统一般都采用 32 位数据/指令系统，高端的可到 64 位，在数据处理效率、运算能力、系统开放性和经济性方面大大优于早期的单片机和 DSP 系统，因此成为目前嵌入式应用的主流系统。

目前在工业控制系统应用的计算机控制系统中，微处理器在现场控制设备中应用占比几乎是 100%，如智能化仪表、PLC 系统的 CPU 组件、工业触摸屏控制器、现场控制用工控机，其核心处理部件都是微处理器。而在监视管理层设备中，以高端微处理器为核心的工控机也在逐渐替代传统结构的通用型工控机，其发展前景非常广泛。

8.2.3　智能仪表

智能仪表就是微处理器化的仪表。大规模集成电路技术的发展，已使微处理芯片不仅可以包含数据运算和逻辑处理单元，还可以将存储器（ROM/RAM/E^2PROM）和 A/D、D/A 接口电路、DI/DO 接口电路等全部集成在其中，一片芯片具备十几年前一台微型计算机的所有功能。在硬件中固化的专用操作系统可以保证这个芯片化的微机系统高速可靠的运行。典型的有嵌入式 ARM 芯片、DSP 芯片或各种字长（8 位/16 位/32 位）的单片机芯片。用它们代替常规仪表中的信号处理电路和信号转换电路，运行固化在芯片存储单元中的程序，可完成数据巡回采集、控制算法运算、控制操作量输出、现场信息与操作信息交互通信等多项任务。

如图 8-7 所示为典型智能化仪表的硬件系统组织结构，仪表系统与外部其他设备的信息交换设备分为 I/O 接口、键盘显示接口、通信接口，分别承担与现场设备、操作人员和远程网络通信用户的信息交换任务。仪表内部利用总线结构实现数据传输，总线宽度可达 32～64 位。程序采用固化方式保存，上电运行，工作时由微处理器实时处理和协调整个系统的工作。

智能化仪表的特点是系统高度集成，实时性和可靠性高，软件设计工作由生产厂商完成，用户使用时不需要进行二次开发，在计算机控制系统中是现场控制设备重要的组成之一。但一般性能相对单一，控制算法无法进行更新和修改，人机界面显示效果相对简单，无法反映系统全局的状态变化。图 8-8 所示为智能仪表。

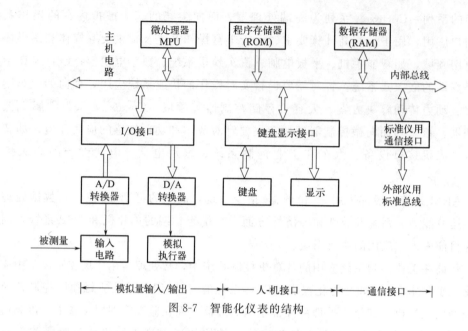

图 8-7　智能化仪表的结构

图 8-8　智能仪表外观

8.2.4　可编程控制器系统

可编程控制器系统的主要设备是可编程逻辑控制器（programmable logic controller，PLC），所以一般称为 PLC 系统。

PLC 系统是以微处理器为基础的模块化计算机控制设备，既可以单台独立工作，进行某个工业设备的控制操作，也可以利用工业网络通信连接，组成企业化规模的大型控制系统，对整个工业生产过程进行统一的运行管理。常见的 PLC 设备见图 8-9。

图 8-9　常见 PLC 设备的外观

早期的 PLC 系统是为了替代工业生产中继电器控制系统而开发出的设备，其输入/输出信号是开关类型的，易于转换为数字信息的模式，经过几十年的技术发展，目前的 PLC 系统采用了 32 位微处理器和半导体存储器，不仅有复杂的逻辑控制和顺序控制功能，也可以接收和发送模拟信号，实现连续控制功能，并通过通信网络搭建多层控制应用平台。

现代 PLC 控制系统具有以下特点。

(1) 硬件系统标准化且易于扩展

PLC 发展到今天，已经形成了各种规模的系列化产品，可以用于各种规模的工业控制场合。除了逻辑处理功能以外，PLC 大多具有完善的数据运算能力，可用于各种数字控制领域。多种多样的功能单元大量涌现，使 PLC 渗透到了位置控制、温度控制、CNC 等各种工业控制中。加上 PLC 通信能力的增强及人机界面技术的发展，使用 PLC 组成各种控制系统变得非常容易。

在硬件架构上，PLC 系统普遍采用了模块化体系结构，通过机架或专用通信连线可根据需要在系统上增减各种功能模块，从而便于在应用中调整系统的功能。产品的标准化使每个模块的配置设定和软件开发非常方便。

(2) 高可靠性

PLC 由于采用现代大规模集成电路技术，采用严格的生产工艺制造，内部电路采取了先进的抗干扰技术，因此具有很高的可靠性。使用 PLC 构成控制系统，和同等规模的继电接触器系统相比，电气接线及开关接点已减少到数百甚至数千分之一，故障也就大大降低。此外，PLC 带有硬件故障自我检测功能，出现故障时可及时发出警报信息。在应用软件中，应用者还可以编入外围器件的故障自诊断程序，使系统中除 PLC 以外的电路及设备也获得故障自诊断保护。这样，整个系统的可靠性极高。

(3) 软件编程的标准化和功能多样化

PLC 系统的编程设备主要有标准台式设备和手持式/触摸屏式两类，手持式/触摸屏式一般安装于 PLC 设备旁边，用于现场快速调试和监视。标准台式设备一般通过通信网络与 PLC 设备连接，可进行多台 PLC 的工作状态的监视和控制系统软件的开发。

PLC 系统的软件开发目前已有了国际化的标准。根据国际电工委员会制定的工业控制编程语言标准（IEC1131-3），只要支持 IEC1131-3，所开发的程序脚本就便于借鉴和转换。

(4) 全面的通信网络结构

PLC 系统的通信网络主要是局域网，目前高端的 PLC 系统已可组成工业级的 DCS 和 FCS，可利用串行总线、以太网、现场总线等多种方式连接各种检测控制设备或监视管理操作设备。

8.2.5　可编程自动化控制器 PAC

可编程自动化控制器 PAC 是一种多功能的控制平台，由一个通用、软件形式的控制引擎管理应用程序的执行，允许用户根据系统实施的要求，在同一平台上运行多个不同功能的应用程序，并根据控制系统的设计要求，在各程序间进行系统资源的分配，以实现多领域的功能，包括：逻辑控制、过程控制、运动控制和人机界面等。PAC 采用开放的模块化的硬件架构实现不同功能的自由组合与搭配，在通信协议上支持 IEC-61158 现场总线规范，可以实现基于现场总线的高度分散性的工厂自动化环境。支持工业以太网标准，可以与工厂的 EMS、ERP 系统轻易集成。可提供通用发展平台和单一数据库，以满足多领域自动化系统设计和集成的需求。

图 8-10　PAC 产品

虽然 PAC 是 PLC 技术发展的产物，但从硬件功能来看，PAC 更接近一台工业计算机（IPC），但是 PAC 使用的是实时操作系统，例如 Linux、WindowsCE. net、Android 等，微处理器广泛采用的是低功耗、高性能的 SOC（system on chip）核心处理器，如嵌入式 ARM 芯片。移动存储不再使用机械结构装置，提高了数据处理效率和运行可靠性。如图 8-10 所示为某公司的 PAC 产品，具备了计算机控制系统所需的各项功能，且结构紧凑，可靠性高，应用方便。

8.2.6　工业控制计算机 IPC

工业控制计算机（industrial process computer，IPC）与一般通用机的结构相同，主要区别在于和外设连接的接口种类较多，另外计算机制造时所选的芯片稳定性和可靠性较高，有利于其长时间的连续运行。通过总线结构的插座安装各种外接信号连接插件，与现场设备进行连接。IPC 的系统软件一般采用通用商业系统软件（Windows XP/Windows 7 等），配合各种应用软件支持控制系统运行。IPC 对硬件和软件的选择灵活性大，功能组合和二次开发方便，便于和其他设备进行通信连接，但运行效率和可靠性相对其他类型设备低，实时性相对较差。图 8-11 所示为工控机。

图 8-11　工控机的外观

相对于家用或商用 PC，IPC 具有以下特点：

① 机箱结构采用全钢封闭式结构，类型主要以卧式为主，便于在机柜内安装。

全封闭的结构有利于抗冲击、抗振动、抗电磁干扰。

　　② 与普通 PC 不同，IPC 的主板一般采用无源底板，该板为四层结构，中间两层分别为地层和电源层，这种结构方式可以减弱板上逻辑信号的相互干扰和降低电源阻抗。无源底板的功能是提供 PCI 总线和 PC/104 总线的接口插槽，而没有普通 PC 主板必备的 CPU 芯片和信号传送的控制芯片。底板插槽数量多，种类丰富，可插接各种板卡，包括 CPU 卡、扩展的存储器卡、显示卡、控制卡、各类 I/O 卡等。如图 8-12 所示为 IPC 机箱中的无源底板。

图 8-12　安装在 IPC 机箱中的无源底板

　　③ 就电源而言，常规工控机的电源采用高度可靠的工业电源，并有过压、过流保护。电源中使用的电阻、电容和线圈的抗冲击和抗干扰能力强，平均无故障运行时间远超普通 PC 的电源。由于 IPC 电源也采用板卡方式插入无源底板，因此可以支持冗余，即一个机箱使用两个电源，不用担心电源损坏，造成数据包丢失。

　　④ IPC 一般都自带"看门狗"功能，当出现软件运行故障时，系统可自行重启，恢复运行，不需人工的干预，确保系统的可靠性。

　　随着嵌入式微处理器的广泛应用，出现了一些结构紧凑、成本低廉的 IPC，其代表性的产品包括嵌入式 IPC 和工业平板一体机，产品在主板设计、外观结构上越来越个性化、专业化。这类产品在扩展性方面弱于标准结构的 IPC，接口插槽数少，CPU、控制器和存储器都集成在主板上，与普通 PC 区别不大。但由于采用的 CPU 是 ARM 系列的高端处理器，因此具备低成本、高可靠性的特点。同时由于体积的大大减小，外接移动设备少，抗振动和散热性优良，设备的安装更加灵活，在现场控制器方面占有一席之地。图 8-13 所示为嵌入式 IPC 的外观和内部结构。

图 8-13　嵌入式 IPC

　　IPC 具有工业现场的应用特性，同时又充分应用了 PC 机的操作系统和软件开发环境，为计算机控制系统的设计和操作带来极大的便利。随着信息化的不断发展，以及各行各业对工控设备性能的要求不断提高，未来工控机的发展应该会更加智能化，

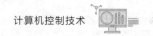

设计、性能、信息数据处理能力方面都会有更加人性化的发展。

8.3
集散控制系统的软件技术

工业用的计算机控制软件包括运营管理类软件、生产控制类软件以及研发设计类软件。其中直接与控制应用相关的是生产控制类软件，这类软件也是和控制技术结合最紧密的工业控制应用软件。

从功能上分类，生产控制类软件主要分为各种智能控制器的编程软件（如西门子PCS、三菱 GXDeveloper、德国菲尼克斯电气公司的 MULTIPROG、德国 CODESYS 控股集团公司的 CODESYS、美国 OPPT 公司的 OPTO2.2 等）和监督管理软件（如组态王、WINCC、INTOUCH、ifix 等）。

8.3.1 计算机控制系统软件的基本功能

工业控制类软件在进行生产过程控制和管理时，具有以下几方面的基本功能：

(1) 数据的采集和处理

通过与硬件的接口驱动，获取 A/D 通道的过程参数，并对采集数据的正确性进行判定，以及进行滤波、线性化、标度转换处理等运算。

(2) 控制算法程序

主要实现系统的调节和控制，程序根据所选择控制算法和被控对象的具体情况进行设计，以满足控制系统的性能指标，常用的有 PID 控制程序、最优化控制程序、顺序控制和差补运算程序等。

(3) 巡回检测程序

根据控制和安全指标，对采集数据进行判别，提供状态报警、设备故障预测、设备状态显示等功能，使操作人员及时了解生产过程和设备情况。

(4) 数据管理程序

保存生产过程数据，建立全方位数据查询服务，为设备维护、产品质量监控、生产调度、成本核算、利润预测等管理系统提供数据支持。

为适应工业自动化控制操作的要求，工业控制类软件具备以下特点：

- 可与多种硬件设备进行数据通信，需要进行数据值与实际工程量的对应换算。
- 需要进行数据检验，消除外界干扰因素带来的数据误差。
- 需要具备实时运算和处理功能，及时对工业现场数据的变化予以响应。
- 具备强大的容错能力，可在无人工干预的情况下保证系统的安全运行。

8.3.2　计算机控制系统软件的特点

计算机控制系统软件与其他计算机应用系统软件相比较具有以下特点。

（1）与硬件有很强的交互性

计算机控制系统涉及的硬件设备种类繁多，既有测量和采集生产过程信号的仪表设备，也有执行控制和操作的动力、能源操作设备，还有进行信息远程传输的各种有线或无线通信设备，因此使得软件系统提供的驱动程序和通信程序复杂多样。

（2）能对数据资源共享进行调度管理

计算机控制系统从生产过程获得的数据，对整个企业的生产控制和管理有着重要的意义，操作人员监控设备的工艺参数的稳定性和安全状态，生产计划部门需要掌握原料消耗和产出品数量，企业决策部门需要了解生产的成本和利润，这就要求计算机控制系统能合理地对数据资源进行分配和共享，为多个不同岗位的用户提供数据服务。

（3）能解决并发操作处理中存在的协调问题

有许多工业生产过程是以全年每天 24 小时连续运行的模式进行生产的，这就要求计算机控制系统在很长的时间里，不能出现停顿，以保证生产过程安全平稳。因此很多工业生产的计算机系统要采用冗余方式，这就要求软件系统能解决主控系统和备用系统并发操作协调问题，保证备用系统平时可与主控系统保持数据同步，在主控设备发生故障时及时切换，以维持系统的正常运行。

（4）系统的实时性和可靠性要求高

工业过程控制要求对现场的状态和参数变化做出及时反应，以确保控制动作迅速和准确执行。因此要求软件系统必须具备大量数据快速处理的能力，对异常状态要能够进行预判和迅速响应。软件的运行要平稳可靠，应该具有软件狗的功能，在出现"死循环"的情况下可自动复位重启，同时可保护现场数据，确保重启后不破坏系统正常运行。

8.3.3　计算机控制系统的软件分类

计算机控制系统的软件包含三个主要类型：系统运行的基础平台，控制系统的开发环境，实现控制功能的应用软件。

（1）基础平台

基础平台主要是支持系统运行和开发的操作系统。操作系统实现对硬件的驱动和管理功能，同时为应用软件提供这些管理功能的调用接口函数。根据实际需要，操作系统的规模大小不同。例如在监控层或管理层的计算机常用 Windows、Linux 等操作系统，虽然系统占用硬件资源多，但功能齐全，提供的软硬件接口丰富，应用软件种类多，程序开发有较多支持，人机交互方便，因此使其成为监控层和管理层操作系统的首选。而在现场层的嵌入式计算机中，由于设备能耗、体积和可靠性等因素的限制，硬件系统资源有限，因此多采用实时性强、功能简化、占用空间小的嵌入式系统，例如 VxWorks、Windows CE、嵌入式 Linux、μC/OS-II 或 Android。有些低端的微处理器甚至不采用操作系统，直接将资源管理和控制运算、数据处理作为一个整体进行开发编译后，固化在系统的存储器中运行。

（2）开发环境

用于工业控制应用系统的开发平台称为组态软件，例如 PCS、iFIX、CODESYS、OPTO、WinCC 及组态王等。从功能侧重面来说，一类偏重控制功能的设计，称为控制编程软件，另一类侧重于用户操作界面开发，称为监控组态软件。例如西门子公司的 Simatic S7 属于控制功能设计软件，而西门子公司的另一款软件WinCC 主要用于开发人机界面，在开发控制系统软件时，各自承担不同的功能。这些软件中的一部分只支持在特定公司的硬件平台上进行控制软件的开发，是控制设备生产厂商为其设备定制的开发环境，西门子公司的 PCS7 和 WinCC 就属于这种类型。另一类开发软件则结合国际化标准，与众多控制设备生产厂商合作，以广泛兼容性为目的，如 CODESYS 等。

（3）应用软件

利用开发环境设计的应用程序就是应用软件，计算机控制系统一般需根据实际的工业生产过程进行设计，所以每一个应用软件都是为某个特定应用开发的专门应用程序，只能用于一个特定的生产过程，属于一个特定的 DCS、FBS、SCADA 系统。

除控制系统的应用软件外，还有一些为特定应用设计的通用应用软件，例如用于数据交换的 OPC 通信软件，可为不同公司的控制软件提供 OPC 通信服务，通过简单的设置就可以将数据采集设备或应用软件提供的数据整理收集，传送给远程客户端的用户，起到了一个数据管理的功能。通用应用软件还包含用于存储和管理控制系统工程数据的数据库系统，在计算机控制系统中，数据库系统保存大量的工业过程数据，并提供数据库的实时维护和管理，常用的数据库系统有 SQL、MySQL、DB2、ORICAl 等关系数据库系统。还有一类通用软件是用于测定硬件工作状态的测试软件。

8.3.4　国际工业控制编程标准 IEC 61131-3

工业控制系统最常用的控制设备是可编程序控制器（PLC）。在 PLC 软件编程的早期阶段，由于没有一个统一的国际标准，各制造商根据自己的习惯，使用自己的编程语言，这些编程语言从内容到形式都不相同。编程语言的不统一情况，给用户带来极大的不方便，使用不同公司产品，编制的程序完全不通用，用户必须熟悉不同公司的编程语言和开发工具，要想在一个大型的工程项目中使用多家公司的产品，几乎是不可能的事。所以只能选择某一公司的从硬件设备到软件环境的全部产品。

早在 20 世纪 80 年代，国际电工技术委员会（IEC）就开始着手制定统一的可编程序控制器标准，并于 1993 年正式颁布了这一标准。随着工业控制计算机技术的不断发展和进步，国际电工委员会对这一标准不断地更新，在 2013 年该标准更新为第三版 IEC 61131-3。

该标准得到了世界范围包括德国西门子、美国 AB 等众多厂商的支持，但又独立于任何一家公司。这一标准合理地吸收、借鉴了世界范围的各 PLC 厂家的技术、编程语言等部分的优点并随着科技发展、实际工程需要也在不断进行着补充和完善。

IEC 61131 标准将信息技术领域的先进思想和技术（如软件工程、结构化编程、模块化编程、面向对象的思想及网络通信技术等）引入工业控制领域，弥补并克服了传统 PLC、DCS 等控制系统的弱点（如开放性差、兼容性差、应用软件可维护性差以及可再用性差等特点）。在我国，从 1995 年开始也颁布了 GB/T 15969 系列可编程控制器的国家标准，已完成的国家标准等同于 IEC 61131-1～IEC 61131-8 所对应的标准。

8.3.5　CODESYS 软件与软 PLC 技术

CODESYS（controlled developement system）软件是由德国 Smart software solution GmbH 公司所开发的工业自动化软件开发平台，是完全基于 IEC 61131-3 标准所开发的通用自动化软件开发平台。其功能强大、易于开发、可靠性高、开放性好并且集成了工业自动化所需的各类组件。

CODESYS 软件是功能全面的控制站应用程序开发软件，编写的程序经编译后，可以下载到 IPC 或嵌入式系统，在 CODESYS 实时操作系统的控制下运行，实现各类工业控制现场层的控制功能，这一技术被称为软 PLC 技术。

软 PLC 综合了计算机和 PLC 的开关量控制、模拟量控制、数学运算、数值处理、网络通信、PID 调节等功能，通过一个多任务控制内核，提供强大的指令集、快速而准确的扫描周期、可靠的操作和可连接各种 I/O 系统及网络的开放式结构。所以，软 PLC 提供了与硬 PLC 同样的功能，同时又提供了 PC 环境。软 PLC 与硬 PLC 相比，还具有如下的优点。

（1）具有开放的体系结构

软 PLC 具有多种 I/O 端口和各种现场总线接口，可在不同的硬件环境下使用，突破传统 PLC 对硬件的高度依赖，解决了传统 PLC 互不兼容的问题。

（2）开发方便，可维护性强

软 PLC 是用软件形式实现硬 PLC 的功能，软 PLC 可以开发更为丰富的指令集，以方便实际的工业应用；并且软 PLC 遵循国际工业标准，支持多种编程语言，开发更加规范方便，维护更简单。

（3）能充分利用 PC 机的资源

现代 PC 机强大的运算能力和飞速的处理速度，使得软 PLC 对外界响应能迅速作出反应，在短时间内处理大量的数据。利用 PC 机的软件平台，软 PLC 能处理一

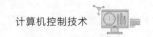

些比较复杂的数据和数据结构，如浮点数和字符串等。PC 机大容量的内存，使得开发几千个 I/O 端口简单方便。

（4）降低对使用者的要求，方便用户使用

由于各厂商推出的传统 PLC 的编程方法差别很大，并且控制功能的完成需要依赖具体的硬件，因此工程人员必须经过专业的培训，掌握各个产品的内部接线和指令的使用。软 PLC 不依赖具体硬件，编程界面简洁友好，降低了使用者的入门门槛，节约培训费用。

（5）普及应用，降低成本

软 PLC 硬件成本低，软件开发方便，适用面广，支持多种 PLC 的编程开发，在应用中打破了几大巨头垄断的局面，有利于降低成本，促进软 PLC 技术的发展。

8.3.5.1　软 PLC 控制方案特点

要实现软 PLC 控制功能，必须具有三个主要部分，即开发系统、对象控制器系统及 I/O 模块。开发系统主要负责编写程序，对软件进行开发。对象控制器及 I/O 模块是软 PLC 的核心，主要负责对采集的 I/O 信号进行处理，以及实现逻辑控制及信号输出的功能。

（1）开发系统

软 PLC 开发系统实际上就是带有调试和编译功能的 PLC 编程软件，此部分具备如下功能：编程语言标准化，遵循 IEC 61131-3 标准，支持多语言编程（共有 5 种编程方式：IL、ST、LD、FBD 和 SFC），编程语言之间可以相互转换；丰富的控制模块，支持多种 PID 算法（如常规 PID 控制算法、自适应 PID 控制算法、模糊 PID 控制算法、智能 PID 控制算法等），还包括目前流行的一些控制算法，如神经网络控制；开放的控制算法接口，支持用户嵌入自己的控制算法模块；仿真运行，实时在线监控，在线修改程序和编译；网络功能，支持基于 TCP/IP 网络，通过网络实现 PLC 远程监控、远程程序修改等。

（2）对象控制器系统及 I/O 模块

这两部分是软 PLC 的核心，完成输入处理、程序执行、输出处理等工作。通常由 I/O 接口、通信接口、系统管理器、错误管理器、调试内核和编译器组成。I/O 接口，可与任何 I/O 信号连接，包括本地 I/O 和远程 I/O，远程 I/O 主要通过现场总线 Interbus、Profibus、CAN 等实现；通信接口，通过此接口使运行系统可以和开发系统或 HMI 按照各种协议进行通信，如下载 PLC 程序或进行数据交换。系统管理器，处理不同任务和协调程序的执行。错误管理器，检测和处理程序执行期间发生的各种错误。调试内核，提供多个调试函数，如强制变量、设置断点等。编译器，通常开发系统将编写的 PLC 源程序编译为中间代码，然后运行系统的编译器将中间代码翻译为与硬件平台相关的机器码存入控制器。

（3）综合控制方案

搭载和运行软 PLC 的硬件平台组成的控制系统可以有以下三种类型：

①　基于嵌入式控制器的控制系统。嵌入式控制器的操作系统平台是嵌入式操作系统（如 Windows CE、Andriod 和 Linux 等）。软 PLC 的实时控制核被安装到嵌入式控制器操作系统中，执行软 PLC 应用程序的运行管理以及与上层开发系统的通信功能，确保控制系统应用程序的实时性。

②　基于工控机 IPC 的控制系统。该方案的软件平台可以采用 Windows、Linux 等操作系统，软 PLC 的实时控制核在操作系统中运行，实现 PLC 控制程序的运行管理。其优势在于可充分利用 IPC 的 I/O 接口和多种外设，开发和实现通信、人机交互界面方便。

③　基于传统硬 PLC 的控制系统。此方案中，以传统硬 PLC 作为硬件平台，将软 PLC 的实时核安装在传统硬 PLC 中，将开发系统编写的控制系统应用程序下载到硬 PLC 中，为系统改造升级和满足特定硬件设备需求的情况提供便利。

8.3.5.2　CODESYS 的组成结构

CODESYS 作为软 PLC 系统的开发和运行平台，从架构上基本可以分为三层，应用开发层、通信层和设备层。CODESYS 结构示意图如图 8-14 所示。

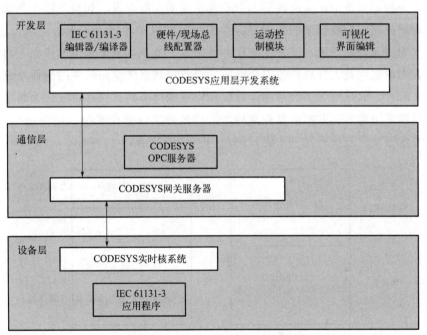

图 8-14　CODESYS 层次架构示意图

（1）开发层

在开发层 CODESYS 提供了 IEC 61131-3 所定义的五种编程语言的编辑和编译工具；硬件/现场总线配置器可针对不同制造商的硬件设备及不同现场总线协议，提供驱动和配置；可视化界面编辑系统为 HMI 开发提供便利；运动控制功能已经集成在 CODESYS 的运动控制模块中，为复杂机械运动控制程序设计提供支持。

（2）通信层

应用开发层和设备层之间的通信是由 CODESYS 中的网关服务器来实现的，CODESYS 网关服务器中安装了 OPC 服务器。可以使用 TCP/IP 协议或通过 CAN 等总线实现远程访问。对基于 CODESYS 进行编程的控制器，无须考虑所使用的硬件 CPU，因为控制器已经集成并实现了 OPC V2.0 规范的多客户端功能，且能同时访问多个控制器。

（3）设备层

使用基于 IEC 61131-3 标准的编辑开发工具 CODESYS 对一个硬件设备进行操作前，硬件供应商必须要在设备层预先安装 CODESYS 的实时核。CODESYS 的实时核可以运行在各种主流 CPU 上，为计算机控制系统建立一个软件运行的实时平台，确保控制软件以微秒级分辨率对设备的情况进行实时响应。用户在开发层写完的程序通过以太网或串口下载至设备层中，最终该应用程序中的文件已经被转为二进制存放在目标设备中，根据用户设定的执行方式循环执行对应程序。

8.3.5.3　CODESYS 实时核的作用

在工业控制系统中，实时性是一个非常重要的性能要求。如果不能在系统要求的毫秒级时间内完成控制程序的执行，会影响数据的采集和输出，无法完成控制任务。另外，作为工业控制系统，控制系统软件必须对工业现场的突发情况作出及时有效的响应，否则可能危及人身和设备安全。所以运行控制系统应用软件的操作系统平台必须具备实时性。但是绝大多数通用计算机操作系统都不具备这一特征。为解决实时性问题，目前采用的解决方案主要有两种：①插卡方案（操作系统＋硬件板卡）；②实时扩展方案（操作系统＋实时扩展软件）。其原理图如图 8-15 所示。

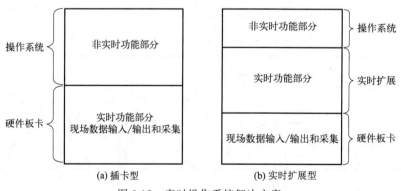

图 8-15　实时操作系统解决方案

CODESYS 采用的是实时扩展的方案。通过软件的方式对操作进行实时性能的改造，使其具有实时性。系统的实时任务和非实时任务都由软件完成，硬件板卡只实现简单的输入输出功能，因此只需廉价的通用 I/O 板卡，大大减少了系统的硬件成本。CODESYS 的实时核可以运行在各种主流 CPU 上（如 ARM、X86、PowerPC、TriCore、DSP 等），并支持 Windows、Linux、VxWorks、Android 等操作系统。

只要在 IPC、嵌入式硬件设备的操作系统中安装 CODESYS RTE（CODESYS 实时核）软件，就可使操作系统平台具备实时性功能。在 CODESYS 开发系统中将事先写完的程序直接下载到设备中，将用户代码转换为二进制代码存入控制站内，由 CODESYS RTE 控制运行，就具有微秒级实时控制性能。

8.4

集散控制系统的通信技术

现代计算机控制系统的核心技术之一是网络通信技术。在对生产过程进行控制时，需要实现不同设备、不同工段、不同车间甚至不同企业之间的数据交换和数据共享，服务于工业控制的计算机通信网络为完成这一任务起了关键的作用。在工业自动化控制领域应用的计算机网络负责实现企业级信号检测和转换，数据的传输、运算、存储，控制操作等设备或系统的互联，通过企业内部数据、信息和资源共享，进行生产流程的全面控制，为企业经营决策和物流管理提供信息支持，使企业的生产、经营和管理可以高效率协调运作。通常把工业领域中使用的计算机控制系统的通信网络简称为工业网络。

工业网络相对比其他领域应用的计算机网络具有以下特点：

① 绝大多数网络节点的地域范围、连接对象、通信内容和处理方式是明确的。

② 对安全性要求较高，用户和权限管理要求高，对服务范围之外的用户实行有限的开放，以保证系统的运行安全性、保密性、可靠性。

③ 底层网络需具备实时通信传输和响应能力，满足工业控制系统对执行监控任务快速、可靠的要求。

④ 对大量不同类型的设备、系统和通信模式具备广泛的包容性，并进行统一和规范化管理，以便实现系统互联。

目前在工业控制中使用的计算机网络技术主要有以下几种类型：

① 以 RS485、RS232 为代表的串行总线通信。

② 基于工业以太网技术（TCP/IP 协议）和现场总线的网络通信。

③ 基于无线通信协议（Wi-Fi、ZegBee）的网络通信。

8.4.1　串行总线通信网络

串行通信总线是计算机控制系统最早使用的通信总线结构，目前许多与现场连接的控制层计算机系统和智能化设备（智能仪表、PLC 等）仍提供这种通信连接方式进行设备互连。主要类型有 RS485 和 RS232C 协议。不同协议对信号的定义、数据组成、连线方式都有所不同。

8.4.1.1 串行通信总线的基本类型

（1）RS232C

RS232C 是美国 EIA（电子工业联合会）在 1969 年公布的串行通信的标准，至今仍在部分工业控制设备通信中使用。这个标准对串行通信接口有关的问题，例如各信号线的功能和电气特性等都作了明确的规定，可进行全双工通信。在早期的工业控制系统中成为控制设备（IPC、PLC 等）与现场采样设备和操作设备连接的主要通信模式。

但由于标准建立较早，存在较多问题，如：电平信号高、抗干扰能力弱、通信速率低、连接距离短、只能一对一通信等。因此在工业控制系统的应用中因不便于建立和多个设备的广播式通信而逐渐被淘汰。

如图 8-16 所示为 RS232C 协议通信方式连接原理图。

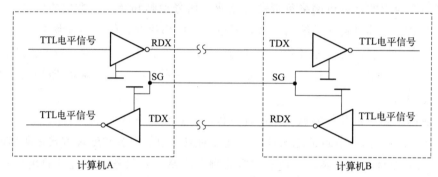

图 8-16　RS232C 串口通信连线原理图

（2）RS485

为满足远距离、高速传输的需要，EIA 后续又颁布了 RS422 和 RS485 串行通信标准，其中 RS485 标准由于其通信速率高、连接距离远、连线数量少、抗干扰性较强而在工业控制领域的通信设备连接中得到广泛应用，目前仍是现场设备信号采集系统的重要通信模式之一。

RS485 收发器采用平衡发送和差分接收，即在发送端，驱动器将 TTL 电平信号转换成差分信号输出；在接收端，接收器将差分信号变成 TTL 电平，因此具有抑制共模干扰的能力，加上接收器具有高的灵敏度，能检测低达 200mV 的电压，故数据传输可达一千米以外。其连接原理图如图 8-17 所示。

（3）USB 通信接口

USB 全称是 Universal Serial Bus（通用串行总线），是 1999 年以后被广泛应用的一种新型串行通信总线标准。目前 USB 3.0 为主要通信协议版本。USB 3.0 标准可以支持高达 4.8Gb/s 的数据传输率，可以和 USB 1.0 和 2.0 标准向下兼容。

USB 接口有以下一些特点。

① 数据传输速率高。USB 标准接口传输速率为 12Mb/s，最新的 USB-C 标准端

174

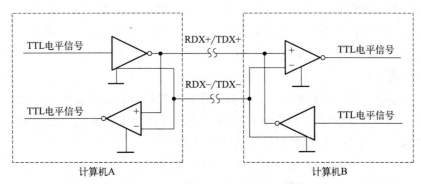

图 8-17　RS485 串口通信连线原理图

口的最高传输速率为 10Gb/s。

② 数据传输可靠。USB 总线控制协议要求在数据发送时含有描述数据类型、发送方向和终止标志、USB 设备地址的数据包。USB 设备在发送数据时支持数据纠错功能，增强了数据传输的可靠性。

③ 同时挂接多个 USB 设备。USB 总线可通过菊花链的形式同时挂接多个 USB 设备，理论上可达 127 个。

④ USB 接口能为设备供电。USB 线缆中包含两根电源线及两根数据线。耗电比较高的设备可以通过 USB 口直接取电。最新的 USB-C 标准端口提供的驱动电流可达 3.8A。

⑤ 支持热插拔。在开机情况下，可以安全地连接或断开设备，达到真正的即插即用。

目前，USB 接口主要应用于计算机周边外部设备。目前大多数控制计算机带有 USB 通信接口，但主要应用于 10m 以内的计算机之间或计算机与数据采集（DAQ）设备的通信。

8.4.1.2　基于串行总线的计算机控制系统通信标准

（1）Modbus

Modbus 是 Modicon 公司（现被法国施耐德电气公司收购）于 1979 年开发的 PLC 通信协议。Modbus 已经成为工业领域通信协议的业界标准，也是目前在计算机控制系统中现场设备之间通信连接方式，包含 Modbus RT 和 Modbus ASCII 两种模式。

协议定义了采用串行总线传输的控制信息的消息结构，制定了信息传递的数据内容的组成格式，以及信息传递错误的检测方法，描述了网络中的一个智能设备请求访问其他设备或响应其他设备访问的通信过程。

（2）Profibus

Profibus 是德国西门子公司为工业自动化系统开发的基于串行总线的通信协议，分为 Profibus DP、Profibus PA、Profibus FMS 三种通信模式。主要使用主-从方式，通过串行总线（RS485）网络周期性地进行上位机与现场设备的数据交换。

Profibus-DP 用于现场层的高速数据传送。主要特点就是高速，速率可达 12Mb/s，在这一级，中央处理器（如 PLC、DCS）通过高速串行线同分散的现场设备（I/O、驱动器、阀门等）进行通信。

Profibus-PA 适用于 Profibus 过程自动化。主要特点就是本征安全，通信速率为 32.15kb/s，PA 将自动化系统和过程控制系统与压力、温度和液位变送器等现场设备连接起来，并可用来替代模拟信号现场参数传输。

Profibus-FMS 的设计旨在解决车间监控级通信任务，提供大量的通信服务，用以完成中等传输速度进行的循环与非循环的通信服务，可支持 PLC、IPC 之间的大批量的数据通信。

Profibus 采用了全面数字化通信协议标准，使之成为了 IEC 61158 现场总线的标准协议之一。

（3）CAN

CAN（controller area network，控制器局域网）总线协议最早由德国 BOSCH 公司推出，采用的通信传输介质为双绞线，采用实时串行高速通信，它广泛用于离散控制领域，其总线规范已被 ISO 国际标准组织制定为国际标准，得到了 Intel、Motorola、NEC 等公司的支持，在汽车、机械行业应用广泛。

8.4.2 工业以太网和现场总线

8.4.2.1 工业以太网

工业以太网采用 TCP/IP 通信协议进行设备间的数据交换，早期曾广泛地应用于工业控制网络的最高层和中间层，在工厂自动化系统网络中属于管理级和单元级，但是随着现场总线技术的出现和普及，已经广泛应用于现场层数据传输。大量数据的传输、长距离通信的特点使之成为工业控制网络通信的主流通信方式。

（1）以太网的工作原理

以太网（Ethernet）是由 Xeros 公司开发的一种基带局域网技术，使用同轴电缆作为网络媒体，采用载波多路访问和碰撞检测（CSMA/CD）机制，以太网一词多被用来指各种采用 CSMA/CD 技术的局域网。具体可分为三种类型：

• 以太网/IEEE 802.3：采用同轴电缆作为网络媒体，传输速率达到 10Mb/s；

• 100Mb/s 以太网：又称为快速以太网，采用双绞线作为网络媒体，传输速率达到 100Mb/s；

• 1000Mb/s 以太网：又称为千兆以太网，采用光缆或双绞线作为网络媒体，传输速率达到 1000Mb/s（1Gb/s）。

以太网采用总线结构，如图 8-18 所示。使用专门的网络接口卡或通过系统主电路板上的电路实现与网络其他设备的连接。收发器可以完成多种物理层功能，其中包括对网络碰撞进行检测。收发器可以作为独立的设备通过网线与终端站连接，也可以直接被集成到终端站的网卡当中。

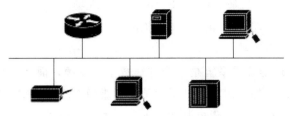

图 8-18　以太网总线结构

以太网有以下优点：

① 可以采用冗余的网络拓扑结构，可靠性高；

② 通过交换技术可以提供实际上没有限制的通信性能；

③ 灵活性好，现有的设备可以不受影响地进行扩张；

④ 在不断发展的过程中具有良好的向下兼容性，保证了投资的安全；

⑤ 易于实现管理控制网络的一体化。

以太网采用广播机制，所有与网络连接的工作站都可以看到网络上传递的数据。工作站通过查看包含在帧中的目标地址，确定是否进行接收或放弃。如果证明数据确实是发给自己的，工作站将会接收数据并传递给高层协议进行处理。任何工作站都可以在任何时间访问网络。在发送数据之前，工作站首先需要侦听网络是否空闲，如果网络上没有任何数据传送，工作站就会把所要发送的信息投放到网络当中。否则，工作站只能等待网络下一次出现空闲的时候再进行数据的发送。当出现多台工作站同时检测到网络处于空闲状态，进而同时向网络发送数据的情况时，发出的信息会相互碰撞而导致损坏。工作站必须等待一段时间之后，重新发送数据。工作站利用补偿算法用来决定发生碰撞后，应当在何时重新发送数据。

(2) 工业以太网

所谓工业以太网，就是基于 Ethernet 和 TCP/IP 技术开发的工业通信网络，应用于工业自动化环境，符合 IEEE 802.3 标准，采用交换式以太网和全双工通信，使用优先级和流量控制以及虚拟局域网技术，符合 IEEE 802.3 标准，与商用以太网互相兼容。

初期开发时主要是作为企业控制应用的局域网，但随着网络技术的高速发展，具有交换功能、全双工和自适应的千兆高速以太网（FastEthernet，符合 IEEESP02.3 标准）已经成功推出并可靠运行，现有的工业计算机控制技术可保证工业控制网络与管理网络和广域互联网的无缝互联。

8.4.2.2　现场总线技术

随着计算机技术和通信技术的发展，在 DCS 中全面使用数字信号取代模拟信号进行信息传递成为可能，从而形成了新的工业测控技术——现场总线（Fieldbus）。

它与传统的 DCS 相比有很多优点，是一种全数字化、全分散式、全开放和多点通信的控制网络，是计算机技术、通信技术和测控技术的综合及集成。根据国际电工委员会（IEC）标准和现场总线基金会（FF）的定义，现场总线是连接智能现场设备和自动化系统的数字式、双向传输和多分支结构的通信网络。

现场总线技术有以下特点。

① 全数字化。现场总线系统是一个"纯数字"系统，而数字信号具有很强的抗干扰能力，所以，现场的噪声及其他干扰信号很难扭曲现场总线控制系统里的数字信号，数字信号的完整性使得过程控制的准确性和可靠性更高。

② 一点对多点结构。一对传输线，N 台仪表，双向传输多个信号。这种一对 N 结构使得接线简单，工程周期短，安装费用低，维护容易。如果增加现场设备或现场仪表，只需并行挂接到电缆上，无须架设新的电缆。

③ 综合功能。现场仪表既有检测、变换和补偿功能，又有控制和运算功能，满足了用户需求，而且降低了成本。

④ 分散控制。控制站功能分散在现场仪表中，通过现场仪表即可构成控制回路，实现了彻底的分散控制，提高了系统的可靠性、自治性和灵活性。

目前在世界范围内的被广泛使用的现场总线系统类型有近十种，在特定的工业领域范围有着各自的优势和市场，尚未形成一个统一的国际标准规范。例如前面所介绍的 Profibus、CAN 等总线协议就是现场总线规范协议的两种类型，各自在特定的工业领域获得广泛应用，但在对方领域应用中又存在一定缺陷。

但是随着工业以太网技术的出现和不断成熟，其大数据量、应答式交互、便于开发和互连的特点成为新的现场总线通信方式的首选。许多现场总线技术的开发商纷纷开始推出基于工业以太网通信技术的现场总线标准和设备，由于其通信响应的高速性（响应时间小于 5ms），因此被称为实时工业以太网技术。国际化标准组织 IEC 在 2007 年提出的 IEC 61158 第四版中，大部分被推荐的现场总线都是基于工业实时以太网通信技术的。目前国内使用较为广泛的有以下几种。

① Ethernet/IP：Ethernet/IP 是美国 Rockwell 公司提出的以太网协议，其原理与 Modbus/TCP 相似，只是将 ControlNet 和 DeviceNet 使用的 CIP（control information protocol）报文封装在 TCP 数据帧中，通过以太网实现数据通信。满足 CIP 的三种协议 Ethernet/IP、ControlNet 和 DeviceNet 共享相同的数据库、行规和对象，相同的报文可以在三种网络中任意传递，实现即插即用和数据对象共享。

② Modbus/TCP：Modbus/TCP 将 Modbus 数据报文封装在 TCP 数据帧中，通过以太网实现数据通信的 Modbus 协议，是 Modbus 协议在以太网技术应用上升级的产物。

③ FFHSE：基金会现场总线 FF 于 2000 年发布 Ethernet 规范，称 HSE（high speed ethernet），是一种基于 Ethernet＋TCP/IP 协议、运行在 100Base-T 以太网上的高速现场总线。FF 现场总线基金会明确将 HSE 定位于实现控制网络与 Internet 的集成。

④ ProfiNet：ProfiNet 是德国西门子公司在 Profibus 的基础上向纵向发展，形成的一种综合系统的解决方案。ProfiNet 主要基于 Microsoft 的 DCOM 中间件，实现对象的实时通信，自动化对象以 DCOM 对象的形式在以太网中交换数据。

8.4.2.3　Modbus 协议

Modbus 是全球第一个真正用于工业现场的总线协议，由 Modicon 公司在 1979 年发明，通过此协议，控制器之间、控制器和其他设备之间可以相互通信。它已经成为一种通用工业标准。有了它，不同厂商生产的控制设备可以连成工业网络，进行集中监控。

Modbus 有如下三种通信方式：

① 以太网，对应的通信模式是 Modbus TCP，取决于 IETF 标准：RFC793 和 RFC791。

② 异步串行传输（各种介质如 RS232/422/485；光纤、无线等），对应的通信模式有 Modbus RTU 或 Modbus ASCII，采用 RS232 或 RS485 串口连接。

③ 高速令牌传递网络，对应的通信模式是 Modbus PLUS。

Modbus 网络体系结构如图 8-19 所示。

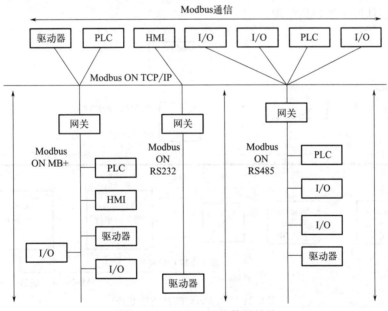

图 8-19　Modbus 网络体系结构

Modbus RTU 采用十六进制数传输模式。Modbus 串行链路协议是一个主从协议，该协议位于 OSI 模型的数据链路层。用异步串口通信的方式进行数据通信。在 OSI 模型的物理层上，采用 RS485/RS232。传输速率可以达到 115kb/s，依据 Modbus 协议格式，一般最多连接 32 台从站。

Modbus 串口通信协议的通信方式分为单播和广播两种方式，如图 8-20 所示，

（a）为单播通信方式，（b）为广播通信方式。主站向特定某个从站发送指令，并等待从站应答，这种方式就是单播方式。从站在接收到指令后，根据功能码执行命令，并将结果返回给主站。在这种通信方式下，从站地址唯一，地址范围 1～247。广播方式是主站不需要等待从站应答，它向所有从站发送指令。从站在接到指令并执行后，也不需要向主站发送应答。

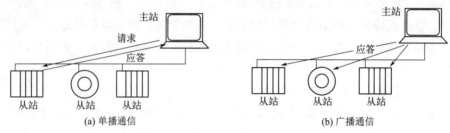

图 8-20　Modbus 串口通信方式

Modbus TCP 基于以太网和标准 TCP/IP 技术。它定义了一个简单的开放式又广泛应用的传输协议网络，采用主从通讯方式执行信息交换任务。如图 8-21 所示为 Modbus TCP 通信结构。Modbus TCP 协议在 TCP/IP 上使用专用报文格式进行信息格式的组织，传输的报文内容包括接收端地址、报文长度、报文内容、内容正确性检验码等，信息易于接收和处理。

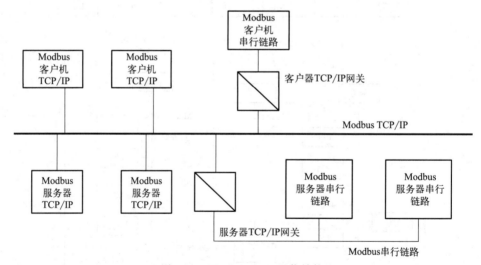

图 8-21　Modbus TCP 通信结构

8.4.3　OPC 数据交换规范

在工业控制领域，一个大规模的生产流程的计算机控制系统存在成百上千的控制子系统，绝大多数情况下各子系统是由若干不同控制设备生产厂商提供的设备组成的，这是由于技术、成本、安全等多方面因素决定的。例如：在主生产流程中为确保控制的准确和可靠，所有控制设备仪表选用某国际化企业的产品设备，在辅助系统（原料供给、废料排放等）中为降低成本采用中小厂商提供的设备。又如生产线运行数年后因维护和技术升级的需要，对部分仪表进行更换，选用的设备不是原厂商的产品。由于现代的工业控制系统需要集中全面地监控所有生产流程的状态，因此作为计算机控制系统，需要将这些子系统进行集成，构建统一的实时监控系统。而一个重要条件就是能够实现各子系统之间的数据共享，且不同于一般的计算机网络通信，这种数据共享技术对实时性、安全性要求更高。OPC 技术就是在这种背景下产生的（计算机控制系统数据交换的通信规范）。

在 OPC 规范诞生初期，以微软公司的 Windows 操作系统作为应用程序的运行基础平台，以基于 Windows 操作系统的 OLE、COM、DCOM 技术的客户端/服务器模式作为应用程序的数据交换和通信标准，具有语言无关性、代码重用性、易于集成性等优点。这一阶段的 OPC 规范被称为 OPC DA（OLE for process control data access），即 OPC 数据访问规范。

在 OPC 规范中数据交互采用的是客户端/服务器模式，数据交互的双方分别承担数据源（OPC 服务器）和数据使用者（OPC 客户端）的角色，作为数据源的 OPC 服务器设备可以是 PLC、PAC、IPC 甚至智能化数据采集设备，其运行的应用程序采用广播方式为多个使用者发送数据，OPC 客户端应用程序可以和特定的服务器通信，获得数据或将特定参数上传到某一 OPC 服务器，实现双向数据传递。服务器和客户端程序可同时在一个设备上运行，也可分别在由计算机网络连接的多个远程设备上运行。

但是 OPC DA 规范也受到 Windows 的限制，特别是在网络通信和跨平台使用方面存在一定困难，Windows 的 OLE/DCOM 技术不适用于计算机网络连接，借助其他 Windows 技术进行网络通信，在安全性方面带来的问题不易解决。同时只能使用 Windows 作为应用程序的运行平台，对于大量新出现的软硬件技术（嵌入式系统、Linux 系统等），不能提供方便的数据连接。

因此 OPC 国际化标准组织对 OPC 规范进行了修订，于 2008 年正式提出了新的 OPC 技术规范——OPC UA。OPC UA（open platform communications unified architecture）可称为开放平台通信统一架构，是一种基于服务的、跨越平台的解决数据通信和数据共享的方案。

图 8-22 所示为 OPC UA 规范在网络 OSI（开放系统互连）协议结构中所处的层次，属于会话层协议。严格地说 OPC UA 不是一个独立的全新的计算机通信协议，它仅仅是一种框架，提供一个数据在地址空间里如何存放，采用什么样的数据结构、类型，如何去访问，通过哪种方式进行连接的建立、会话、终止，属性定义，权限等定

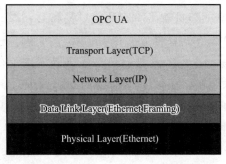

图 8-22 OPC UA 层次结构

义，是对前期 OPC 规范为适应快速发展的计算机通信所采用的各项技术的集成。

OPC UA 有两种交换数据机制。①客户端-服务器（Client/Server）模式，OPC UA 客户端访问 OPC UA 服务器的专用服务。这种对等方式提供了信息安全和确定的信息交换，但对连接数量有限制。②发布者-订阅者（Pub/Sub）模式，其中 OPC UA 服务器通过配置信息子集可供任意数量的订阅者使用。这种广播机制提供了一个无须信息确认的"即发即弃"的信息交换方式。

OPC UA 提供了这两种通信机制，使 OPC UA 提供的数据交换可独立于实际通信协议。客户端-服务器模式采用的 TCP 和 HTTPS 通信协议可用于软硬件资源充足的智能设备建立可靠的数据交换，而发布者-订阅者模式也可采用 UDP、AMQP 和 MQTT 协议，为嵌入式微处理器系统建立"OPC UA 兼容"方式的数据交换功能，与其他支持 OPC UA 规范的设备互联。

OPC 客户端设备是数据的使用者，当 OPC 客户端（Client）与 OPC 服务器（Server）连接成功后，客户端通过特定 id 就能读取任一数据点的信息，从而在客户端设备程序开发时，不用把大量精力投入网络通信功能开发中，减少了这方面的工作量。

OPC UA 具有如下特点：

• 扩展了 OPC 的应用平台。OPC DA 技术只能基于 Windows 操作系统，但 OPC UA 支持拓展到 Windows、OSX、Linux、Android 等多种软件系统平台。这使得基于 OPC UA 的标准产品可以更好地实现工厂级的数据采集和管理；各类大小硬件设备如 IPC、PLC、PAC、ARM 微处理器、云服务器都可采用 OPC UA 实现通信。

• OPC UA 定义了统一数据和服务模型，使数据组织更为灵活，可以实现报警与事件、数据存取、历史数据存取、控制命令、复杂数据的交互通信。

• OPC UA 传递的数据是可以加密的，并对通信连接可采用登录或证书方式进行安全认证，数据传输可以实现安全控制。新的安全模型保证了数据从原始设备到 MES、ERP 系统，从本地到远程的各级自动化和信息化系统的可靠传递；并且可以穿越防火墙，不受局域网的束缚，实现 Internet 通信。

当工业控制技术进入物联网和工业 4.0 时代，OPC UA 更是体现出其广阔的应用前景，2015 年发布的工业 4.0 参考架构模型在通信层实施方面仅推荐使用符合 IEC 62541 标准的 OPC UA 规范，因此任何符合工业 4.0 标准的产品都必须具有 OPC UA 功能。

图 8-23 表现了 OPC UA 技术规范在工业物联网、工业 4.0 和设备数据交换这三大领域相互融合时所起的作用。OPC UA 可从制造现场向生产计划或企业资源计划（ERP）系统传输原始数据和预处理信息。使用 OPC UA 技术，所有需要的信息可随时随地到达每个授权应用和每个授权人员。企业中用于设备运行控制和管理的 OT（operational technology）和用于管理的 IT（information technology）可以在 OPC UA 技术的支持下通过数据交换实现密切的衔接，使工业设备的运行更容易控制和维

护，使企业的管理效率更加高效和协调。

目前许多用于工业控制的应用软件开发系统都具备 OPC UA 的通信功能设置，只需进行简单的设定就可实现 OPC 数据交换。例如西门子公司的 PCS8.0、CODESYS 公司的 CODESYS 3.0、OPTO 公司的 OPTO 2.0、国内的组态王等组态软件都可开发具备 OPC 服务器功能的监控程序。有些专业公司提供工业数据互联软件，为各种 OPC 客户端应用程序获取 OPC 服务器的数据提供帮助，如 KepServerEx、NI OPC server 等。

图 8-23　OPC UA 通信规范
在工业自动化中的作用

8.5

计算机控制系统与信息新技术

计算机集散控制系统随着新的信息技术的发展而发展，本节讨论计算机集散控制系统和工业互联网、工业大数据及工业人工智能之间的关系。

8.5.1　工业互联网

计算机集散控制系统通过工业控制网络（工业以太网、现场总线等）实现了企业内设备之间的互联、设备和数据的标识、数据的相互传递及对设备的控制，工业互联网实现了更大范围的网络互联、数据互通和标识解析。网络互联实现要素之间的数据传输，包括企业外网、企业内网。企业内网用于连接企业内人员、机器、材料、环境、系统，主要包含信息（IT）网络和工业控制网络。工业互联网的企业外网具有工业高性能、高可靠、高灵活、高安全的特点，用于连接企业各地机构、上下游企业、用户和产品。工业互联网的数据互通是通过对数据进行标准化描述和统一建模，实现要素之间传输信息的相互理解，数据互通涉及数据传输、数据语义语法等不同层面。标识解析体系实现要素的标记、管理和定位，由标识编码、标识解析系统和标识数据服务组成，通过为物料、机器、产品等物理资源和工序、软件、模型、数据等虚拟资源分配标识编码，实现物理实体和虚拟对象的逻辑定位和信息查询，支撑跨企业、跨地区、跨行业的数据共享共用。我国标识解析体系包括国家顶级节点、国际根节点、二级节点、企业节点和递归节点。国家顶级节点是我国工业互联网标识解析体系的关键枢纽，国际根节点是各类国际解析体系跨境解析的关键节点，二级节点是面向特定行业或者多个行业提供标识解析公共服务的节点，递归节点是通过缓存等技术手段提升整体服务性能、加快解析速率的公共服务节点。标识解析应用按照载体类型可分为静态标识应用和主动标识应用。静态标识应用以一维码、二维码、射频识别码（RFID）、近场通信标识（NFC）等作为载体，需要借助扫码枪、手机 APP 等读写终端触发标识解析过程。主动标识通过在芯片、通信模组、终端中嵌入标识，主动通过网络向解析节点发送解析请求。

工业互联网需要为各行各业的企业提供服务的平台，工业互联网平台体系包括边缘层、IaaS、PaaS 和 SaaS 四个层级，相当于工业互联网的"操作系统"，有四个主要作用。一是数据汇聚。网络层面采集的多源、异构、海量数据，传输至工业互联网平台，为深度分析和应用提供基础。二是建模分析。提供大数据、人工智能分析的算法模型和物理、化学等各类仿真工具，结合数字孪生、工业智能等技术，对海量数据挖掘分析，实现数据驱动的科学决策和智能应用。三是知识复用。将工业经验知识转化为平台上的模型库、知识库，并通过工业微服务组件方式，方便二次开发和重复调用，加速共性能力沉淀和普及。四是应用创新。面向研发设计、设备管理、企业运营、资源调度等场景，提供各类工业 APP、云化软件，帮助企业提质增效。

和传统互联网类似，工业互联网的要素是数据，没有数据的采集、流通、汇聚、计算、分析，各类互联网应用就是无源之水。工业互联网的数据具有专业性。工业互联网数据的价值在于分析利用，分析利用的途径必须依赖行业知识和工业机理。工业领域的各行各业千差万别，每个模型、算法背后都需要专业知识支撑。工业互联网的数据具有复杂性。工业互联网运用的数据来源于"研产供销服"各环节，"人机料法环"各要素，计算机控制系统、ERP 等各系统，维度和复杂度远超传统互联网，面临采集困难、格式各异、分析复杂等挑战。

工业互联网的安全保障特别重要。工业互联网安全体系涉及设备、控制、网络、平台、工业 APP、数据等多方面网络安全问题，其核心任务就是要通过监测预警、应急响应、检测评估、功能测试等手段确保工业互联网健康有序发展。与传统互联网安全相比，工业互联网安全具有三大特点。一是涉及范围广。工业互联网打破了传统工业相对封闭可信的环境，网络攻击可直达生产一线。联网设备的爆发式增长和工业互联网平台的广泛应用，使网络攻击面持续扩大。二是造成影响大。工业互联网涵盖制造业、能源等实体经济领域，一旦发生网络攻击、破坏行为，安全事件影响严重。三是企业防护基础弱。目前我国广大工业企业安全意识、防护能力仍然薄弱，整体安全保障能力有待进一步提升。

与传统互联网相比，工业互联网有着诸多本质不同。一是连接对象不同。传统互联网主要连接人，场景相对简单。工业互联网连接人、机、物、系统以及全产业链、全价值链，连接数量远超传统互联网，场景更为复杂。二是技术要求不同。工业互联网直接涉及工业生产，要求传输网络的可靠性更高、安全性更强、时延更低。三是用户属性不同。传统互联网面向大众用户，用户共性需求强，但专业化程度相对较低。工业互联网面向千行百业，必须与各行业各领域技术、知识、经验、应用的关键点紧密结合。上述特点决定了工业互联网的多元性、专业性、复杂性更为突出，决定了发展工业互联网非一日之功，需要持续发展。

8.5.2 工业大数据

计算机集散控制系统中的各类传感器采集了工业现场的各类数据，工业大数据则包含了更广泛的工业领域数据，包括从客户需求到销售、订单、计划、研发、设计、工艺、制造、采购、供应、库存、发货和交付、售后服务、运维、报废或回收再制造等整个产品全生命周期各个环节所产生的各类数据，工业大数据还包括工业大数据相关技术和应用。

8.5.2.1 工业大数据的数据特点

工业大数据的数据具有三个特点。

① 由于工业大数据的数据来源的广泛性及相关性，使得其具有多样、多模态、高通量和强关联等特性。工业大数据的这些特性对多源异构数据存储技术提出了很高的要求，不仅需要高效的数据存储优化，还需要通过元数据、索引、查询推理等进行高效便捷的数据读取，实现多源异构数据的一体化管理。

② 工业大数据经常会有价值数据的缺失。如数据样本通常严重有偏：多数工业系统被设计为具有高可靠性且严格受控的系统，绝大多数时间都在稳定运行，异常工况相对稀缺，有标记的异常样本更是难得；还有一些工业场景要求捕获故障或异常瞬间的高频细微状况，才能还原和分析故障发生原因，而通常的数据采集系统难以满足这种情况下的数据采集和存储的要求。又比如数据存在维度不完整和序列间断：全维数据集的有效关联往往难以实现，在时间或空间序列上也常常存在数据缺失，导致当前获取的数据不能完整勾画真实的物理过程。

③ 工业数据有丰富的上下文信息。工业是一个强机理、高知识密度的技术领域，很多监测数据仅是精心设计下系统运行的部分表征。工业领域通常有机理模型和深厚积累的专家经验，可以为数据分析提供极具参考价值的特征量（如齿轮箱振动的倒谱等）和参数搜索空间。工业大数据分析通常会隐性或显性地利用大量行业知识，将统计学习（或机器学习）算法与机理模型算法融合，以更有效地建立分析模型。

8.5.2.2 工业大数据的平台及关键技术

为支撑各种工业大数据的应用，需提供工业大数据平台和关键技术。

① 多源异构数据存储与查询。通过面向工业数据存储优化的工业大数据湖技术，实现多源异构数据的一体化、低成本、分布式存储；通过面向工业大数据分析负载优化的存储读写技术，实现分析工具对数据的高效存取；通过一体化元数据技术，实现对数据的工业语义化组织与高效检索。除了多源异构数据存储引擎的基础能力，工业大数据还需要提供行业数据建模及数据查询；建立业务上下文模型以处理工业大数据的强机理与强关联性；以行业数据模型为基础，大数据平台提供基于图搜索技术的语

义查询模型。

② 工业知识图谱。构建特定领域的工业知识图谱，并将工业知识图谱与结构化数据图语义模型融合，以使查询更灵活。

③ 工业大数据分析模型的低代码开发与非侵入式并行。通过丰富的分析算法库和可视化分析建模环境，实现低代码开发，降低工业大数据的技术门槛。基于非侵入式并行技术，大量的现有分析模型可以通过低代码方式迁移到大数据环境中，从而提高开发效率。执行引擎采用 MapReduce、Spark、Flink 等主流并行计算框架、分组识别和匹配技术、非侵入式封装技术等，高效处理海量数据，实现敏捷的工业大数据分析。

④ 工业分析算法库。丰富的通用分析算法库能够支持更多的使用者参与统计分析建模；专业算法库（如专业算法库中的时序模式算法、工业知识图谱算法及针对特定领域的算法）可以降低专业数据分析师解决工程领域数据分析问题的技术门槛。

8.5.3 工业人工智能

工业人工智能是在工业领域应用的人工智能技术，具有自感知、自学习、自执行、自决策、自适应等特征，可通过不断丰富和迭代自身的分析和决策能力，适应变化不定的工业环境，完成多样化的工业任务，其目标是代替产品与工艺设计、经营管理与决策、制造流程运行管理与控制等工业生产活动中目前仍然依靠人的能力（感知、认知、分析与决策能力）、经验与知识来完成的知识工作，实现知识工作的自动化与智能化，显著提高经济社会效益。工业人工智能必须考虑工业环境的特殊性，这些特殊性包括工业环境随时间变化；工业过程是动态过程；工业应用通常有实时性、可靠性的要求；工业数据样本通常不平衡（如多数工业系统绝大多数时间都在稳定运行，异常工况相对稀缺，因此适用于故障诊断的数据样本不平衡），缺乏标注样本等。

传统人工智能涉及的领域非常广泛，包括计算机视觉、自然语言处理、语音识别、认知与推理、机器人、博弈、机器学习等，这些领域和上述工业环境的特殊性相结合，可产生工业环境下的人工智能的研究和应用领域。和传统人工智能需要数据支持一样，工业人工智能的应用有赖于工业数据的采集和积累，近年来工业大数据技术的发展，为工业人工智能各种算法的应用创造了良好的条件。计算机集散控制系统采集了大量的工业现场数据，依赖于这些工业现场数据，产生了人工智能在工业领域的典型应用，主要应用场景包括以下几点。

（1）设备的预测性维护

设备的失效将导致设备意外停机造成严重的损失，而过早的设备维护或更换则会造成维修费用的升高及工厂产能的下降，因此非常有必要对设备的维护时机进行预测。传统方法已经能够对传感器的时序数据进行分析，实现异常检测和预测性维护（如对组件的剩余使用寿命做出预测）。而近年来发展的典型的人工智能方法——深度学习方法进一步提高了预测的精度。它可以对数据分层，并对海量的、高维度的、包含图像和声音等各种形式的传感器数据进行分析和融合，通过深度学习的方法拟合设备运行状况复杂的非线性关系，从而提高预测的准确度。

（2）对生产过程进行质量控制

在工业制造过程中，产品质量受到生产过程中众多变动的因素的影响，这些影响因素通常是互相耦合的、对产品质量的影响是非线性的，因此普通的技术人员难以依靠本身的专业知识和经验，迅速且有效地找出真正导致产品质量异常的原因。而机器学习方法可以根据系统采集的以往的生产过程数据及质量数据，建立产品质量和影响因素之间的非线性关系，通过相关算法找出与产品质量相关的关键参数，从而厘清产品质量和影响因素之间的关系，协助改善生产流程，提升产品质量。例如，光伏电池的生产需要经历表面制绒、扩散制结、腐蚀、清洗、镀膜、丝网印刷、测试分选等多道工艺环节，数千种维度的数据影响着电池片的成型，人工智能方法首先需要采集车间设备、人员、工艺、质量等海量数据，然后通过深度学习算法，通过关键数据对产品质量进行建模、分析，分析出与产品质量相关的关键参数，从而对生产过程进行质量控制。

（3）基于机器视觉的缺陷检测

机器视觉是用机器代替人眼来做测量和判断。随着机器视觉技术的发展，它在字符识别、人脸识别、无人驾驶等领域得到了广泛的应用。工业对机器视觉的通常要求是准确率高、速度快、对细节的可辨识性强。如在金属材质表面的缺陷检测过程中，因为工业现场光线亮度的多变、金属材质表面纹理特征的复杂、表面缺陷形态的多样、缺陷图像灰度分布的不均、缺陷与背景颜色相近而难以区分等，使通过传统的机器视觉技术难以完成缺陷检测任务。基于机器学习的机器视觉技术，通过学习实现对缺陷特征的自动提取，避免了复杂纹理、光照不均和背景噪声等对缺陷特征提取的干扰。

（4）小批量多品种产品的多工厂智能生产计划调度

在工业场景中，无论是工厂内的生产线，还是生产全流程的运营，都需要全流程中各单元的协同。传统企业的生产计划内容相对单一，订单交期相对固定，不会经常发生改变，因此传统生产计划的制订相对简单。但随着大型生产企业的生产需求不断扩张，受到材料、产能的双重约束，同时计划的执行和调整需要多部门、多生产线的协同配合，顺利排出一份合理的生产计划的难度越来越大。随着生产系统越来越复杂、生产流程中的任务和产品种类不断增多，产品的柔性化定制程度不断提升，小批量、多品种订单成为主流，甚至经常出现插单和变更需求的情况，这使得生产计划的协同调度越来越难。如果将这个问题从单个工厂扩展到多个工厂，使生产订单能够在多个工厂之间流转，问题的难度又会进一步提升。采用人工智能的小批量多品种产品的多工厂智能生产计划调度不仅能代替技术人员的经验和知识，而且能得到更优化的计划调度结果。

练习题

1．什么是计算机集散控制系统？试简述计算机集散控制系统的基本结构。

2．试简述计算机集散控制系统中的硬件构成。

3．试简述计算机集散控制系统中都有哪些类型的通信网络。

4．什么是工程师站？什么是操作员站？各有什么功能？

5．什么是软 PLC 技术？

6．计算机集散控制系统和工业互联网、工业大数据、工业人工智能等信息前沿技术有什么联系？

第 **9** 章 计算机控制实验

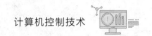

在本章中将通过介绍计算机控制的实验，进一步说明计算机控制的工程实现手段。本章介绍两部分的实验，第一部分是基于 51 系列单片机的计算机控制实验，第二部分是基于工业分散控制系统（DCS）的实验内容。

9.1
基于 8051 单片机的计算机控制实验

本实验的实验装置为 SST51 系统板一块，TD-ACC$^+$ 一套，PC 机一台。

9.1.1　实验装置的基本结构及功能

实验系统由计算机控制技术实验箱（即 SST51 系统板）、虚拟示波器、PC 机组成。实验箱中的计算机由 SST51 单片机（兼容 8051）实现，外部接口电路主要为 A/D（具体型号为 ADC0809）、D/A（具体型号为 AD7528）电路，实验箱上的信号源可产生典型的阶跃、斜坡、正弦波信号，模拟对象主要由放大电路构成，辅以不同参数的阻容元件、二极管等器件，共有六组模拟对象模块，可模拟典型的一阶、二阶等系统。图 9-1 所示为实验箱面板布置效果。

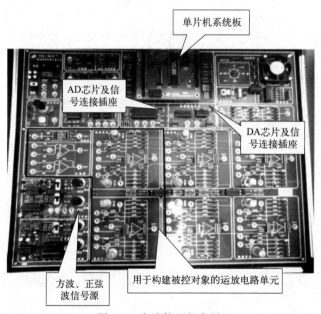

图 9-1　实验箱面板布局

如图 9-2 所示为实验系统组成的结构框图，在实验系统中利用 PC 机作为计算机控制系统的上位机，进行控制程序的编辑、编译和运行调试。同时利用虚拟示波器软件显示实验数据的曲线。

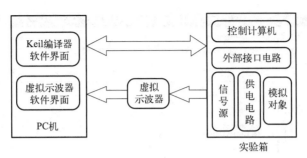

图 9-2　实验系统的构成

　　虚拟示波器及其软件界面代替实际示波器的作用，USB 数据采集卡将系统板上的信号输入 PC 机，然后由 PC 机上的软件构成虚拟示波器，其主要功能是测量实验过程中的数据，并进行数据的显示与记录。示波器界面的主要功能有数据显示，扫描时间控制，两个通道的幅值显示比例控制，示波器的启动、停止、窗口数据的保存，这些功能的实现只要通过鼠标和键盘即可完成。图 9-3 所示为虚拟仪器软件的界面。

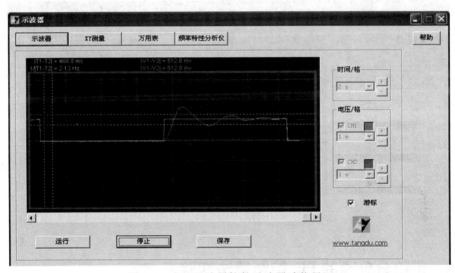

图 9-3　虚拟示波器软件示波器功能界面

　　在 PC 机上运行 Keil C51 集成开发环境，作为下位的单片机设计、调试控制程序的软件平台。其基本运行界面如图 9-4 所示。在此环境下，可进行单片机的软件编辑、编译工作，生成单片机可执行的机器码。

　　Keil C51 集成开发环境作为单片机系统设计、调试、开发的工具，提供了多种调试、运行程序的方法，支持汇编语言和 C 语言的源语言混合调试。单击常用工具栏的"Debug"工具按钮（ ）或利用"Debug"菜单的选项都可将平台切换到运行调试状态，并完成程序从上位机到单片机系统的下载，图 9-5 所示为平台显示的运行调试界面。

　　在运行调试状态下，窗口界面增加了一行运行调试工具栏，利用运行工具按钮可

图 9-4　Keil μvision2 软件开发环境的编辑和编译界面

以提供单步、断点、全速运行程序，可利用相关操作按钮打开观察窗口，观察寄存器区、ROM 变量区、RAM 变量区、Xdata 变量的数据状态，也可以中止程序运行。

图 9-5　Keil μvision2 软件开发环境的运行调试界面

9.1.2　带积分分离的 PID 控制算法实验

9.1.2.1　实验原理

图 9-6 为本实验的闭环控制系统方框图，实验箱的硬件连线原理图如图 9-7 所示，所有细实线表示实验前需完成的电路连线。其他单片机系统的数据和控制连线已完成，在此图中忽略。利用运放电路搭建的模拟对象的输入、输出特性可以用以下传递函数表示。

$$G(S)=\frac{10}{(0.3S+1)(0.4S+1)} \tag{9-1}$$

实验过程中，控制系统采用随动控制方式，信号源可提供阶跃输入或方波输入信

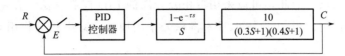

图 9-6　实验系统的闭环控制系统方框图

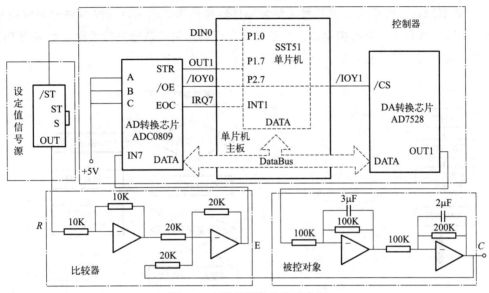

图 9-7　实验箱硬件连线示意图

号，在 R 点加入作为闭环回路的设定值信号，当设定值变化时，闭环系统反馈和设定值，经运放减法电路产生模拟量的偏差信号 E。AD 芯片对 E 信号完成采样后，产生脉冲信号送入单片机的 INT1 信号端，触发单片机中断处理，进行 AD 转换结果的采集，再经单片机进行 PID 运算后，得到相应的控制量，最后把控制量送到 DA 转换单元，由 OUT1 端输出相应模拟信号来控制对象系统，控制效果可利用二阶惯性环节模拟电路 C 点的输出电压变化表示。

本实验采用的基本 PID 控制算法为位置式控制算法。其差分方程表达式为：

$$u(k) = K_p \left\{ e(k) + \frac{T}{T_i} \sum_{j=0}^{k} e(j) + \frac{T_d}{T} [e(k) - e(k-1)] \right\} \tag{9-2}$$

式中　　　　　　　K_p——比例增益（比例系数）；

T——采样周期；

T_i——积分时间；

T_d——微分时间；

$e(k)$、$e(k-1)\cdots e(0)$——每次采样值与设定值的偏差；

$u(k)$——当前输出的控制量。

在一般的 PID 控制中，位置式算法的积分项由于连续对偏差信号 $e(k)$ 进行累加，从而造成对测量信号误差的累积，当有较大的干扰或设定值大幅变化时，会产生较大的误差，且系统的惯性和滞后较大，在积分作用的影响下，往往会使系统超调变大、过渡过程时间变长。为此，可以采用带积分分离的 PID 控制算法，在偏差 $e(k)$ 较大时，取消积分作用；当 $e(k)$ 较小时才将积分作用加入，减少积分作用对控制效果的不利影响。

实验程序用 C51 语言编写，分为主程序、中断采样程序和 PID 运算程序。程序处理流程如图 9-8 所示。主程序在完成初始化后即进入循环等待。单片机的 0 号定时/计数器通过定时中断发出信号，触发 AD 转换操作，由 AD 转换电路的响应信号触发中断服务程序，对模拟电路产生的设定与反馈的偏差信号进行采样，在调用 PID 子程序进行控制算法处理后，将控制操作量由 DA 电路输出。

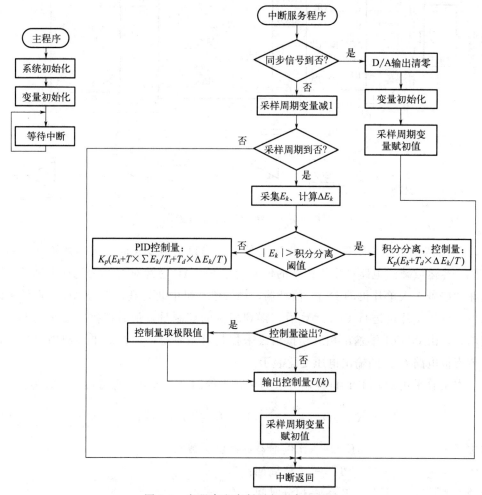

图 9-8　主程序和中断服务程序流程图

程序代码如下。

```
/********************************************
文件名:ACC3-2-1.C
功能描述:实现数字 PID 调节器的功能。
********************************************/
```

```c
#include <reg51.h>
#include <absacc.h>
#include <math.h>
/********************************
宏定义
******************************** /
#define uchar unsigned char
#define uint  unsigned int
#define ADC_7 XBYTE[0x7ff0]          //定义模数转换 IO 地址
#define DAC_1 XBYTE[0x7ff2]          //定义 D/A 第一路的 IO 地址


/********************************
全局变量定义
******************************** /
sbit   str  =P1^7;                   //定义 A/D 启动信号
sbit   DIN0=P1^0;                    //声明同步信号
uint   data time;                    //声明变量,用于定时
uchar data t0_h,t0_l;                //用于存储定时器 0 的初值
char TK=5;                           //设置采样周期值=TK*10ms
char TC;                             //声明采样周期变量
float kp=0.20;                       //比例系数
char ti=30;                          //积分系数
char td=1;                           //微分系数
char IBAND=32;                       //积分分离值
char EK;                             //当前采样的偏差值
char EK_1;                           //上一次采样的偏差值
char AEK;                            //偏差的变化量
char UK;                             //当前时刻的 D/A 输出
int   ZEK;
/********************************
主函数
******************************** /
void main(void)
{
    TMOD=0x01;
    time=10;                         //定时 10ms
    t0_h  =(65536-500*time)/256;     //计算定时器 0 初值
    t0_l  =(65536-500*time)%256;
    t0_l=t0_l+20;                    //修正因初值重装而引起的定时误差
    TH0   =t0_h;
```

```
        TL0  =t0_l;
        IT1  =1;                        //边沿触发中断
        EX1  =1;                        //开外部中断 1
        ET0  =1;                        //开定时中断 0
        TR0  =1;                        //启动定时器
        TC   =1;
        DAC_1=0x80;                     //D/A 清零
        EK=EK_1=0;                      //变量清零
        AEK=UK=0;
        ZEK=0;
        EA=1;                           //开总中断
        while(1);
    }


/ * * * * * * * * * * * * * * * * * * * * * * * * * * * * * * * * * * * * * *
函数名:INT1
功能   :1 号外部中断服务程序
参数   :无 *
返回值:无 *
 * * * * * * * * * * * * * * * * * * * * * * * * * * * * * * * * * * * * * * /
void int1() interrupt 2 using 2
{    float P,D,I,TEMP;

    DIN0=1;                            //读取输入前,先输出高电平
  if(DIN0)                             //判同步信号到否
    {
        EK=EK_1=0;                     //变量清零
        UK=AEK=0;
        ZEK=0;
        DAC_1=0x80;                    //D/A 输出零
        TC=1;
    }
  else
    {
        TC--;                          //判采样周期到否
        if(TC==0)
        {
          EK  =ADC_7-128;              //采样当前的偏差值,并计算偏差的变化量
          AEK=EK-EK_1;
          EK_1=EK;
```

196

```
        if(abs(EK)>IBAND)  I=0;      //判积分分离值
        else
          {
          ZEK=EK+ ZEK;                 //计算积分项
          I=ZEK * TK;
          I=I/ti;
          }
        P=EK;
        D=AEK * td;                    //计算微分项
        D=D/TK;
        TEMP=(P+ I+ D) * kp;           //计算比例项
      if(TEMP> 0)                      //判控制量是否溢出,溢出赋极值
        {
          if(TEMP>=127)
            UK=127;
          else
            UK=(char)TEMP;
        }
      else
        {
          if(TEMP<-128)
            UK=-128;
          else
            UK=(char)TEMP;
        }
        DAC_1=UK+128;                  //D/A 输出控制量
        TC=TK;                         //采样周期变量恢复
    }
  }
}


/**********************************************
函数名:Timer0
功能   :定时器 0 中断服务程序
参数   :无
返回值:无
********************************************** /
void Timer0() interrupt 1  using 1
{
    str=! str;                        //产生 A/D 启动信号
```

```
        TH0＝t0_h;                        //重新装入初值
        TL0＝t0_l;
    }
```

9.1.2.2　实验步骤

① 参照原理图，完成实验箱的模拟电路连线，搭建实验电路。设置信号源的信号周期和信号幅度。启动虚拟示波器程序，测试设置的准确性，掌握虚拟示波器软件的使用方法。

② 启动 Keil C51 软件平台，打开实验对应工程文件（Project），阅读和了解控制程序。编译源程序后下载到单片机，运行控制算法程序。观察过渡过程运行数据和曲线。

③ 修改控制器参数（积分分离的阈值、比例系数、积分时间、微分时间等），观察和比较不同参数下的过渡过程曲线和数据，了解各参数变化对控制效果的影响。

9.1.2.3　实验要求及实验内容

① 采用方波信号作为系统的设定值输入（方波信号周期 10s），观察系统作为随动控制系统的输出响应，了解控制器参数对控制效果的影响。

② 采用默认参数运行程序，进行控制，记录曲线及数据。

- 默认参数。比例系数 $K_p=0.2$，积分系数 $T_i=30$，微分系数 $T_d=1$，积分分离值 Iband=32。
- 取消积分分离效果（设置 Iband=0x7f），进行控制，记录曲线及数据。

③ 改变 PID 控制参数，进行控制，记录曲线及数据。了解 PID 参数变化对控制的影响。

- T_i、T_d 取默认值，分别设置 $K_p=0.6$、$K_p=0.05$，记录不同 K_p 值的调节效果曲线。
- K_p、T_d 取默认值，分别设置 $T_i=15$、$T_i=90$，记录不同 T_i 值的调节效果曲线。
- K_p、T_i 取默认值，$T_d=5$，记录调节效果曲线。

9.2

基于 CODESYS 的分散控制系统开发实验

分散控制系统简称 DCS，目前是工业自动化系统的主流控制技术，属于典型的计算机控制系统。它是计算机技术、控制技术、通信技术、人机交互技术等多方面技术的综合体。在本节，将结合一个典型的温度控制实验，介绍实现 DCS 的主要工程技术。

9.2.1　实验系统的软硬件环境

9.2.1.1　实验平台的 DCS 组成

实验平台参照工业 DCS 构建，其结构原理如图 9-9 所示，是分为现场层、车间层、企业层的多层分级结构形式。

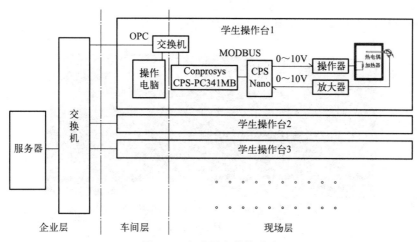

图 9-9　实验平台结构形式

（1）现场层

可编程自动化控制器（PAC）和远程 I/O 采集单元构成 DCS 的现场层，PAC 内置 CODESYS 软 PLC 引擎，主要负责采集各种 IO 信息，对实验过程进行控制，通过 OPC-UA 协议实现和服务器的交互，接收服务器的信息，并把实验数据发送到服务器。PAC 还内置 Web 服务器功能和 Web 监控画面绘制软件，可为上层架构的应用提供远程的人机交互界面（HMI）。

PAC 设备选择了日本 CONTEC 公司生产的 Conprosys CPS-PC341MB。该设备支持 EtherCAT/Modbus 现场总线，控制站嵌入了 CODESYS 实时核，进行控制程序的运行管理，并内置 OPC UA 服务器，可与其他控制设备进行安全稳定的数据交换。该型号设备结构包含两种类型：集成了控制器和 I/O 接口功能的"一体型"，以及利用总线箱体/总线底板进行模块组装的"组合型"，其外观如图 9-10 所示。

Conprosys 配置包括模拟信号输入/输出、数字信号输入/输出等进行数据采集和

(a) 一体型　　　　　　(b) 组合型

图 9-10　CONTEC 公司的可编程自动化控制器产品

简单控制所需的各种接口电路，可利用有线或无线网络在开发和控制工作时进行数据通信。在开发控制系统应用软件时，需要通过以太网连接 Conprosys 控制站和开发平台的计算机，进行控制程序的下载和运行调试。

远程 I/O 采集单元是 CONTEC 公司的 CPS-Nano（以下简称 NANO），内置 RS 232C 串口和网口，四片可插拔式 IO 子板，可根据用户的需要自由配置。支持 Modbus/TCP 协议和上位控制器交换数据。本平台的 I/O 采集单元配置 8 路 $-10\sim$ 10V 电压输入、2 路 $-10\sim10$V 电压输出、8 点 DI 输入和 8 点 DO 输出。远程 I/O 采集单元与 PAC 采用工业以太网进行数据通信，现场层还利用交换机和上层控制设备进行通信。现场层主要设备如图 9-11 所示。

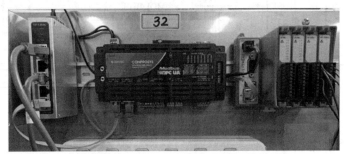

（从左至右：交换机、PAC控制站、远程IO采集单元）

图 9-11　实验台现场层设备

（2）车间层

车间层的核心设备是由工控机工作站组成的操作站/工程师站。工程师站安装 CODESYS 集成开发环境，可开发 CODESYS 的控制程序并下载到 PAC 控制器运行，实现控制功能。同时安装 Web 浏览器和 LabVIEW 虚拟仪器开发环境，制作操作站的 HMI 页面，显示实验的状态，记录实验数据等。在运行时，工控机亦可作为操作站进行实验操作。

（3）企业层

在企业层设置了数据管理服务器，可通过交换机与每个现场层的设备相连，收集和保存实验数据，并通过管理系统了解现场实验状态。

（4）网络设置

PAC 控制器的 A 网口的 IP 地址出厂设置为 172.168.1.××，指定与服务器通信，与操作电脑通信（×× 根据实验台的编号决定），服务器、操作电脑和 PAC 控制器的 A 网口需配置为同一 LAN 网段。

PAC 控制器的 B 网口的 IP 地址设置为 192.168.1.101，指定与 NANO 进行通信。每个实验台的 NANO 模块 IP 地址均配置为 192.168.1.103，工控机网口 IP 设置为 172.168.1.50。

9.2.1.2　实验系统的被控对象

温控箱是实验中的被控装置，图 9-12 显示了实验使用的温控箱前面板布局。设备本身具备温度信号检测输出和加热操作控制执行功能，温度传感器输出信号 0～10VDC（图 9-12 右侧接线端），对应温度变化范围（0～100℃）。加热操作装置可根据 0～10VDC 输入电压（图 9-12 左侧接线端）控制电加热功率，起到调节温度变化的作用。

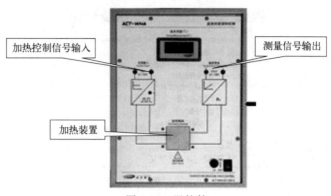

加热控制信号输入

测量信号输出

加热装置

图 9-12　温控箱

9.2.1.3　实验的软件环境

本实验系统的工程师站利用 CODESYS V3.5 SP16 软件平台作为工具，开发 PAC 控制器的控制操作功能，在 Conprosys 的 RTE 环境下运行，完成控制算法、硬件设备操作、提供 OPC UA 数据交互服务等功能。以下以温度控制的 DCS 实验作为实验的主要内容。

9.2.2　创建项目

完成硬件设备组装连线，利用专用软件进行硬件的属性配置（如用于通信的 IP 地址设置）后，启动 CODESYS。在 CODESYS 系统中，被开发的每个应用程序称为一个"工程项目"，在以下介绍中，将以"项目"表示被开发的应用程序。

在"起始页"选择"创建工程"，新建标准项目（Standard Project）。在对话框中选择设备和主逻辑单元 PLC_PRG 的编程语言形式，如图 9-13 所示。

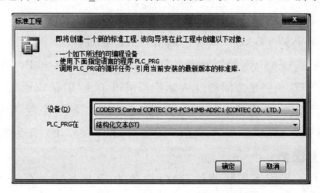

图 9-13　设备和主逻辑单元编程语言选择

201

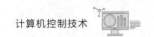

建立的项目设备窗口如图 9-14 所示，Application（应用程序）项目下包含的内容是在控制器运行程序，"任务配置"中的 MainTask（主任务）所包含的程序文件 PLC_PRG，是默认的主程序，在应用程序系统启动时首先运行。

图 9-14　项目的结构组成

9.2.3　现场层、车间层的设备组态

现场层的组态主要设置 PAC 设备与现场信号采集传输的 DAQ 设备的通信，AD 或 DA 模块属于系统的数据采集（DAQ）模块，通过相应的通信协议与 PAC 主机通信，选定设备目录列表中的某项设备名，在右侧工作区会添加以该设备名称命名的标签，单击标签可在工作区打开该设备属性配置窗口，通过地址和通信属性配置，可实现 PAC 主机和 DAQ 模块间的数据交换。进行通信配置主要完成控制器设备主站和 DAQ 设备从站的通信参数配置，并对 DAQ 设备的输入/输出通道设计寄存器变量进行数据缓冲。

车间层组态进行工程师站与 PAC 设备的通信连接，使工程师站与控制站设备进行信息和数据的交换，在软件开发过程中向控制站下载和存储程序代码，并通过工程师站监视和测试程序的运行情况，进行程序调试。同时设置控制站与现场设备的通信连接方式，建立控制站与现场设备的数据连接通道。

CONTEC Conprosys PAC 控制站支持以 Modbus 协议进行串口和以太网通信的现场总线通信体系。本例以 Modbus TCP 协议的通信方式配置为例，介绍工程师站、控制器、现场数据采集（DAQ）设备的通信方式配置过程。

由于 CONTEC Conprosys 控制器带有两个以太网适配器 A 和 B，所以本范例中 IPC 工程师站和 CONNTC 控制站之间通过 A 适配器采用 TCP/IP 协议通信，控制站与 DAQ 设备间通过 B 适配器采用 Modbus TCP 协议通信。执行控制工作时，CONTEC Conprosys 控制器作为 Modbus 主站，DAQ 设备（AD/DA 模块）作为 Modbus 从站。

（1）硬件参数配置

利用专用软件，先配置控制器和 DAQ 设备的 IP 地址，并存储于设备的缓存区中，已备 CODESYS 进行通信组态时调用，同时将 IPC 工程师站的 IP 地址配置为与控制站 IP 处于相同的网段中（即两个 IP 地址值前 3 组数一致）。

（2）在 CODESYS 中建立工程师站与控制器的通信

建立 CODESYS 项目并完成工程师站和控制站网线连接后，打开 CONTEC Conprosys 控制站电源开关，使控制站上电运行。在 CODESYS 工程中设置选择"设备"框中项目树的"Device"项，在主设计区选择"通讯设置"，界面如图 9-15 所示。从左到右的图形依次表示工程师站、工程师站网关、控制站 A 网口及其网络适配器。

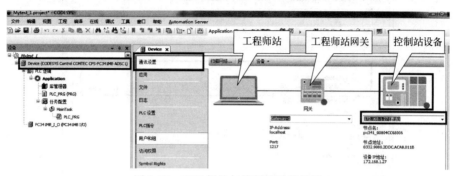

图 9-15　工程师站与控制站通信设置

在右侧控制站设备图形下的文本框中输入控制站 A 口网址（按事先硬件配置地址设置，例如 172.168.1.27）。按"Enter"激活工程师站与控制站的通信连接，成功后控制站设备图形右下角状态指示圆点显示绿色。

（3）在 CODESYS 项目中添加主站和从站设备

由于 Modbus TCP 基于以太网通信，故先添加以太网设备，在设备窗口右击 Device 项，在打开的快捷菜单中选择"添加设备"，弹出对话框后选择"以太网适配器—Ethernet"，添加以太网适配器 Ethernet。操作界面如图 9-16 所示。

图 9-16　添加以太网适配器

在设备窗口右击被添加的以太网适配器，在快捷菜单中选择"添加设备"，弹出如图 9-17 的对话框后，单击展开"Modbus"选项，选择"Modbus TCP 主站"。把 PAC 设备设置为 Modbus TCP 主站设备。

图 9-17　添加 Modbus TCP 主站设备

在设备列表窗口右键单击 Modbus TCP 主站设备名，在弹出的快捷菜单中选择"添加设备"。在"添加设备"对话框中，选中"Modbus TCP Slave"选项，单击"添加设备"按钮完成 Modbus TCP 从站设备添加。图 9-18 所示为添加从站的对话框界面。

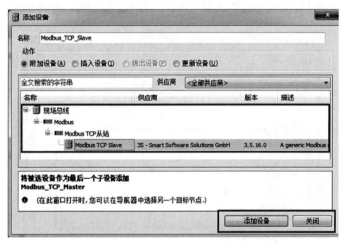

图 9-18　Modbus TCP 从站设备添加

（4）控制站作为 Modbus TCP 主站的属性配置

如图 9-19 所示，选中设备列表窗口中的以太网设备，在"通用"属性中设置 Modbus TCP 主站的 B 口（与从站进行 TCP 通信）IP 地址和子网掩码。其他主站的通信属性如"响应超时"或"Socket 超时"可采用默认值。

图 9-19　Modbus TCP 主站的属性配置

（5）Modbus TCP 从站设备组态

Modbus TCP 从站的组态，是设置 DAQ 设备与控制站的通信属性和采集通道。可在选中设备后，在"通用"设置中设定从站的属性信息，包括 IP 地址、单元、响应超时时间及端口信息，设置界面如图 9-20 所示。

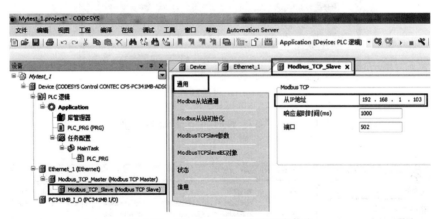

图 9-20　Modbus TCP 从站基本信息

从站组态的另一个重要内容是进行从站的 I/O 映射设置，其作用是指定保存输入或输出数据的 I/O 变量的名称、类型、I/O 操作模式等，这些变量可在软件设计中使用，设置内容需要根据硬件的情况进行，例如确定要使用的硬件有几种类型的输入或输出功能，各有几组接线端，实际需要使用哪些等，然后在 CODESYS 中设置对应的 I/O 映射，步骤如下：

① 建立通道（Channel）。单击设备列表窗口中"Modbus 从站通道"项。单击下方"添加通道"命令按钮，打开"Modbus Channel"对话框以创建 I/O 通道，在弹出的对话框中根据输入/输出通道形式设置"访问类型"，以确定 I/O 操作模式。表 9-1 列出常用访问类型和对应 I/O 模式。

表 9-1　I/O 通道的模式和访问类型

I/O 模式	访问类型
DI 数字(开关)信号输入	Read Discrete Inputs
DO 数字(开关)信号输出	Write Multiple Coils
AI 模拟信号输入	Read Input Register
AO 模拟信号输出	Write Multiple Register

如图 9-21 所示为数字量输入（DI）通道设置的主要内容，包括"名称""访问类型""长度"（即共有几个接线端）等。

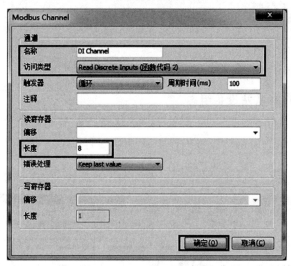

图 9-21　DI 通道属性设置

图 9-22 为 AI、AO、DI、DO 四种类型通道添加完毕的界面。

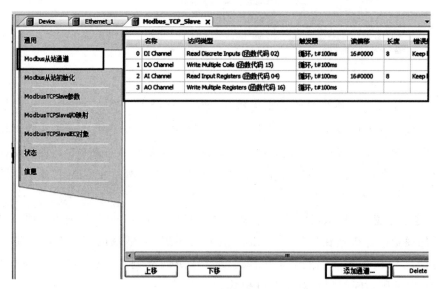

图 9-22　通道添加完成

② 定义 I/O 映射。单击选中 "Modbus TCP Slave I/O 映射" 项，根据表格 "通道" 列显示的名称，找到需要设置变量的通道，单击对应 "变量" 项中的 "＋"，展开通道，双击 "变量" 列的空白部分为内部的每个连接端子定义 I/O 变量名。如图 9-23 为完成了 AI 通道和 AO 通道 I/O 变量定义的 I/O 映射窗口界面。其中的变量名 "AI01" "AI02" …为保存采样值的输入变量，"AO01" "AO02" 为锁存控制输出量的输出变量。

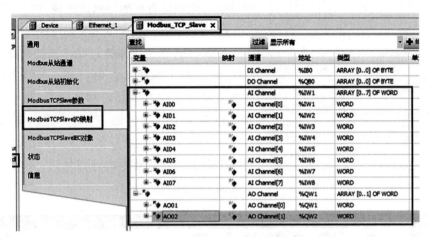

图 9-23　通道 I/O 映射设置完成

完成 I/O 映射的设置后，就可通过编程调用 I/O 映射指定的变量名中的数据内容，实现设备的输入或输出操作。

9.2.4　编写控制程序

编写控制站执行的程序是组态工作中软件设计的主要工作，以下利用简单的范例介绍编写的方法。在本次实验中对温度分别采用两位式控制和常规 PID 控制两种控制方案。在编程时用结构化文本（ST 语言）编写两位式控制程序，通过功能块图组态编写 PID 控制程序。

对应硬件环境为利用上节介绍的 DAQ 设备 AI01 端口输入温度采样信号，利用 AO01 端口输出温度控制信号。

9.2.4.1　位式控制算法设计

在 CODESYS 程序中组织单元（POU）是用户程序的最小软件单元，POU 的形式可以是子程序（PRG）、功能块（FB）、函数（FUN）。以下通过范例介绍以子程序实现控制算法的过程。

① 右击设备窗口 Application，在快捷菜单中选择 "添加对象" → "POU"。在 "添加 POU" 对话框中为子程序命名，选择类型为 "程序"、指定编程语言为 "结构化文本（ST）"。

图 9-24 建立 POU 单元

对话框界面如图 9-24 所示，除子程序外，POU 可采用功能块和函数的结构，编写的语言可以是结构化文本、功能块、梯形图等，可利用"实现语言"列表框进行选择。完成了选择后，单击"打开"按钮，即可在窗口编辑区中显示程序代码编辑窗口，如图 9-25 所示。代码编辑区由变量定义区和运行代码编辑区组成。

② 在编程窗口定义变量及编写控制算法代码。

位式控制也成为开关控制，其控制动作就是"开"和"关"两种状态的交替。加热器温控处理的给定值设定上限温度和下限温度两个指标，当被控温度上升到上限 T_s 时，控制操作停止，控制输出为 0；当被控温度下降到下限 T_x 时，控制操作启动，以最大输出进行加热。其过渡过程曲线如图 9-26 所示。

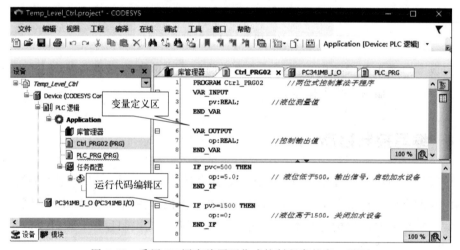

图 9-25 采用 ST 语言编写两位式控制程序的窗口界面

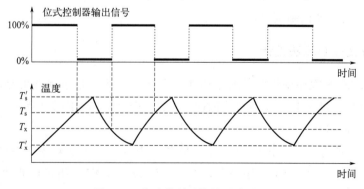

图 9-26 位式控制系统的过渡过程

　　从过渡过程的曲线可以看出，被控加热器的温度会周期性地波动，且由于对象的惯性作用，被控温度在控制操作"开"或"关"后，会产生一定的超调。由此可见，被控温度是不可能在预定的上限 T_s 与下限 T_x 这一中间区波动，而是会超出这一规定范围，在一个比预设上下限区域更大的范围内波动，作周期性等幅振荡，它的波动幅度是衡量位式控制系统控制精度的重要指标。

　　在温控系统中，位式控制适合用于对延时小、时间常数大的加热对象执行精度要求低的控制操作。位式控制子程序的代码如下。

　　子程序变量定义部分：

```
//两位式控制算法子程序
program Ctrl_PRG
VAR_INPUT
    //定义输入变量(形式参数)
    //tempPV——温度、tempHL——温度控制上限、tempLL——温度控制下限
    tempPV,tempHL,tempLL:REAL;
end_VAR

VAR
    //定义子程序局部变量(变量值可输出)
    outValue:REAL;
end_VAR
```

子程序命令执行代码部分：

```
//控制算法
IF tempPV>=tempHL then     //温度超过上限,设置输出电压为 0V
    outValue:=0;
end_IF
IF tempPV<=tempLL then     //温度低于下限,设置操作输出电压为 10V
    outValue:=10;
end_IF
```

9.2.4.2　位式控制主程序 PLC_PRG 设计

　　主程序在运行时是最先执行的程序，用于系统的初始化和调用子程序完成控制功能。创建标准 CODESYS 工程时，会自动在工程中建立名称为"PLC_PRG"的程序组织单元，并默认为工程中的主程序。编程窗口布局结构与一般 POU 窗口相同，编程时双击"设备"窗口的 PLC_PRG 项，即可激活编程窗口，进行内容编辑。本例中 PLC_PRG 的内容如下。

　　变量定义

```
PROGRAM PLC_PRG
VAR
```

```
        tempData1,CtrlOut:word;              //AD、DA 数据缓存变量定义
        PV,OP:real;                          //温度、输出大小
        //以下变量用于操作时人机界面的数据交互
        System_Start:Bool;                   //加热开关
        AMSwitch:Bool;                       //手动-自动操作模式选择
        Mop:real;                            //手动输出
        OPtop,OPBotton:REAL;                 //OPtop——温度控制区间上限,OPBotton——温度
                                               控制区间下限
    end_VAR
```

主程序代码

```
//主程序 PLC_PRG
tempData1:=AI00;
PV:=100*(tempData1-2048.0)/2048.0;        //标度转换,计算温度值
IF System_Start=true then                  //如果加热开关开启
    IF AMSwitch=false then                  //如果选择手动操作模式
      OP:=MOP;                              //根据手动设定的 MOP 确定输出数据
    ELSE                                     //否则(在选择自动操作模式时)
        //调用位式控制子程序 Ctrl_PRG
        Ctrl_PRG(tempPV:=PV,tempHL:=OPtop,tempLL:=OPbotton);
        //根据位式子程序确定输出数据
        OP:=Ctrl_PRG.outValue;
    end_IF
ELSE//如果加热开关关闭
    OP:=0;
end_IF
//执行换算和输出处理
Ctrlout:=REAL_to_word(32767*(OP/10.0))+32767;
AO01:=CtrlOut;
```

9.2.4.3 利用功能块图(FBD)实现 PID 算法的 POU

在本例中将采用 PID 控制算法进行加热器温度控制,控制子程序的代码编写选择另一种模式——功能块,利用 CODESYS 提供的代码库中现成的 PID 算法函数实现控制运算,方便控制功能的开发。

功能块(function block)缩写为 FB。FB 是 CODESYS 程序组织单元(POU)的图形化表示,每个 POU 对应于一个图形,常见图形是矩形或三角形。POU 与其他 POU 单元进行的数据交换(输入或输出),在编程时利用图形间的连线表示。这种编程方式称为功能块图(FBD),在组态时为不熟悉编程命令的设计人员提供了方

便，以下以 PID 控制功能的设计为例介绍其使用方法。

（1）建立 POU 单元

用快捷菜单在 Application 中新建 POU 对象，设定子程序名、类型，实现语言选用"功能块图"方式。创建 POU 对象时的属性设定内容如图 9-27 所示。

（2）利用库管理器添加 Util 库文件

库文件是 CODESYS 提供的可重复调用 POU，可通过官网下载，用户也可自行添加新的 POU 单元。Util 库是 CODESYS 提供的包含常用数学运算、位运算、控制运算的库文件。第一次使用时需要先将库文件添加到编程环境中。添加过程如下。

双击设备窗口"库管理器"标签，激活库管理器。如图 9-28 所示为未添加 Util 库状态。

单击库管理器工具栏"添加库"按钮。在打开的对话框搜索栏中填入"Util"，选择列表框中显示的"Util"，点击"确定"完成添加。
Util 库包含大量现成的函数功能块，可以直接调用。

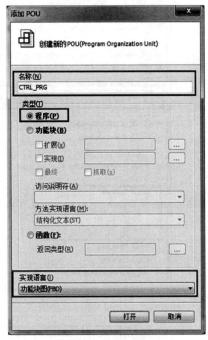

图 9-27　建立 POU 单元

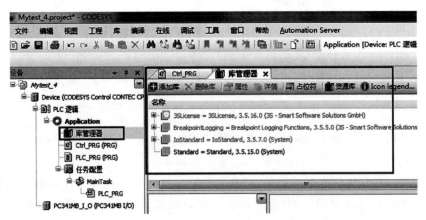

图 9-28　库管理页面的初始状态

添加 Util 库后，库管理器窗口的库名称列表中会出现相关库文件名。单击选中后在下方左侧列表框中显示其包含的函数或功能块类型，如图 9-29 所示。单击展开"Controller"项，可看见包含的三种控制算法功能块，单击任何一种，在右下方框中显示其图形、信号连接端说明、帮助文档等内容。

（3）在 POU 中调用 PID 控制算法 FB

如图 9-30 所示，在新建的 POU 标签页的编程区右击，选择快捷菜单中"插入运算块"。

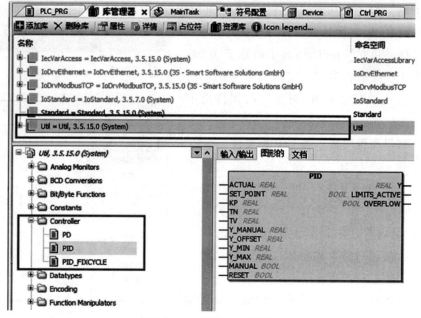

图 9-29　Util 库的内容选择

图 9-30　添加运算快

　　在打开的"输入助手"对话框中选择"功能块"→"Util"→"Controller"→"PID"项。点击"确定"完成添加。如图 9-31 所示。

　　添加后，在程序区出现功能块（FB）图形，单击图形块外的代码编辑区任意位置。在打开的"自动声明"对话框中设定有关属性，进行 PID 类的实例定义，如图 9-32 所示。然后点击"确定"即可。

　　以上的变量操作结果实际上是创建了 PID 类的一个实例，通过实例可以使用该类的函数，并访问该实例的各种属性。这种处理方式是所有面向对象的程序开发平台都具备的功能。

（4）配置 PID 实例的 I/O 参数连接

　　图 9-33 所示的 PID 功能块图形的左右两侧分别用引脚符号标注了实例的属性（即程序运行所需的 I/O 参数），必须为属性指定连接的变量或其他功能块的 I/O 引脚，在项目运行时为功能块提供数据或接收功能块输出的数据。

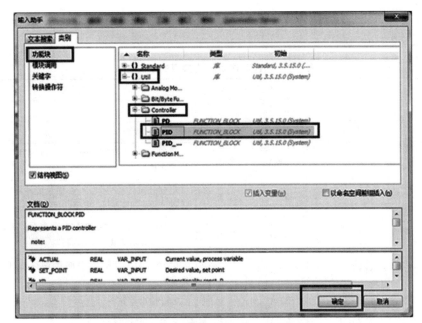

图 9-31　在编程区添加 PID 功能块对象

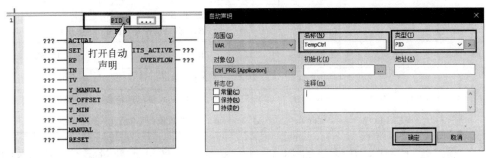

(a) 打开实例定义对话框　　　　　　　　　　　(b) 命名PID对象

图 9-32　创建 PID 实例

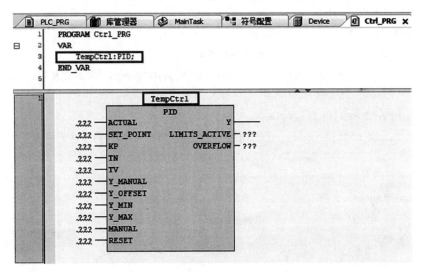

图 9-33　PID 控制算法实例

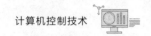

PID功能块图形左侧为输入信号连接端，右侧为功能块输出连接端。各连接端的定义见表9-2。

表 9-2　PID 算法功能块常用的引脚定义

范围	名称	数据类型	默认值	功能说明
输入端	ACTUAL	REAL	无	过程量(被控量)
	SET_POINT	REAL	无	预期值(设定值)
	KP	REAL	无	比例系数,这个值不能为 0,否则功能块将不会执行任何计算
	TN	REAL	无	积分时间,值必须>0,否则功能块将不会执行任何计算。TN 越小,积分作用越强
	TV	REAL	无	微分时间(s)。微分作用的时候,微分部分的增益。$D=0$,功能块为 PI 控制器
	Y_MANUAL	REAL	无	MANUAL=TRUE 时的 Y 端输出,即手动操作输出
	Y_OFFSET	REAL	无	Y 端输出偏置
	Y_MIN	REAL	无	Y 端有效输出最小值
	Y_MAX	REAL	无	Y 端有效输出最大值
	MANUAL	BOOL	无	TRUE:手动操作,人工决定输出 FALSE:自动操作,控制算法决定输出
	RESET	BOOL	无	TRUE:强制 Y 端输出为 Y_OFFSET 指定值
输出端	Y	REAL	无	操作量输出
	LIMITS_ACTIVE	BOOL	FALSE	TRUE:Y 端输出理论值出现超限情况
	OVERFLOW	BOOL	FALSE	TRUE:数值计算溢出

为满足运行要求，在新建的 POU 单元变量定义区进行变量定义，内容如下所示。

```
//PID控制算法子程序
PROGRAM Ctrl_PRG
    VAR_INPUT                 //输入参数的变量定义
        //PV——测量(反馈)值,SP——设定(目标)值,MOP——(手动操作量)
        //Kp,Ti,Td——比例系数、积分时间、微分时间
        PV,SP,MOP,Kp,Ti,Td:REAL;
        amSW:BOOL:=true;  //amSW——手动自动模式选择,初始默认为手动
    END_VAR

    VAR_OUTPUT
        OP:REAL;              //控制量输出
    END_VAR

    VAR
```

```
    w1,w2:BOOL;              //PID算法输出报错状态
    TempCtrl:PID;            //PID功能块实例
END_VAR
```

单击 PID 功能块每个接线端的"???"符号，再单击右侧的选择按钮，选择输入或输出连线端连接的变量/常量（也可直接键入变量名或常量值）。

"Y"输出端变量配置需先在端子连线上右击，在弹出的快捷菜单中选择"插入输出"，然后再指定连接的变量。设置完毕后的效果如图 9-34 所示。

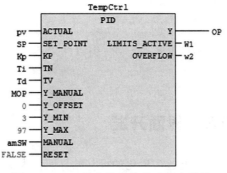

图 9-34　PID 功能块连接的变量和常量

9.2.4.4　PID 控制实验主程序 PLC_ PRG 设计

（1）变量定义

以下列出 PLC_PRG 的变量定义，其含义和作用见注释。

```
PROGRAM PLC_PRG
VAR
    tempData1,CtrlOut:WORD;      //AD、DA 通道缓存变量定义
    SP,PV,OP:REAL;               //设定、测量、控制输出变量
    //调节器参数和人机界面交互参数
    P:REAL:=0.5;                 //比例系数
    I:REAL:=20.0;                //积分时间
    D:REAL:=0.5;                 //微分时间
    System_Start:Bool;           //加热开关状态
    AMSwitch:BOOL;               //手动-自动操作模式选择
    Mop:real;                    //手动输出
end_VAR
```

（2）程序执行代码

```
//主程序 PLC_PRG
tempData1:=AI00;
PV:=100*(tempData1-2048.0)/2048.0;  //计算温度值
```

```
IF System_Start=true then//如果加热开关开启
        //调用 PID 子程序 Ctrl_PRG
        Ctrl_PRG(pv:=PV,sp:=SP,mop:=MOP,Kp:=P,Ti:=I,Td:=D,amSW:=AMSwitch);
        //根据 PID 算法确定输出数据
        OP:=Ctrl_PRG.OP;
ELSE//如果加热开关关闭
    OP:=0;
end_IF

//执行换算和输出处理
Ctrlout:=REAL_TO_WORD(32767*(OP/100.0))+32767;
AO01:=CtrlOut;
```

9.2.5 控制系统的人机界面开发

控制系统在运行时，需要通过图形化的操作站界面，为操作人员提供控制系统的运行状态和参数，并提供对系统必要的人工操作和干预功能。这就是控制系统人机界面（HMI）的作用。在 CODESYS 平台中是通过图形界面的编辑实现的。设计的结果称为"视图对象"。视图属于 CODESYS 应用程序的一种，是在图形化设备（显示屏、触摸屏、点阵大屏幕等）上显示的人机操作界面，可以在对象管理器中的"视图管理器"中进行管理。一个 CODESYS 工程文件中可以包含一个或多个视图对象，并且相互之间可以通信连接，每个视图对象对应于一个进行操作的人机交互窗口界面（HMI）。以下用位式控制实验人机界面设计中的典型控件设计为例，介绍 HMI 设计的方法。

9.2.5.1 创建视图对象

在"设备"窗口中右击 Application→在快捷菜单中选"添加对象"→"视图…"。在弹出对话框中的名称框里输入可视化对象名称，如图 9-35 所示。

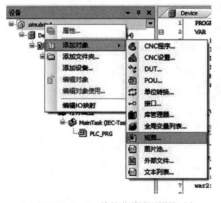

(a) 打开Application快捷菜单建立视图对象   (b) 输入视图对象名称

图 9-35 建立视图对象

　　单击"打开"完成添加后，CODESYS 平台会在 Application 中添加"视图管理器"以及视图对象，并在工作区打开视图管理器窗口。如图 9-36 所示。

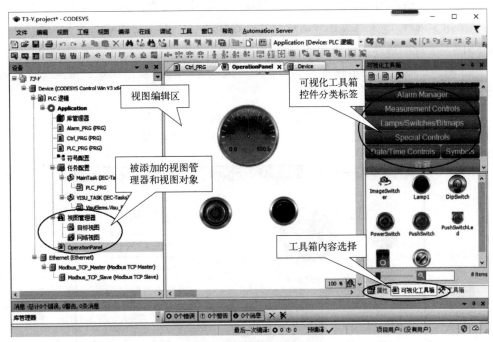

图 9-36　视图管理器界面

9.2.5.2　视图管理器窗口简介

　　视图编辑窗口主要由视图编辑区、可视化工具箱两部分组成。在可视化工具箱中，通过单击下方标签，可改变工具箱的显示内容，"可视化工具箱"提供工具控件图形，比如按钮、开关、旋钮、指示灯、仪表指针盘面、数据图形显示控件等。"属性"可显示被选中的可视化工具控件的属性，以定义控件的操作功能。

　　可视化工具箱添加操作控件图形时，可先在可视化工具箱中单击选择要添加的工具控件图案，然后在编辑区单击或拖曳画出一个区域，可视化工具控件就按指定的大小和位置添加到视图编辑区中。也可直接从工具箱中拖曳控件图案到编辑区上，再调节其大小。

　　在工具箱上半部分有不同视图元素的分类按钮，单击可选取不同类型的视图控件类型。例如，要使用仪表盘面控件显示温度，可单击"Measurement Controls"标签，要显示过渡过程曲线的波形图控件，可单击"Special Controls"标签。在工具箱下半部分，会出现各类控件元素供设计视图时调用。单击所需的控件图形后，将鼠标光标移到视图编辑区单击或拖曳，就可完成添加。每个编辑区中的控件都可单击选中，可利用鼠标拖曳移动，被选中时，可用鼠标拖曳周边的调节点改变其大小。"可视化工具箱"的显示内容会变为被选中控件的属性，设定属性可指定或改变图形元素的显示内容或显示效果。

9.2.5.3　HMI 设计举例

如图 9-37 所示为位式控制程序的 HMI 界面，控件主要分为以下 4 类。

① 用于进行开/关状态选择的逻辑状态操作和显示控件，如"加热开关""加热指示灯""手自动选择"旋钮等。

② 数值的输入或显示控件，如温控上下限设定、手动输出设定、温度测量值显示等。

③ 单一数值的图形化显示控件，如指针式温度显示控件。

④ 组合型数值图形化显示控件，如温控过程波形显示等。

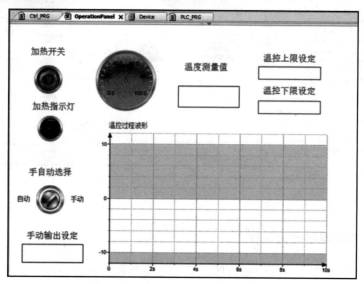

图 9-37　位式控制系统的 HMI 组成

（1）开/关操作控件的设定

这类控件属于"Lamps/Switches/BitMaps"类型的控件，在此以加热开关控件设置为例，将需要的控件符号加入编辑区后，单击选中该控件，右侧可视化工具箱窗口切换到该控件的属性显示状态。如图 9-38 所示。

在属性框中双击"Variable"（变量）框，绑定控件操作对应的应用程序变量。可以直接输入变量名，也可以单击右侧的"输入助手"按钮（如图 9-38 所示），在弹出的"输入助手"对话框中（见图 9-39）选取变量名。

设置完成后，"Variable"属性显示效果如图 9-40 所示，开关控件操作动作可影响对应变量的逻辑值。对于显示类控件（如本例的指示灯）的设置，可以按逻辑值变化改变其图形显示效果。

（2）数值显示和输入

无论是显示或输入，都是利用"基本的"控件类型中的矩形（Rectangle）、圆角矩形（Rounded Rectangle）或椭圆（Ellipse）等图形控件实现的。现以本例中的"手动输出设定"控件为例进行介绍。

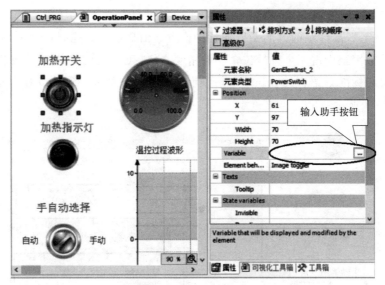

图 9-38　在可视化工具窗口显示的控件的属性

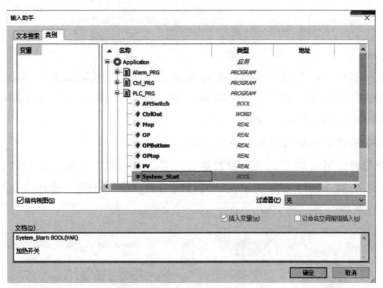

图 9-39　输入助手界面

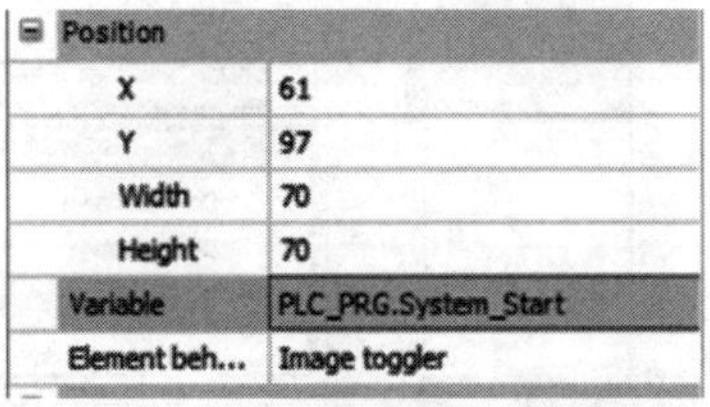

Position	
X	61
Y	97
Width	70
Height	70
Variable	PLC_PRG.System_Start
Element beh...	Image toggler

图 9-40　"Variable" 属性设置结果

　　控件图形选用矩形（Rectangle），添加并选中控件图形后，在 "Text variables" 属性组的 "Text variable" 属性中直接键入或用输入助手选择绑定变量 "PLC_

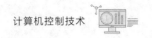

PRG. Mop"。

在"Texts"属性组的"Text"属性中设置数值显示格式控制符"％4.2f"。含义是显示实数数字至少占 4 个符号位,小数精度 2 位。CODESYS 视图对象使用的显示格式符定义与标准 C 语言的 printf 语句显示格式控制符基本一致。设置内容和设置效果参见图 9-41 所示。

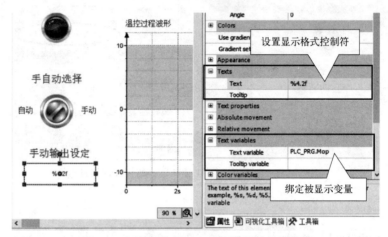

图 9-41　矩形框控件的显示功能相关属性设定

完成这两项基本设置后矩形图形框即具备了被绑定变量的数值显示功能。当然还可以设置其他的属性改变数值的显示效果,如"Text properties"属性组可以设置数字在矩形框中的大小、颜色、字体、对齐方式等。"Colors""Appearance"属性组可以改变矩形框的背景边框效果等,在此不再展开叙述。

但本例的控件不仅要求显示变量数据,还要求可以设置被绑定变量的数据。对有数据输入要求的控件,还需要利用控件属性列表的"输入配置"属性组(见图 9-42),设置输入操作功能。

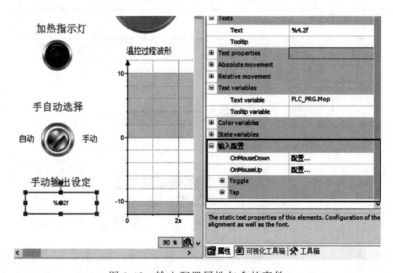

图 9-42　输入配置属性包含的事件

如图 9-42，单击"输入配置"将其展开后，可以利用"OnMouseDown"（鼠标下压）或"OnMouseUp"（鼠标释放）项，设置鼠标在图形上发生相应操作事件时，产生的输入操作功能。

图 9-43 所示为单击"OnMouseUp"（鼠标释放）项后打开的配置对话框，在对话框中先在左侧框中选择操作项"写变量"，用箭头按钮将其移入中间被选定操作框，在右侧对操作具体属性进行设置，本例指定了输入数据的有效范围。在确定后，矩形框具备显示和输入双重功能，图 9-44 为完成配置后的 OnMouseUp 属性状态。程序运行时，用鼠标单击矩形框控件后激活编辑状态，数据可修改。修改完毕回车后数据输入被绑定变量。

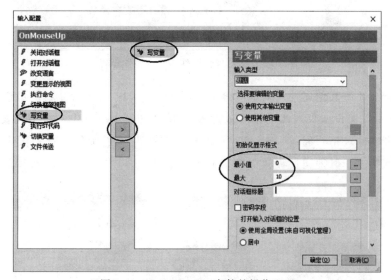

图 9-43　OnMouseUp 事件的操作配置

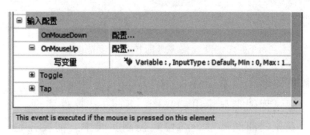

图 9-44　OnMouseUp 属性写变量操作配置完毕

(3) 单一数据的图形化显示控件

除采用数字显示外，本例中同时采用仪表盘面控件显示温度变化，其图形化的显示效果具有直观、醒目的特点。以下简单介绍其设计过程。

在"可视化工具箱"的"Measurement Controls"控件类中选择需要的控件，添加到视图编辑区，选中后在可视化工具箱的属性界面设置属性。

通过设置"Value"属性绑定被显示变量：可利用"输入助手"按钮或直接键入

被绑定变量名。设定的效果如图 9-45 所示，在程序运行时指针位置可随变量数值发生变化。

图 9-45 仪表盘面控件 Value 属性设置

仪表盘面还有其他属性可对显示效果进行调整，如"Arrow"属性可选择指针的形状，"Scale"可设置仪表盘的刻度范围等。图 9-46 所示范例中，左侧仪表盘面控件的刻度范围、标尺格式通过"Scale"下的属性修改发生了变化，右侧仪表盘面格式效果为默认格式。其他属性设置内容在此不再展开。

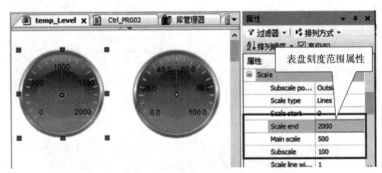

图 9-46 设置仪表盘面控件刻度范围属性

（4）组合型数值图形化显示控件

视图对象的过渡过程图形显示由趋势图（Trace）控件实现，在趋势图中可以显示多个变量按时间变化的曲线图形，在位式控制实验中，需要在趋势图中同时显示温度、控制量、温度控制上下限等数值，以下介绍设置的方法。

趋势图（Trace）控件包含在"Special Controls"控件组中，单击控件组中对应的控件元素 Trace，将其添加在视图编辑区中并选中，在属性窗口的 Trace 项单击（如图 9-47 所示），打开"跟踪配置"对话框（见图 9-48），进行趋势图格式和数据内容配置。

首先在"任务"项指定包含数据来源的任务名称，本例选择"MainTask"，因为要显示的变量都包含在 MainTask 的主程序 PLC_PRG 中。

其次利用"显示设置"按钮可打开相关对话框设计趋势图的坐标系统；利用"高

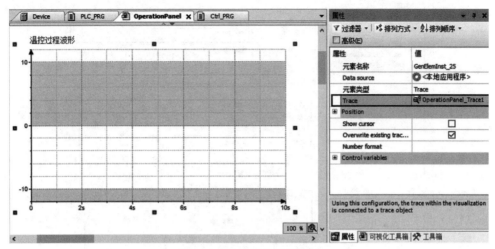

图 9-47　趋势图控件及属性

级"按钮可设置显示数据的采样率和显示数据缓存长度。具体设计内容不在此详述，可以根据所打开对话框的提示完成设置。

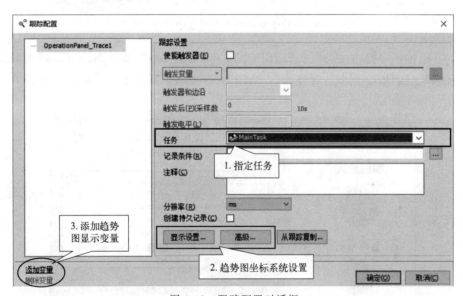

图 9-48　跟踪配置对话框

　　最后单击左下角的"添加变量"链接标志，进行变量选择和显示属性设置，最基本设置是选择变量，既可以直接键入，也可以利用"输入助手"选择。此外还可以设置趋势线的颜色、粗细、线形、报警状态等，在此不再展开。添加变量操作可重复进行，为多个变量添加趋势线显示。完成所有变量添加后单击"确定"结束趋势图属性设置。图 9-49 显示了完成所有趋势图变量添加的对话框界面状态。

（5）视图对象的其他元素添加和设置

　　本例中还使用了"Common Controls"控件组"标签（Label）"控件为每个操作控件添加功能标注字符。"标签（Label）"控件使用比较简单，将其加入视图编辑

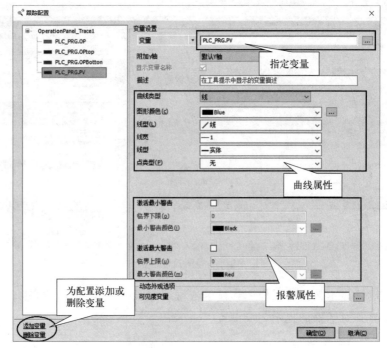

图 9-49　趋势图变量添加和变量曲线属性设置

区后，直接输入字符内容即可。设置其"Text properties"属性组内容，可改变默认的文字格式（字体、大小、对齐等），如图 9-50 所示，详细步骤在此不再展开。

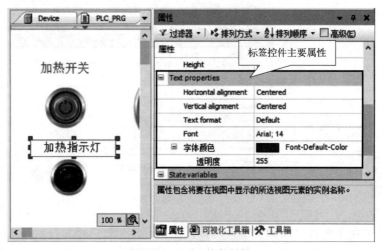

图 9-50　Label 控件属性

9.2.6　OPC UA Server 功能设置

CODESYS 可设置项目的 OPC UA Server 功能，通过"符号配置"功能可建立与 OPC 客户端进行数据交换的符号标识，供其他具备 OPC 客户端功能的应用程序使用。创建的符号标识基于在编程时定义的内存变量，创建过程如下。

右键单击设备窗口的"Application"，选择快捷菜单中"添加对象"→"符号配置"，打开"添加符号配置"对话框，如图 9-51 所示。

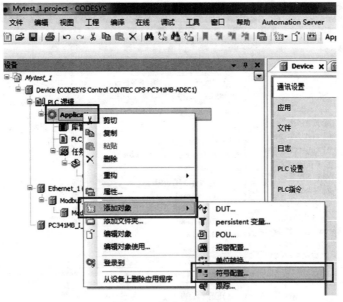

图 9-51 添加符号配置

在对话框中选择"支持 OPC UA 特征"选项，如图 9-52 所示，单击"打开"按钮，激活"符号配置"标签页。

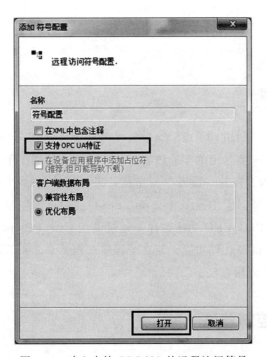

图 9-52 建立支持 OPC UA 的远程访问符号

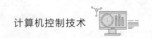

在符号列表选择展开 POU 单元的变量列表，选择要建立 OPC UA 通信符号标识的变量，并设置权限（默认为可读可写）。如图 9-53 所示，被勾选的变量可建立同名的 OPC UA 标识，其数据内容可与 OPC 客户端程序共享。

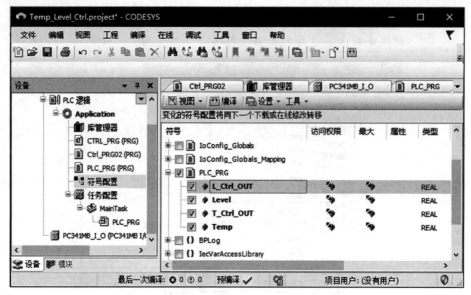

图 9-53　CODESYS 的 OPC UA Server 符号配置

保存并编译后，可下载至控制站运行。在工程运行时，控制站具备 OPC UA 服务器的功能。所设置的符号标识，在 OPC UA 客户端程序中可根据 Server 端的规定进行读写操作。

9.3
预测 PI 控制实验

在本节中，将介绍利用 CODESYS 软件平台开发预测 PI 控制器的一个简单范例。设计的主要过程与前一节介绍的实验内容相仿，重要的区别在于算法控制子程序的设计。如图 9-54 所示为工程的"设备"树结构，工程的控制站和操作站设备配置内容与配置过程见 9.2.3 节。应用程序（Application）的用户程序包含 PLC_PRG、Ctrl_PPI、Alarm_PRG。PLC_PRG 为主程序，通过调用 Ctrl_PPI 和 Alarm_PRG 子程序分别实现控制运算和报警处理功能。建立子程序过程见 9.2.4 节。以下重点介绍预测 PI 控制算法的实现和调用方法。

9.3.1　预测 PI 控制算法

算法采用增量式差分公式计算控制器输出，其表达方式如下：

$$\Delta u(k+1)=\frac{1}{\lambda K_{p0}}\left[e(k+1)-e(k)\right]+\frac{T_s}{\lambda K_{p0}T_0}e(k+1)-\frac{T_s}{\lambda T_0}\left[u(k)-u\left(k-\frac{L_0}{T_s}\right)\right]$$

$$(9\text{-}3)$$

$$u(k+1)=u(k)+\Delta u(k) \tag{9-4}$$

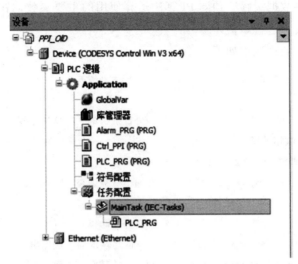

图 9-54　预测 PI 控制程序的"设备"窗口

　　算法包含了手动操作模式和自动操作模式的控制输出处理，如图 9-55 所示为预测 PI 控制算法子程序的变量定义部分，包括输入输出接口变量和子程序局部变量定义。

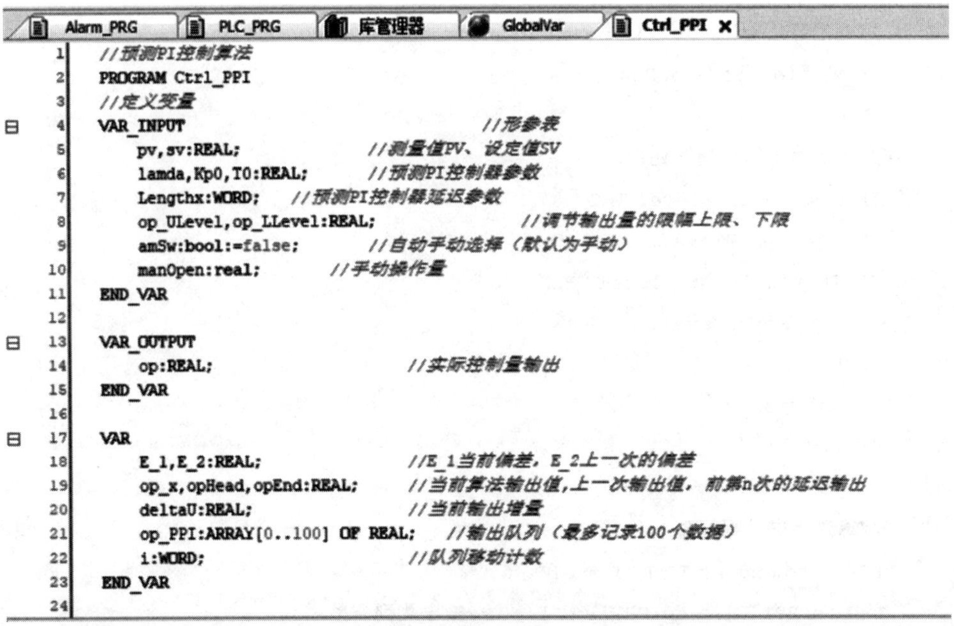

```
   │ Alarm_PRG      │ PLC_PRG      │ 库管理器      │ GlobalVar      │ Ctrl_PPI ✕
  1    //预测PI控制算法
  2    PROGRAM Ctrl_PPI
  3    //定义变量
☐ 4    VAR_INPUT                            //形参表
  5        pv,sv:REAL;              //测量值PV、设定值SV
  6        lamda,Kp0,T0:REAL;       //预测PI控制器参数
  7        Lengthx:WORD;    //预测PI控制器延迟参数
  8        op_ULevel,op_LLevel:REAL;        //调节输出量的限幅上限、下限
  9        amSw:bool:=false;        //自动手动选择（默认为手动）
 10        manOpen:real;    //手动操作量
 11    END_VAR
 12
☐ 13   VAR_OUTPUT
 14        op:REAL;                 //实际控制量输出
 15    END_VAR
 16
☐ 17   VAR
 18        E_1,E_2:REAL;            //E_1当前偏差，E_2上一次的偏差
 19        op_x,opHead,opEnd:REAL;  //当前算法输出值,上一次输出值,前第n次的延迟输出
 20        deltaU:REAL;             //当前输出增量
 21        op_PPI:ARRAY[0..100] OF REAL;    //输出队列（最多记录100个数据）
 22        i:WORD;                  //队列移动计数
 23    END_VAR
 24
```

图 9-55　PPI 控制算法子程序的变量定义

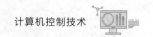

变量定义在输入接口参数中通过定义布尔变量 amSW 提供操作模式选择，用 ManOPen 变量接收外部提供的手动操作值，并对自动算法运算的初值进行调整。

局部变量定义的数组用于实现一个先进先出的队列结构，为预测 PI 算法的对象延迟处理运算提供数据缓存。预测 PI 算法运算使用的主要参数，在调用算法时通过主调程序提供的实参进行赋值。

子程序的算法处理流程如下。

```
if amSW＝false  THEN              //选择手动模式
    E_1:＝0;
    op:＝ManOPen;                 //外部提供的手操值决定算法输出
    //算法历史数据调整
    FOR i:＝0 TO Lengthx BY 1 DO
      op_PPI[i]:＝op;             //输出队列调整
    END_FOR
  else                            //选择自动模式
    opEnd:＝op_PPI[0];            //从队尾获取前一次输出
    opHead:＝op_PPI[Lengthx];     //从队首获取以前第n 次输出

    //PPI 调节输出增量的计算
    deltaU:＝(E_1－E_2)/(lamda＊Kp0)＋E_1/(lamda＊Kp0＊ T0)－(opEnd－opHead)/
(lamda＊T0);

    //确定算法输出
    op_x:＝(deltaU＋ opEnd);

    //实际输出结果超限处理
    IF op_x＞＝op_Ulevel THEN
        op:＝op_Ulevel;
    ELSIF op_x＜＝op_Llevel THEN
        op:＝op_Llevel;
    ELSE
        op:＝op_x;
    END_IF

    //算法历史数据调整
    FOR i:＝Lengthx TO 1 BY －1 DO
        op_PPI[i]:＝op_PPI[i－1];   //输出队列调整
    END_FOR
    op_PPI[0]:＝op;                //当前输出入队
```

```
    E_2:=E_1;                          //当前偏差保存
end_if
```

9.3.2　报警子程序

报警子程序 Alarm_PRG 的功能是利用远程 IO 设备的 DO 输出端口输出数字（开关）量信号，对报警设备（如指示灯、蜂鸣器）等进行操作。子程序变量定义如图 9-56 所示。

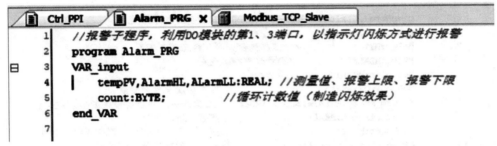

图 9-56　报警子程序的变量定义

报警效果包含上限超限报警和下线超限报警，报警时利用 DO01、DO03 两个 IO 变量输出周期性变化的数字信号（状态值 0 和 1 的周期性交互变化），产生灯光闪烁效果或蜂鸣器的断续鸣响效果。程序代码如下。

```
//利用主循环周期计时作为报警信号周期控制
IF tempPV>=AlarmHL then              //高温报警
    //如果主循环次数计数达到 5 次
    IF count=4 then
        DO01:=not DO01;              //DO01 端口输出状态取反,指示灯状态切换
    end_if
else                                 //无报警状态
    DO01:=false;                     //指示灯灭
end_if
IF tempPV<=AlarmLL then              //低温报警
    //如果主循环次数计数达到 5 次
    IF count=4 then
        DO03:=not DO03;              //DO03 端口输出状态取反,指示灯状态切换
    end_if
else                                 //无报警状态
    DO03:=false;                     //指示灯灭
end_if
```

9.3.3 主程序 PLC_PRG 的处理流程

利用主程序 PLC_PRG 定时循环运行，不断执行数据采集、调用算法处理、控制输出的流程就可实现预测 PI 的控制。图 9-57 所示为主程序变量定义。

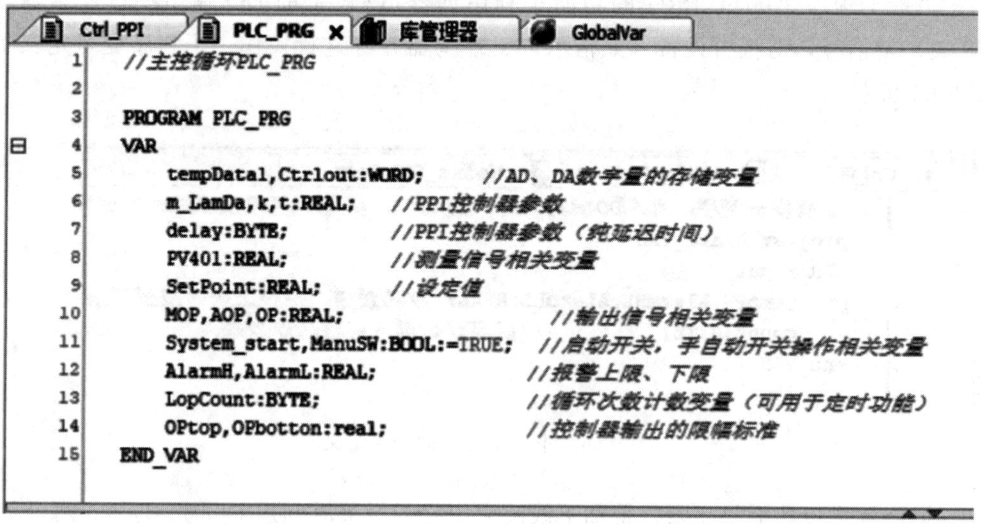


```
//主控循环PLC_PRG

PROGRAM PLC_PRG
VAR
    tempDatal,Ctrlout:WORD;        //AD、DA数字量的存储变量
    m_LamDa,k,t:REAL;      //PPI控制器参数
    delay:BYTE;            //PPI控制器参数（纯延迟时间）
    PV401:REAL;            //测量信号相关变量
    SetPoint:REAL;         //设定值
    MOP,AOP,OP:REAL;                  //输出信号相关变量
    System_start,ManuSW:BOOL:=TRUE;  //启动开关，手自动开关操作相关变量
    AlarmH,AlarmL:REAL;              //报警上限、下限
    LopCount:BYTE;                   //循环次数计数变量（可用于定时功能）
    OPtop,OPbotton:real;             //控制器输出的限幅标准
END_VAR
```

图 9-57 PPI 主程序的变量定义

主程序代码内容如下：

```
TempData1:=AI00;              //将 AI 通道第 1 端口数据传送给 TempData1 变量
pv401:=100.0*(TempData1-2048)/2048.0;//pv401 测量信号 AD 数据转换为温度值

IF System_Start=TRUE THEN   //加热开关开启
    //调用预测 PI 算法
    Ctrl_PPI(pv:=PV401,sv:=SetPoint,lamda:=m_Lamda,Kp0:=k,T0:=t,
Lengthx:=delay,op_ULevel:=OPtop,op_LLevel:=OPBotton,amSW:=manuSW,manOpen:=
Mop);
    CtrlOut:=REAL_TO_WORD(32767* (ctrl_PPI.op/100.0))+ 32767;//输出信号标度
转换

    //手自动无扰动切换设定
    IF manuSW=TRUE THEN//如果选择自动模式
        MOP:=ctrl_PPI.op;     //指定为手动跟随自动输出
    END_IF
    AO01:=CtrlOut;            //输出控制信号,进行 DA 转换
ELSE
    AO01:=32767;              //加热开关关闭
END_IF
```

//调用报警程序,进行报警处理

Alarm ＿ PRG (tempPV︰ ＝ PV401, AlarmHL︰ ＝ AlarmH, AlarmLL︰ ＝ AlarmL, count︰＝LopCount);

//修改主程序循环计数值,为报警子程序提供周期控制参数

LopCount:＝LopCount＋1;

IF LopCount＞4 THEN

　　　LopCount:＝0;

end＿IF

参 考 文 献

[1] Li Y, Ang K H, Chong G C Y. Patents, software, and hardware for PID control: an overview and analysis of the current art [J]. Control Systems IEEE, 2006, 26 (1): 42-54.

[2] 张亚飞, 陈红波, 冯小华, 等. PID控制算法及其积分项的改进 [J]. 科技创新与应用, 2013 (24): 66-67.

[3] Pu G Y, Kang G W. Dynamic anti-saturation integral controller used in time-varying delay system [J]. Key Engineering Materials, 2011, 467-469: 766-769.

[4] 李林升, 丁鹏, 钟成. 不完全微分与微分先行的农业机器人巡航PID控制算法 [J]. 机械设计与研究, 2018, 34 (01): 45-49.

[5] 郑仰东. 采用Smith预估器模型的时滞系统自适应控制 [J]. 控制理论与应用, 2021, 38 (03): 416-424.

[6] Suhaimi M Z B M, Samat A A A, Damanhuri N S, et al. Design and implementation of digital controller for DC-DC boost converter [J]. International Journal of Advanced Technology and Engineering Exploration, 2021 (74).

[7] 朱志明, 符平坡, 夏铸亮, 等. 基于极点配置的逆变焊接电源最小拍控制及其稳定鲁棒性 [J]. 清华大学学报 (自然科学版), 2019, 59 (02): 85-90.

[8] 叶凌云, 陈波, 张建, 等. 基于最少拍无波纹算法的高精度动态标准源反馈控制 [J]. 浙江大学学报 (工学版), 2013, 47 (09): 1554-1558, 1657.

[9] Dlabač T, Antić S, et al. Nonlinear tank-level control using dahlin algorithm design and PID control [J]. Applied Sciences, 2023, 13 (9): 5414.

[10] 宋志豪, 姚文熙, 李成敏, 等. 低载波比下基于状态反馈和大林算法的永磁同步电机高性能电流控制策略 [J/OL]. 中国电机工程学报, 1-14.

[11] 任正云, 张红, 邵惠鹤. 高阶时滞对象的预测PI (D) 控制 [J]. 控制理论与应用, 2005 (04): 645-648, 652.

[12] 任正云, 张红, 邵惠鹤. 积分加纯滞后系统的双预测PI控制及其应用 [J]. 控制理论与应用, 2005 (02): 311-314, 320.

[13] 任正云, 邵惠鹤, 张立群. 一类非自衡加纯滞后系统的双预测PI控制 [J]. 控制与决策, 2004 (04): 459-461, 473.

[14] 任正云, 韩佰恒, 王小飞, 等. 预测PI和准预测PI控制算法在片烟复烤机上的应用 [J]. 烟草科技, 2009 (11): 21-25.

[15] 修志龙, 邵惠鹤. 微生物发酵过程的温度控制 [J]. 控制工程, 2005 (S2): 34-36, 96.

[16] 刘建昌, 关守平, 周玮, 等. 计算机控制系统 [M]. 2版. 北京: 科学出版社, 2016.

[17] 刘士荣, 等. 计算机控制系统 [M]. 2版. 北京: 机械工业出版社, 2016.

[18] 李华, 侯涛. 计算机控制系统 [M]. 2版. 北京: 机械工业出版社, 2017.

[19] 李元春, 王德军, 于在河. 计算机控制系统 [M]. 2版. 北京: 高等教育出版社, 2009.

[20] 李擎. 计算机控制系统 [M]. 北京: 机械工业出版社, 2011.

[21] 康波, 李云霞. 计算机控制系统 [M]. 2版. 北京: 电子工业出版社, 2015.

[22] 陈红卫. 计算机控制系统 [M]. 北京: 机械工业出版社, 2018.

[23] 秦刚, 陈中孝, 陈超波. 计算机控制系统 [M]. 北京: 中国电力出版社, 2013.

[24] 徐文尚. 计算机控制系统 [M]. 2版. 北京: 北京大学出版社, 2014.

[25] 马立新, 陆国君. 开放式控制系统编程技术 [M]. 北京: 人民邮电出版社, 2018.

[26] 王锦标. 计算机控制系统 [M]. 3版. 北京: 清华大学出版社, 2018.

[27] 于微波, 刘克平, 张德江. 计算机控制系统 [M]. 2版. 北京: 机械工业出版社, 2016.

［28］ 方红，唐毅谦，等．计算机控制技术［M］．2版．北京：电子工业出版社，2020.

［29］ 高金源，夏洁．计算机控制系统［M］．北京：清华大学出版社，2007.

［30］ 何克忠，李伟．计算机控制系统［M］．2版．北京：清华大学出版社，2015.

［31］ 冯勇．现代计算机控制系统［M］．哈尔滨：哈尔滨工业大学出版社，1996.

［32］ 温钢云，黄道平．计算机控制技术［M］．广州：华南理工大学出版社，2001.

［33］ Astrom K J，Wittenmark B. Computer-controlled systems—theory and design［M］．Third Edition. Upper Saddle River，New Jersey：Prentice Hall，1997.

233